高等教育"十四五"系列教材

Illustrator 图形设计项目化教程

主　编 ◎ 李会芬　赵京丹　刘慧卿

副主编 ◎ 李丽萍

华中科技大学出版社
http://press.hust.edu.cn
中国·武汉

内 容 简 介

Illustrator是一款矢量图形处理和编辑软件，凭借其强大的功能和良好的用户界面受到了广大用户的青睐。本书系统介绍了Illustrator CC基本操作方法和矢量图形绘制技巧，并对Illustrator CC在平面设计领域内的应用进行了深入的讲解，包括初识Illustrator CC、实物绘制、插画设计、书籍装帧设计、宣传单设计、广告设计、包装设计等内容。

本书内容以案例讲解为主线，通过完成案例的操作，学生可以快速熟悉案例设计理念；书中的软件相关功能解析部分使学生能够深入理解软件功能；实战演练和综合演练可以提高学生的实际应用能力，提升学生的软件使用水平，帮助学生快速掌握商业图形的设计理念和设计元素，顺利达到实战水平。

本书不仅可以作为高职院校设计类相关专业课程的教材，还可供从事平面设计、插画设计、包装设计等的工作人员学习和参考。

图书在版编目（CIP）数据

Illustrator图形设计项目化教程 / 李会芬，赵京丹，刘慧卿主编 . -- 武汉 : 华中科技大学出版社，2024. 8.
ISBN 978-7-5772-0992-0

Ⅰ. TP391.412

中国国家版本馆CIP数据核字第2024AH3266号

Illustrator图形设计项目化教程　　李会芬　赵京丹　刘慧卿　主编
Illustrator Tuxing Sheji Xiangmuhua Jiaocheng

策划编辑：聂亚文
责任编辑：张梦舒　肖唐华
封面设计：孢　子
责任校对：张汇娟
责任监印：周治超
出版发行：华中科技大学出版社（中国·武汉）　　电话：（027）81321913
武汉市东湖新技术开发区华工科技园　　邮编：430223
录　　排：华中科技大学惠友文印中心
印　　刷：武汉市籍缘印刷厂
开　　本：787mm×1092mm　1/16
印　　张：14.75
字　　数：368千字
版　　次：2024年8月第1版第1次印刷
定　　价：58.00元

前言

PREFACE

编写目的

Illustrator 是由 Adobe 公司开发的矢量图形处理和编辑软件。它功能强大、易学易用，已经成为平面设计领域内最流行的软件之一。目前，我国很多院校的数字艺术类专业都将 Illustrator 软件学习列为重要的专业课程内容。为了帮助学生能够全面、系统地学习 Illustrator 软件相关内容，使学生能够熟练地使用 Illustrator 软件进行创意设计，我们几位长期在学校从事 Illustrator 软件教学的教师与经验丰富的专业平面设计公司设计师合作，共同编写了本书。

内容提要

本书全面、系统地介绍了 Illustrator CC 基本操作方法和矢量图形制作技巧，并对 Illustrator CC 在平面设计领域内的应用进行了深入的讲解，包括初识 Illustrator CC、实物绘制、插画设计、书籍装帧设计、宣传单设计、广告设计、包装设计七个学习项目。

本书内容以案例讲解为主线，通过完成案例的操作，学生可以快速熟悉案例设计理念；书中的软件相关功能解析部分使学生能够深入理解软件功能；实战演练和综合演练可以提高学生的实际应用能力，提升学生的软件使用水平，帮助学生快速掌握商业图形的设计理念和设计元素，顺利达到实战水平。本书适合作为高职院校设计类相关专业课程的教材，也可作为相关人员的自学参考书。

本书特色

根据学校的教学方向和教学特色，我们对本书的编写体系做了精心的设计。本书根据 Illustrator 软件在设计领域内的应用方向进行整体安排，按照“案例讲解—软件相关功能介绍—实战演练—综合演练”这一思路进行编排。通过案例讲解，学生能够快速熟悉艺术设计理念和软件基本操作；通过软件相关功能解析，学生能够深入掌握软件功能和制作技巧；通过实战演练和综合演练，学生能够提高实际应用能力。

在内容编写方面，我们力求细致全面、重点突出；在文字叙述方面，我们注意言简意赅、通俗易懂；在案例选取方面，我们强调案例的针对性和实用性。

本书的电子资源包含了书中案例的素材及效果文件，实战演练和综合演练的操作视频、PPT 课件、教学教案等丰富的教学资源。本书的参考学时为 50 学时，各项目的参考学时见下面的学时分配表。

学时分配表

项目	项目内容	学时分配
项目 1	初识 Illustrator CC	4 学时
项目 2	实物绘制	6 学时
项目 3	插画设计	8 学时
项目 4	书籍装帧设计	6 学时
项目 5	宣传单设计	6 学时
项目 6	广告设计	8 学时
项目 7	包装设计	12 学时
学时总计		50 学时

本书由李会芬、赵京丹、刘慧卿担任主编，李丽萍担任副主编。由于编者水平有限，书中难免存在疏漏和不妥之处，敬请广大读者批评指正。

目录

CONTENTS

项目 1 初识 Illustrator CC

项目 2 实物绘制

项目 7 包装设计

参考文献

项目1

初识Illustrator CC

Illustrator 软件是由 Adobe 公司开发的矢量图形处理和编辑软件。本项目详细讲解了 Illustrator 软件的基础知识和基本操作。读者通过对本项目的学习，要对 Illustrator 软件有初步的认识和了解，并能够掌握软件的基本操作方法，为进一步的学习打下坚实的基础。

课堂学习目标

- 掌握工作界面的基本操作。
- 掌握图像的基本操作方法。
- 掌握文件设置的基本方法。

1.1 界面操作

1.1.1 操作目的

通过打开文件和取消编组熟悉菜单栏的操作，通过选取图形掌握工具箱中工具的使用方法，通过改变图形的颜色掌握控制面板的使用方法。

1.1.2 操作步骤

（1）打开 Illustrator CC 软件，选择“文件”菜单→“打开”命令，弹出“打开”对话框。选择“AI 素材”→“1”→“Ch01”→“01”文件，单击“打开”按钮，进入 Illustrator CC 软件界面，如图 1–1 所示。

图 1–1

（2）在左侧工具箱中选择“选择工具”▶，单击选取图形，如图 1–2 所示；按 Ctrl+C 组合键复制图形；按 Ctrl+N 组合键，弹出“新建文档”对话框，选项的设置如图 1–3 所示，单击“创建”按钮，新建一个页面；按 Ctrl+V 组合键，将复制的图形粘贴到新建的页面中，按住 Shift 键并滑动鼠标滚轮调整其大小，效果如图 1–4 所示。

图 1–2

图 1–3

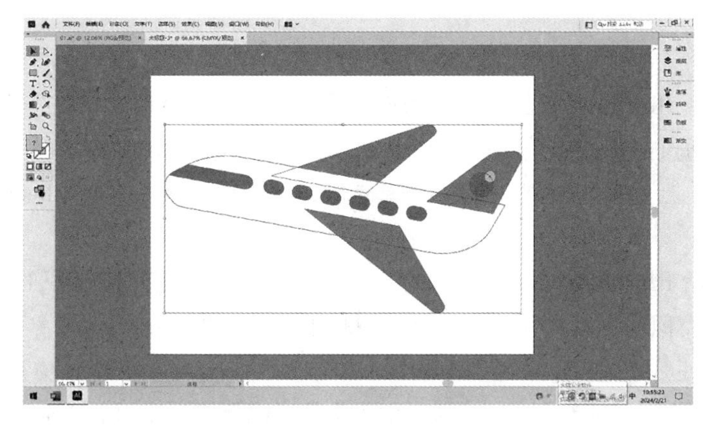

图 1–4

（3）在上方的菜单栏中选择“对象”菜单→“取消编组”命令，取消对象的编组状态，如图 1-5 所示；选择“直接选择工具”，单击绘图窗口右侧的“色板”按钮，弹出“色板”控制面板，单击选择需要的颜色，如图 1-6 所示；图形被填充颜色，效果如图 1-7 所示。

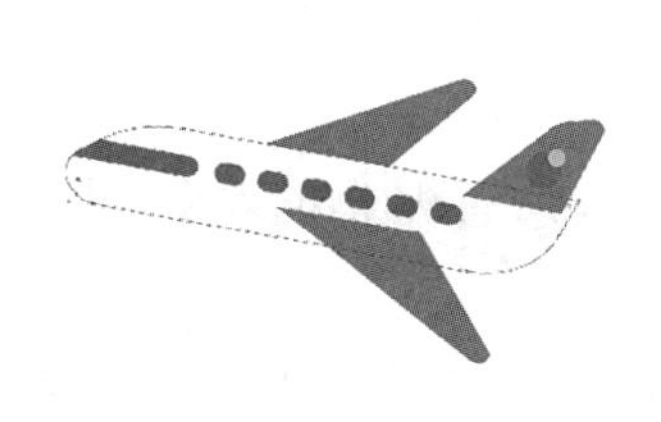

图 1–5

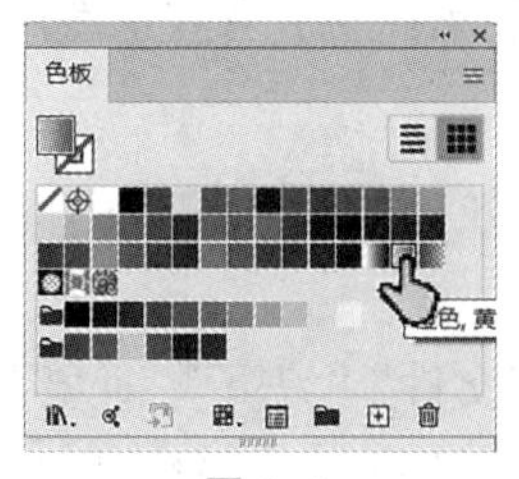

图 1–6

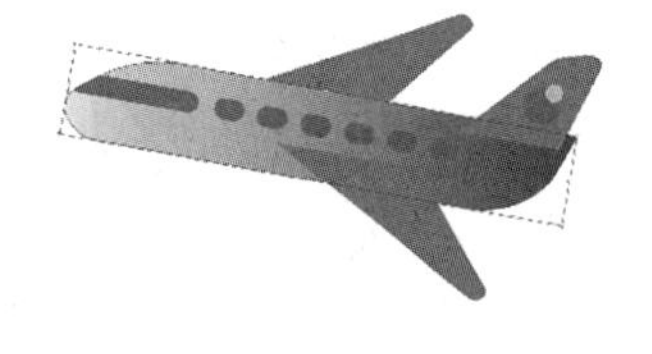

图 1–7

（4）按 Ctrl+S 组合键，弹出“存储为”对话框，设置保存文件的名称、类型和路径，单击“保存”按钮，保存文件。

1.1.3 相关工具

1. 工作界面

Illustrator CC 的工作界面主要由菜单栏、工具属性栏、工具箱、控制面板、页面区域、滚动条和状态栏等部分组成，如图 1-8 所示。

菜单栏
标题栏
工具箱
页面区域
状态栏
工具属性栏
控制面板
滚动条
泊槽

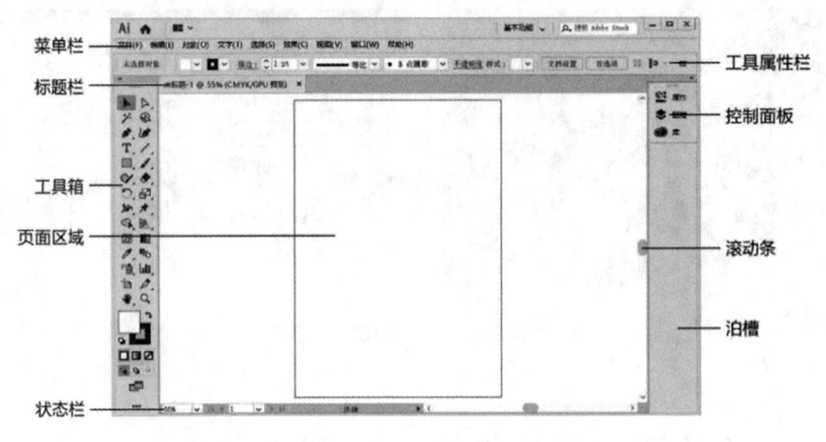

图 1–8

菜单栏：包括 Illustrator CC 中所有的操作命令，有 9 个主菜单，每一个主菜单又包括各自的子菜单，通过选择这些菜单中的命令可以完成基本操作。

工具属性栏：当选择工具箱中的一个工具后，可以利用该工具在 Illustrator CC 的工作界面中绘制图形。

工具箱：包括 Illustrator CC 中所有的工具，大部分工具还有其展开工具组，其中包括与该工具功能相类似的工具，可以更方便、快捷地进行绘图与编辑。

控制面板：使用控制面板可以快速调出许多设置数值和调节功能的面板，它是 Illustrator CC 中最重要的组件之一。控制面板是可以折叠的，可根据需要分离或组合，非常灵活。

页面区域：在工作界面的中间以黑色实线表示的矩形区域，这个区域的大小就是用户设置的页面大小。

滚动条：当屏幕内不能完全显示出整个文档的时候，可通过对滚动条的拖曳来实现对整个文档的浏览。

状态栏：显示当前文档视图的显示比例，当前正使用的工具、时间和日期等信息。

2. 菜单栏及其快捷方式

熟练地使用菜单栏能够快速有效地绘制和编辑图像，达到事半功倍的效果，下面详细介绍菜单栏。

Illustrator CC 中的菜单栏包含“文件”“编辑”“对象”“文字”“选择”“效果”“视图”“窗口”“帮助”共 9 个主菜单，如图 1–9 所示。每个主菜单里又包含相应的子菜单。

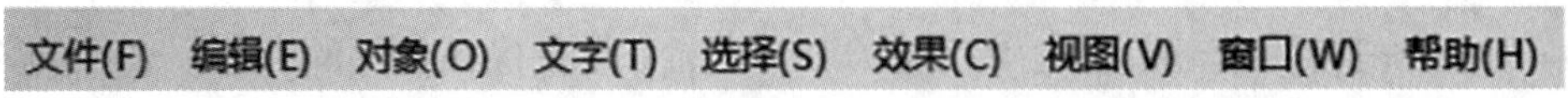

文件(F) 编辑(E) 对象(O) 文字(T) 选择(S) 效果(C) 视图(V) 窗口(W) 帮助(H)

图 1–9

每个下拉菜单的左侧是命令的名称，在经常使用的命令右侧是该命令的快捷组合键，要执行该命令，可以直接按相应的快捷组合键，这样可以提高操作速度。例如，“选择”菜单→“全部”命令的快捷组合键为 Ctrl+A。

有些命令的右侧有一个黑色的三角形▶，表示该命令还有相应的子菜单。有些命令的后面有“…”，表示单击该命令可以弹出相应的对话框，在对话框中可进行更详尽的设置。

有些命令呈灰色，表示该命令在当前状态下不可用，需要选中相应的对象或在合适的设置时，该命令才会变为黑色，即可用状态。

3. 工具箱

Illustrator CC 的工具箱内包括了大量具有强大功能的工具，这些工具可以使用户在绘制和编辑图像的过程中制作出更加精彩的效果。单击“窗口”菜单→“工具栏”→“高级”命令，出现的工具如图 1–10 所示。

工具箱中部分工具按钮的右下角带有一个黑色三角形，表示该工具还有展开工具组，用鼠标左键按住该工具不放，即可弹出展开工具组。例如，用鼠标左键按住“文字工具”[T]，将展开文字工具组，如图 1–11 所示；单击文字工具组右侧的黑色三角形，如图 1–12 所示；文字工具组就成为一个相对独立的工具栏，如图 1–13 所示。

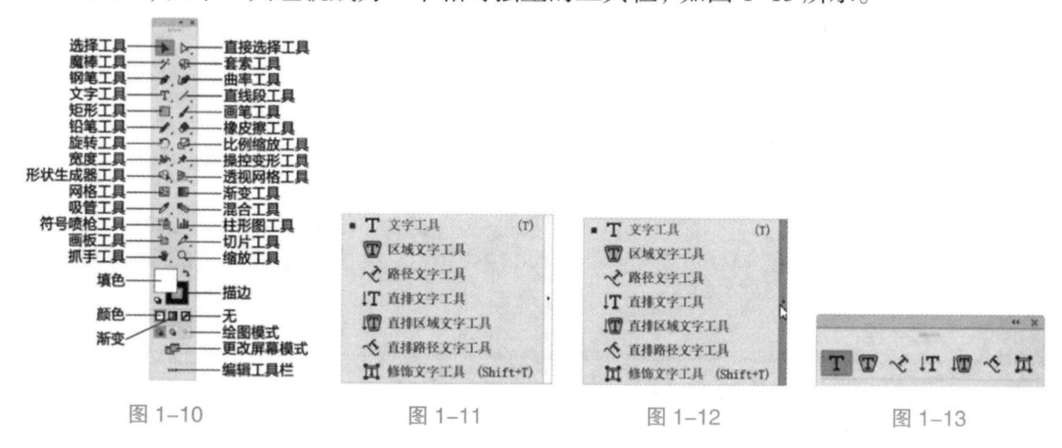

图 1–10　　图 1–11　　图 1–12　　图 1–13

下面介绍主要的展开工具组。

直接选择工具组：包括 2 个工具，即“直接选择工具”“编组选择工具”，如图 1–14 所示。

钢笔工具组：包括 4 个工具，即“钢笔工具”“添加锚点工具”“删除锚点工具”“锚点工具”，如图 1–15 所示。

文字工具组：包括 7 个工具，即“文字工具”“区域文字工具”“路径文字工具”“直排文字工具”“直排区域文字工具”“直排路径文字工具”“修饰文字工具”，如图 1–16 所示。

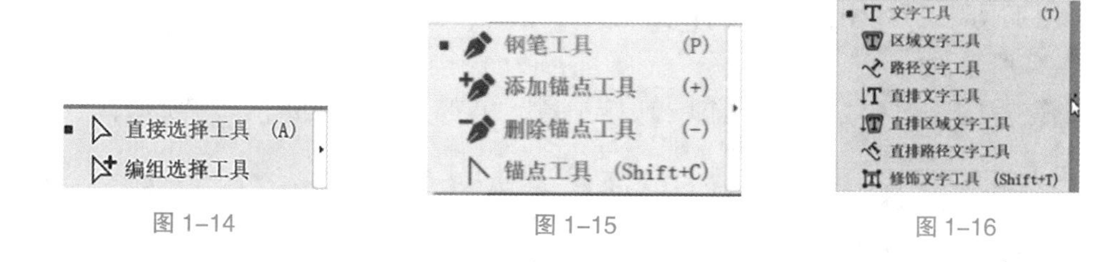

图 1–14　　图 1–15　　图 1–16

直线段工具组：包括 5 个工具，即“直线段工具”“弧形工具”“螺旋线工具”“矩形网格工具”“极坐标网格工具”，如图 1–17 所示。

矩形工具组：包括 6 个工具，即“矩形工具”“圆角矩形工具”“椭圆工具”“多边形工具”“星形工具”“光晕工具”，如图 1–18 所示。

铅笔工具组：包括 5 个工具，即“Shaper 工具”“铅笔工具”“平滑工具”“路径橡皮擦工具”“连接工具”，如图 1–19 所示。

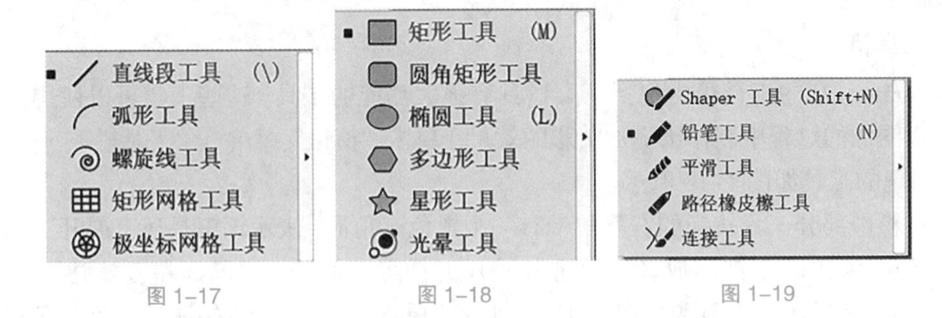

图 1–17　　图 1–18　　图 1–19

旋转工具组：包括 2 个工具，即“旋转工具”“镜像工具”，如图 1–20 所示。

比例缩放工具组：包括 3 个工具，即“比例缩放工具”“倾斜工具”“整形工具”，如图 1–21 所示。

宽度工具组：包括 8 个工具，即“宽度工具”“变形工具”“旋转扭曲工具”“缩拢工具”“膨胀工具”“扇贝工具”“晶格化工具”“皱褶工具”，如图 1–22 所示。

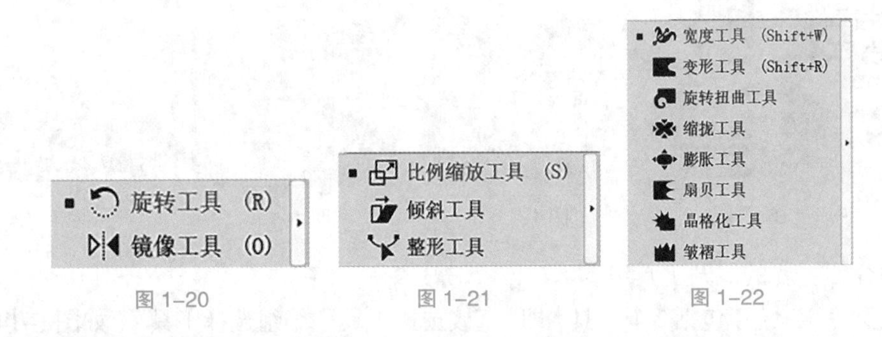

图 1–20　　图 1–21　　图 1–22

符号喷枪工具组：包括 8 个工具，即“符号喷枪工具”“符号移位器工具”“符号紧缩器工具”“符号缩放器工具”“符号旋转器工具”“符号着色器工具”“符号滤色器工具”“符号样式器工具”，如图 1–23 所示。

柱形图工具组：包括 9 个工具，即“柱形图工具”“堆积柱形图工具”“条形图工具”“堆积条形图工具”“折线图工具”“面积图工具”“散点图工具”“饼图工具”“雷达图工具”，如图 1–24 所示。

吸管工具组：包括 2 个工具，即“吸管工具”“度量工具”，如图 1–25 所示。

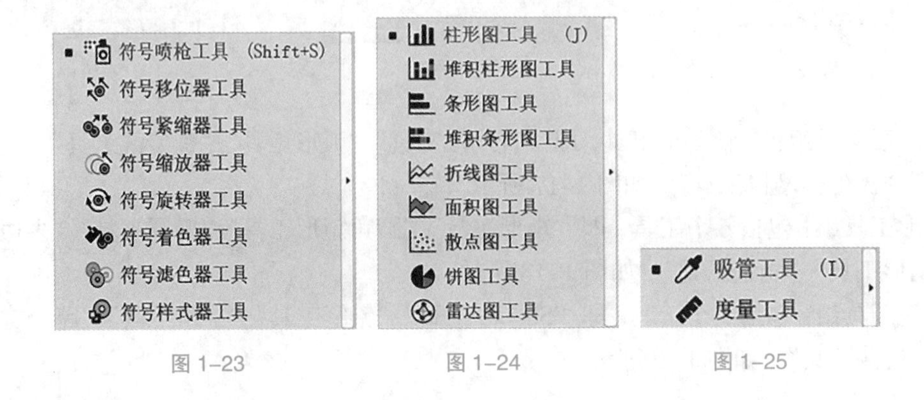

图 1–23　　图 1–24　　图 1–25

切片工具组：包括 2 个工具，即“切片工具”“切片选择工具”，如图 1–26 所示。

橡皮擦工具组：包括 3 个工具，即“橡皮擦工具”“剪刀工具”“刻刀”，如图 1–27 所示。

抓手工具组：包括 2 个工具，即“抓手工具”“打印拼贴工具”，如图 1–28 所示。

图 1–26　图 1–27　图 1–28

形状生成器工具组：包括 3 个工具，即“形状生成器工具”“实时上色工具”“实时上色选择工具”，如图 1–29 所示。

透视网格工具组：包括 2 个工具，即“透视网格工具”“透视选区工具”，如图 1–30 所示。

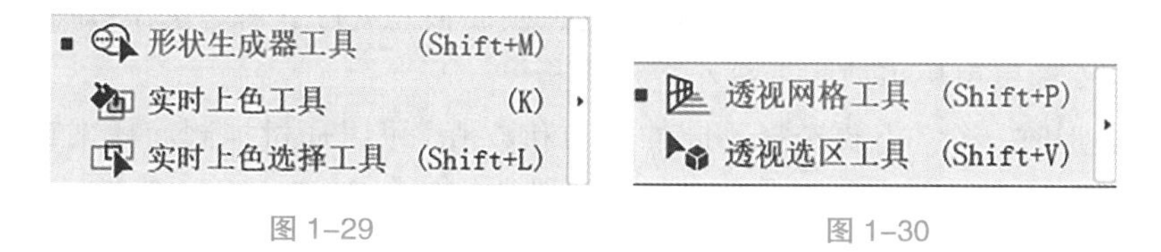

图 1–29　图 1–30

4. 工具属性栏

Illustrator CC 的工具属性栏根据所选工具和对象的不同来显示不同的选项，包括“画笔”“描边”“样式”等多个控制面板的功能。

选择路径对象的锚点后，工具属性栏状态如图 1–31 所示。选择“文字工具” T 后，工具属性栏状态如图 1–32 所示。

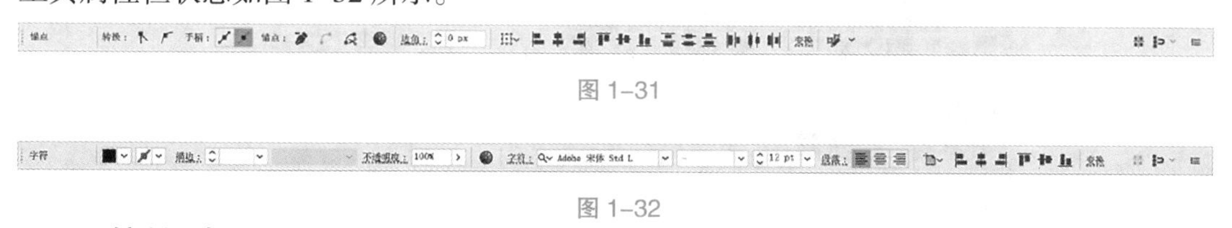

图 1–31

图 1–32

5. 控制面板

Illustrator CC 的控制面板位于工作界面的右侧，它包括许多实用、快捷的工具和命令。随着 Illustrator CC 功能的不断增强，控制面板也相应地不断改进使之更加合理，为用户绘制和编辑图像带来了更便捷的体验。控制面板以组的形式出现，图 1–33 所示为其中的一组控制面板。

用鼠标选中并按住“色板”控制面板的标题不放，如图 1–34 所示；向页面中拖曳，如图 1–35 所示；拖曳到控制面板组外时，释放鼠标左键，将形成独立的控制面板，如图 1–36 所示。

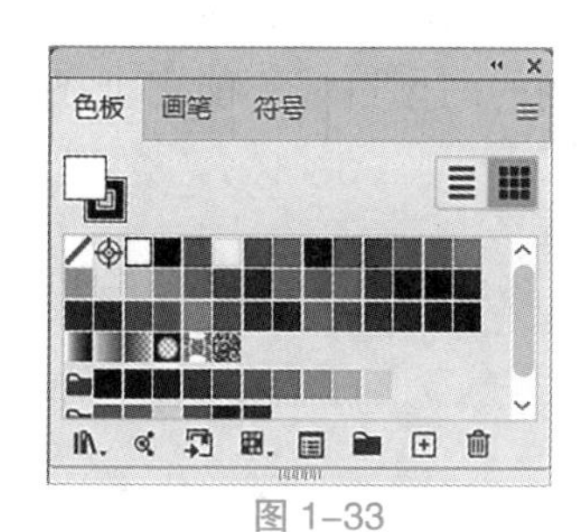

图 1–33

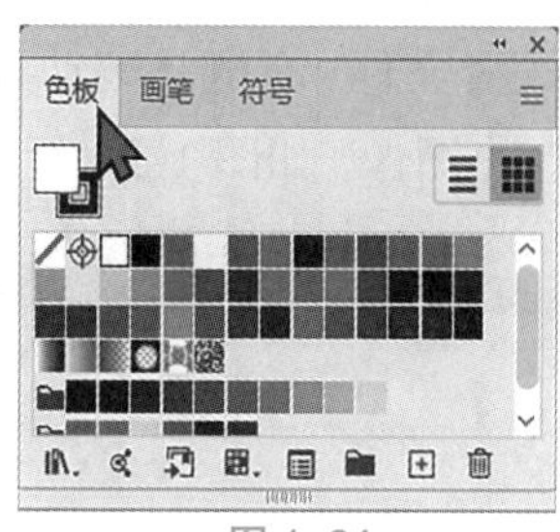

图 1–34

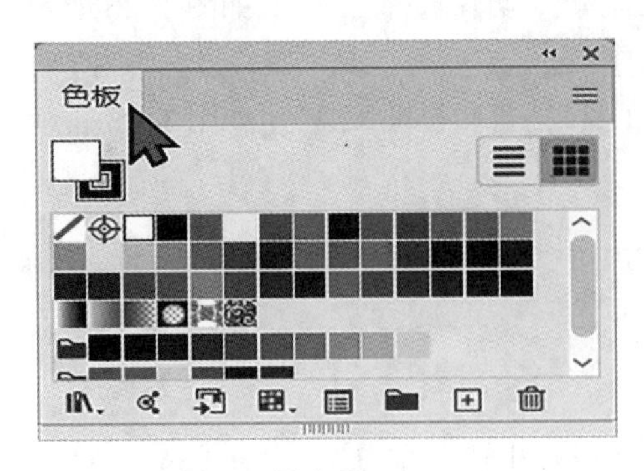

图 1-35

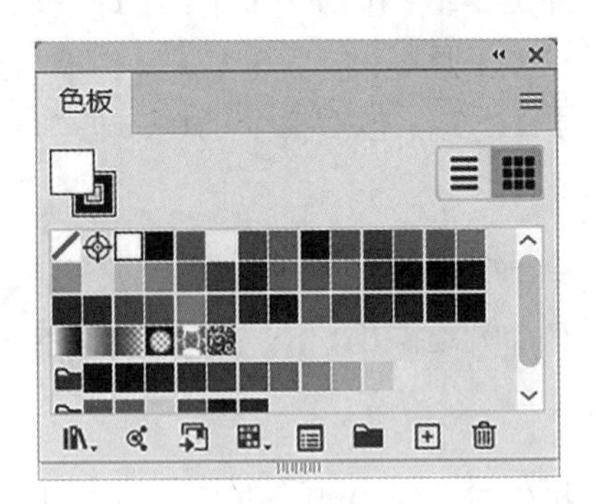

图 1-36

单击控制面板右上角的“折叠为图标”按钮 « 或“展开面板”按钮 » 来折叠或展开控制面板，如图 1-37 所示。鼠标光标移动到控制面板左 / 右下角显示出图标，按住鼠标左键不放，拖曳鼠标可放大或缩小控制面板。

在绘制图形时，经常需要选择不同的选项和数值，可以通过控制面板来直接操作。此时，选择“窗口”菜单中的各个命令可以显示或隐藏控制面板。控制面板为设置数值和修改命令提供了一个方便快捷的平台，使软件的交互性更强。

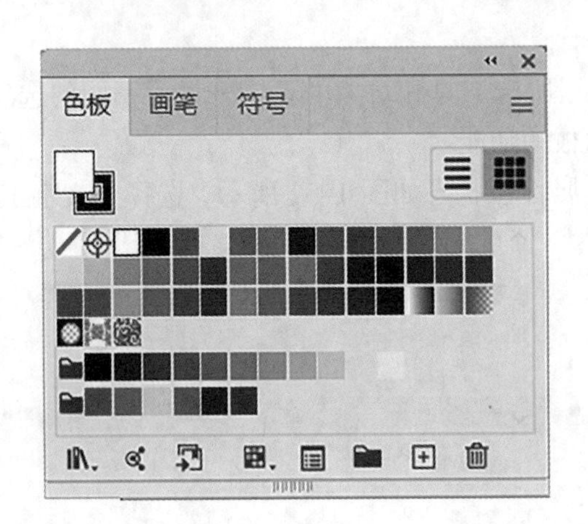

图 1-37

6. 状态栏

状态栏在工作界面的最下面，包括 3 个部分：左侧的百分比表示的是当前文档的显示比例；中间的弹出式菜单可显示当前使用的工具、当前的日期和时间、文件操作的还原次数以及文档颜色配置文件；右侧是滚动条，当绘制的图像过大不能完全显示时，可以通过拖曳滚动条浏览整个图像，如图 1-38 所示。

76.09% 1 选择

图 1-38

文件设置

1.2.1 操作目的

通过打开案例文件熟练掌握“打开”命令，通过新建文件熟练掌握“新建”命令，通过关闭新建文件掌握“存储”“关闭”命令。

1.2.2 操作步骤

（1）打开 Illustrator CC 软件，选择“文件”菜单→“打开”命令，弹出“打开”对话框，如图 1-39 所示；选择“AI 素材”→“1”→“Ch01”→“03”文件，单击“打开”按钮，打开素材文件，效果如图 1-40 所示。

图 1-39

图 1-40

（2）按 Ctrl+A 组合键全选图形，如图 1-41 所示。按 Ctrl+C 组合键复制图形，选择“文件”菜单→“新建”命令，弹出“新建文档”对话框，选项的设置如图 1-42 所示，单击“创建”按钮，新建一个页面。

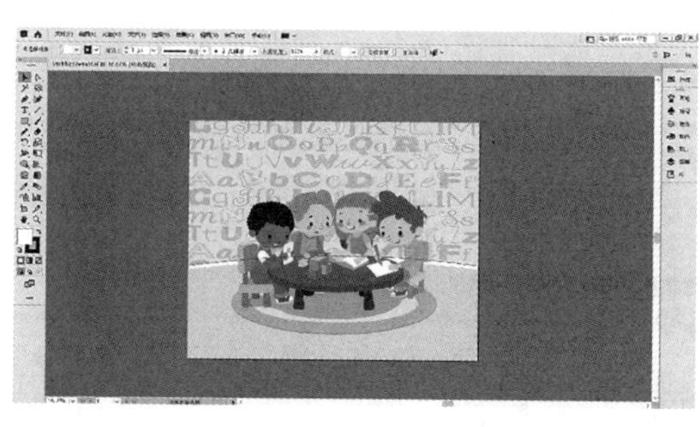

图 1-41

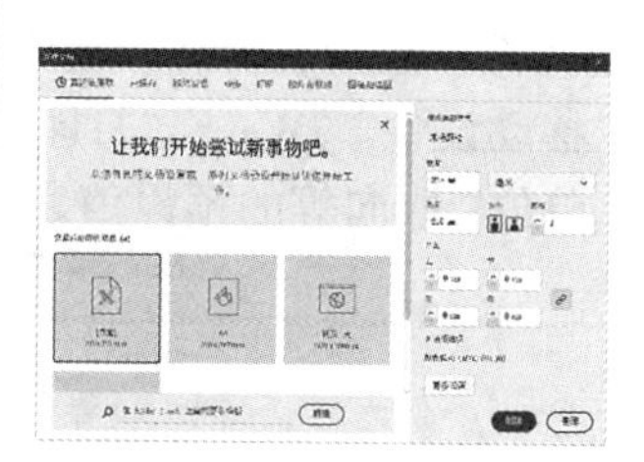

图 1-42

（3）按 Ctrl+V 组合键，将复制的图形粘贴到新建的页面中，并将其拖曳到适当的位置，如图 1-43 所示；单击绘图窗口右上角的☒按钮，弹出提示对话框，如图 1-44 所示；单击“是”按钮，弹出“存储为”对话框，选项的设置如图 1-45 所示；单击“保存”按钮，弹出“Illustrator 选项”对话框，选项的设置如图 1-46 所示，单击“确定”按钮，保存文件。

图 1–43

图 1–44

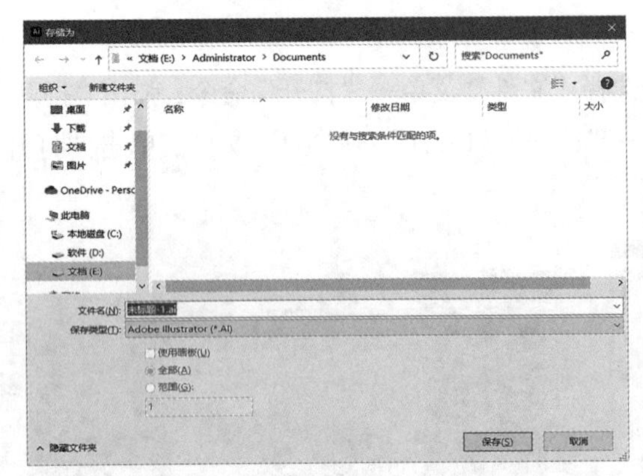

图 1–45

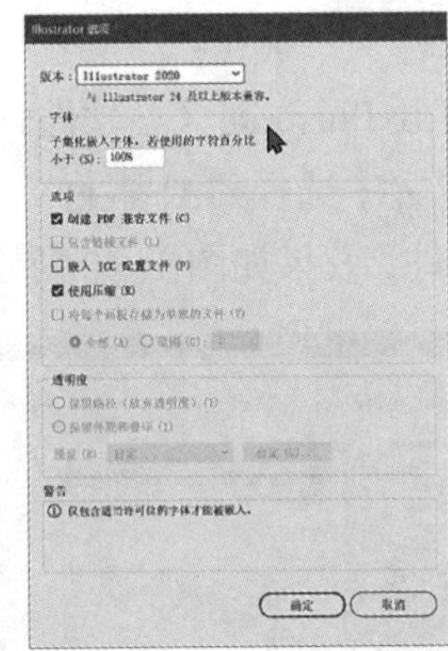

图 1–46

（4）再次单击绘图窗口右上角的 按钮，关闭打开的“03”文件。单击菜单栏右侧的“关闭”按钮 ，可关闭软件。

1.2.3 相关工具

1. 新建文件

选择“文件”菜单→“新建”命令（组合键为Ctrl+N），弹出“新建文档”对话框，如图1–47所示。单击“更多设置”按钮设置相应的选项，单击“创建文档”按钮，即可建立一个新的文档。

“名称”选项：可以在文本框中输入新建文件的名称，默认状态下为“未标题 -1”。

“配置文件”选项：主要是基于所需的输出文件来选择新的文档配置以启动新文档。其中包括“移动设备”“Web”“打印”“胶片和视频”“图稿和插图”，每种配置都包含大小、颜色模式、单位、取向等的预设值。

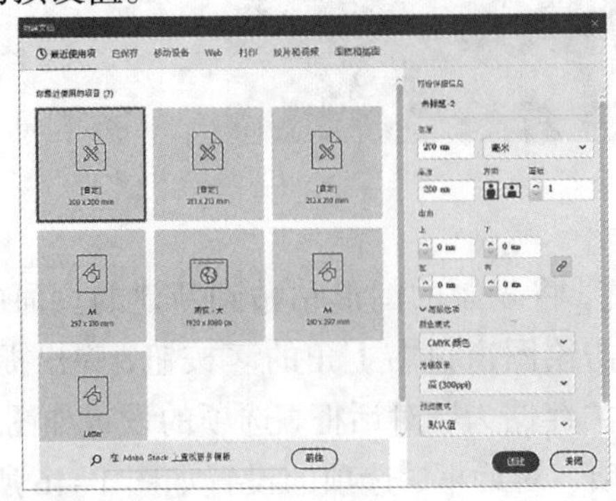

图 1–47

“画板数量”选项：画板表示可打印图稿的区域，可以设置画板的数量及排列方式，默认状态下为 1 个画板。

“间距”和“列数”选项：用于设置多个画板之间的间距和列数。

“大小”选项：可以在下拉列表中选择系统预先设置的文件尺寸，也可以在下方的“宽度”和“高度”选项中自定义文件尺寸。

“宽度”和“高度”选项：用于设置文件的宽度和高度。

“单位”选项：设置文件大小所采用的单位，默认状态下为“毫米”。

“取向”选项：用于设置新建页面竖向或横向排列。

“出血”选项：用于设置文档中上方、下方、左方、右方出血标志的位置。可以设置的最大出血值为 72 点，最小出血值为 0 点。

“颜色模式”选项：用于设置新建文件的颜色模式。

“栅格效果”选项：用于设置文件的分辨率。

“预览模式”选项：用于设置文件的预览模式，可以选择默认值、像素或叠印预览模式。

2. 打开文件

选择“文件”菜单→“打开”命令（组合键为 Ctrl+O），弹出“打开”对话框，如图 1-48 所示。在“查找范围”选项框中搜索文件路径，选择要打开的文件，单击“打开”按钮，即可打开选择的文件。

3. 保存文件

当用户第一次保存文件时，选择“文件”菜单→“存储”命令（组合键为 Ctrl+S），弹出“存储为”对话框，如图 1-49 所示。在“文件名”选项框中输入要保存文件的名称，设置保存文件的路径、保存类型。设置完成后，单击“保存”按钮，即可保存文件。

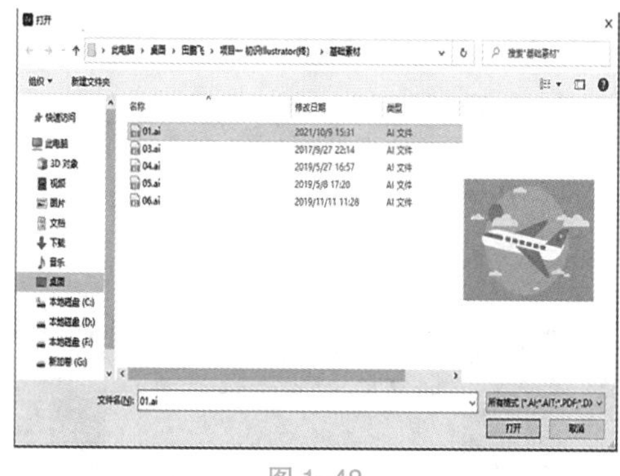

图 1-48

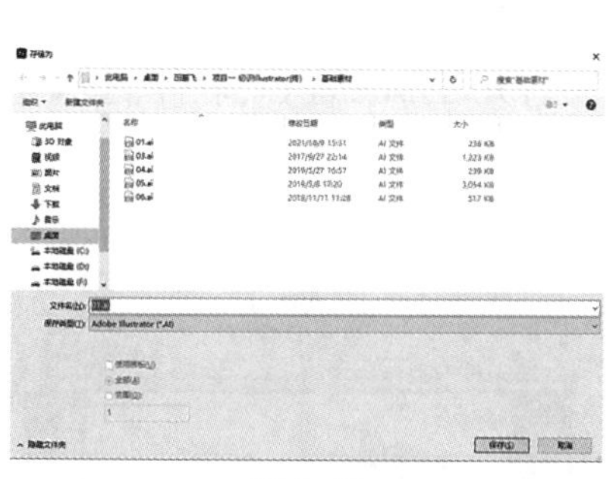

图 1-49

当用户对图形文件进行了各种编辑操作并保存后，再选择“存储”命令时，将不弹出“存储为”对话框，计算机直接保留最终确认的结果，并覆盖原文件。因此，在未确定要放弃原始文件之前，应慎用此命令。

若既要保留修改过的文件，又不想放弃原文件，则可以用“存储为”命令。选择“文件”菜单→“存储为”命令（组合键为 Shift+Ctrl+S），弹出“存储为”对话框，在对话框中可以为修改过的文件重新命名，并设置文件的路径和类型。设置完成后，单击“保存”按钮，原文件依旧保留不变，修改过的文件被另存为一个新的文件。

4. 关闭文件

选择“文件”菜单→“关闭”命令（组合键为 Ctrl+W），如图 1–50 所示，可将当前文件关闭。“关闭”命令只有当文件被打开时才呈现为可用状态。

也可单击绘图窗口右上角的按钮 × 来关闭文件，若当前文件被修改过或是新建的文件，那么在关闭文件的时候系统就会弹出一个提示对话框，如图 1–51 所示。单击“是”按钮，可先保存文件再关闭文件；单击“否”按钮，即不保存文件的更改而直接关闭文件；单击“取消”按钮，即取消关闭文件操作。

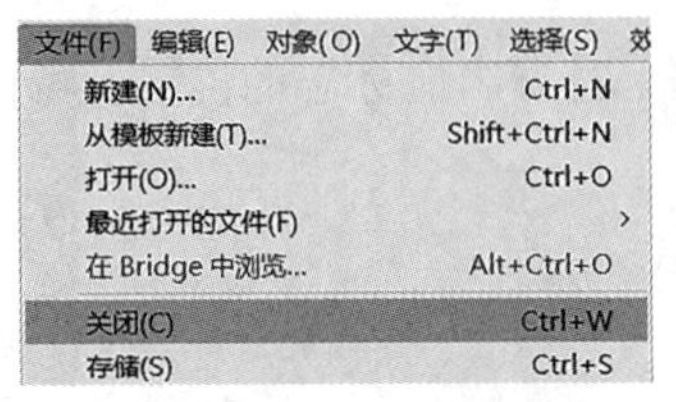

图 1–50

图 1–51

1.3 图像操作

1.3.1 操作目的

通过操作将窗口层叠显示，掌握窗口排列的方法；通过缩小文件掌握图像的显示方式；通过在轮廓中删除不需要的图形掌握图像视图模式的切换方法。

1.3.2 操作步骤

（1）打开 Illustrator CC 软件，按 Ctrl+O 组合键，打开“AI 素材”→“1”→“Ch01”→“04”文件，如图 1–52 所示。新建 3 个文件，并分别选取需要的图形，复制到新建的文件中，如图 1–53 至图 1–55 所示。

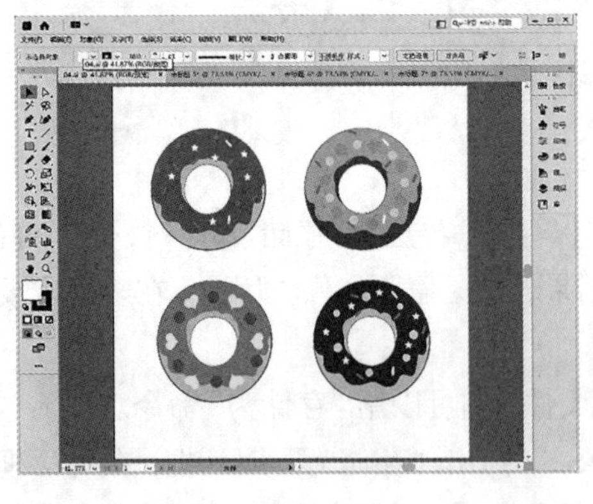

图 1–52

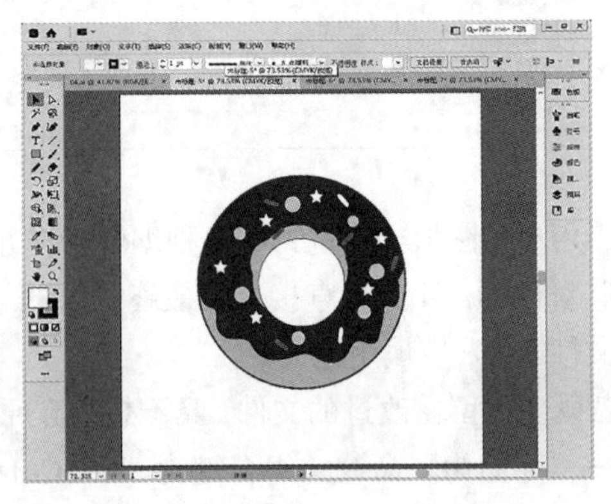

图 1–53

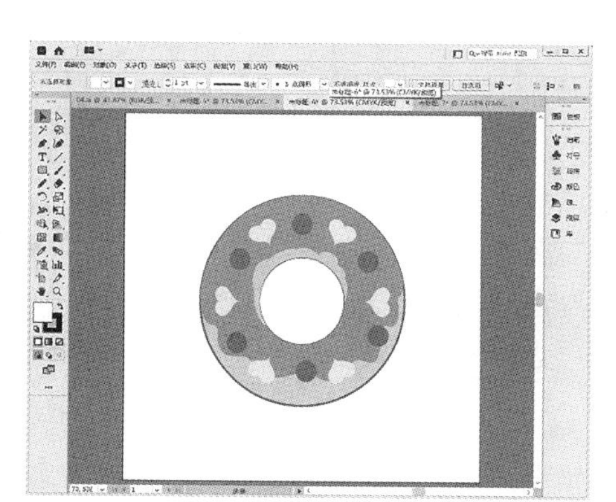
图 1-54

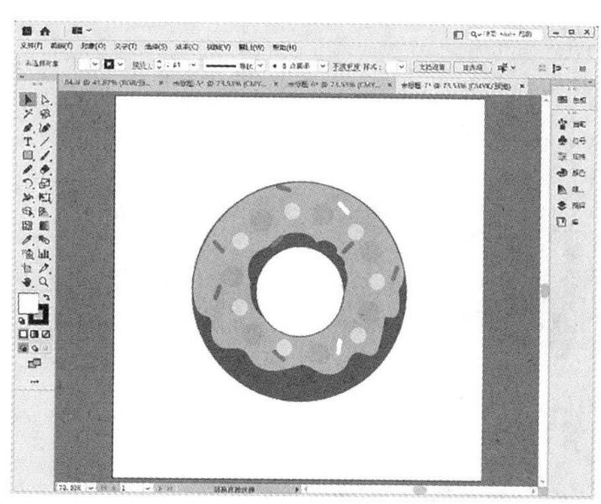
图 1-55

（2）选择“窗口”菜单→“排列”→“平铺”命令，可将4个窗口在软件中平铺显示，如图1-56所示。单击“04”窗口的标题栏，将窗口显示在前面，如图1-57所示。

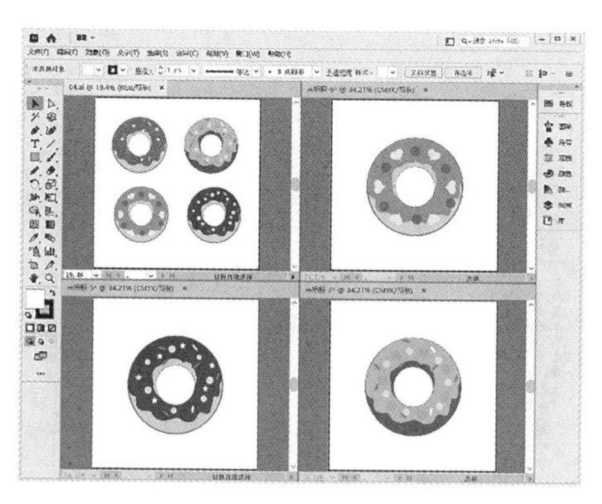
图 1-56

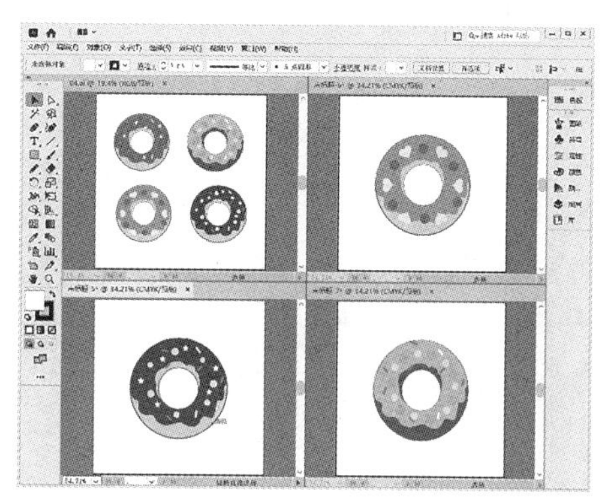
图 1-57

（3）选择“缩放工具”，在绘图页面中单击，使页面放大，如图1-58所示。按住Alt键的同时，单击可缩小页面，调整页面直到大小适当，如图1-59所示。

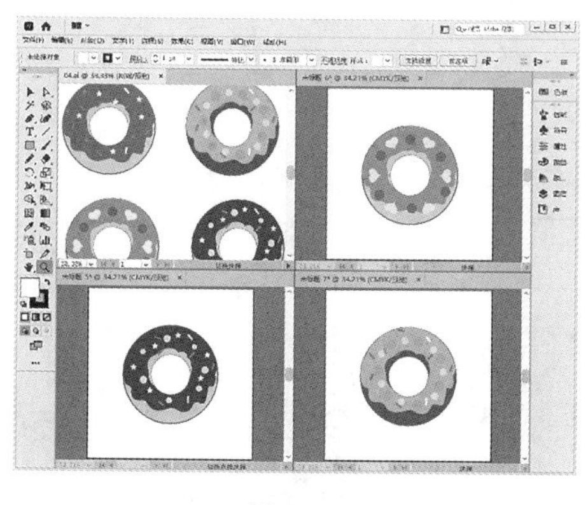
图 1-58

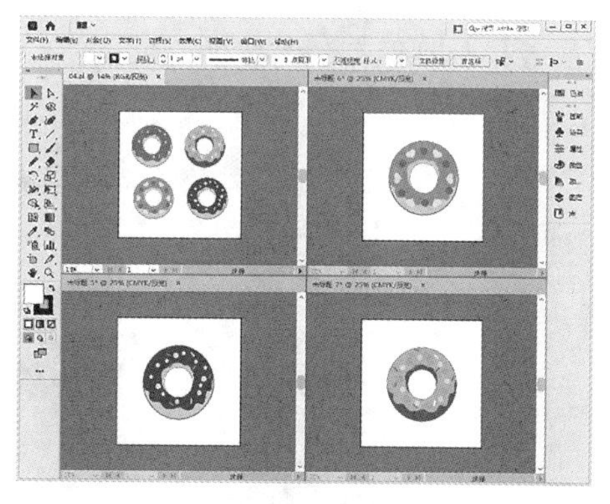
图 1-59

（4）选择“窗口”菜单→“排列”→“合并所有窗口”命令，可将4个窗口在软件中合并。单击“未标题-1”窗口的标题栏，将窗口显示在前面，如图1-60所示。双击“抓手工具”，将图像调整为适合窗口的大小，如图1-61所示。

图 1–60

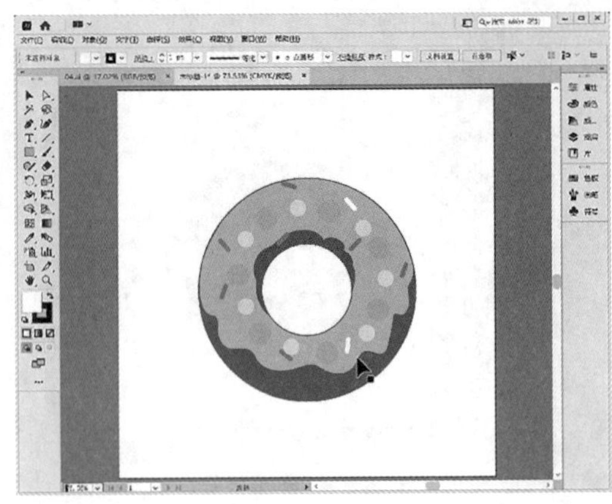

图 1–61

（5）选择“视图”菜单→“轮廓”命令，绘图页面显示图形的轮廓，如图 1–62 所示。选取图形的轮廓，取消编组并删除不需要的图形轮廓，如图 1–63 所示。

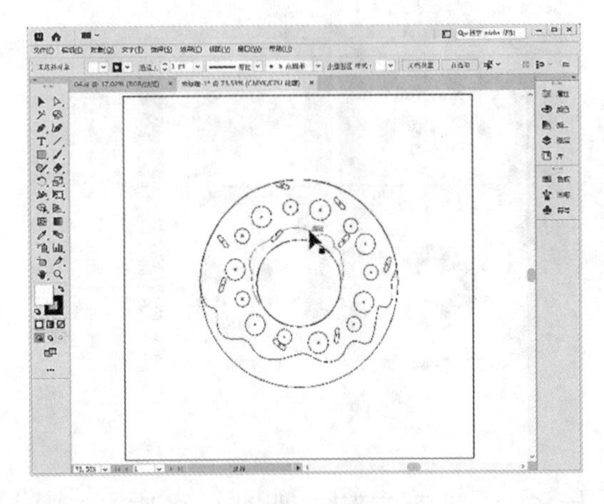

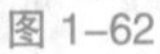

图 1–62

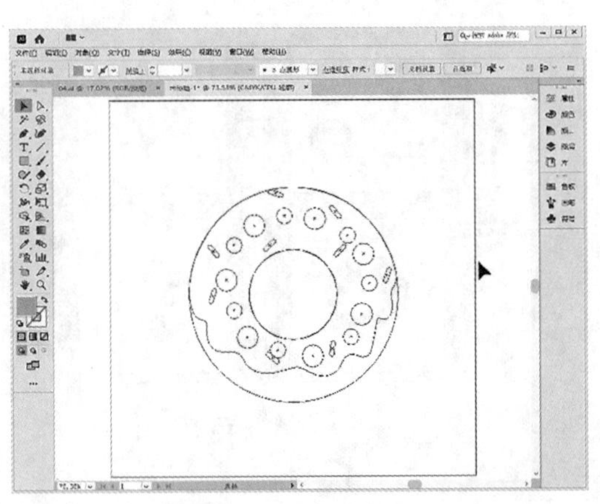

图 1–63

（6）选择“视图”→“叠印预览”命令，绘图页面显示预览效果，如图 1–64 所示。将复制的效果分别保存到需要的文件夹中。

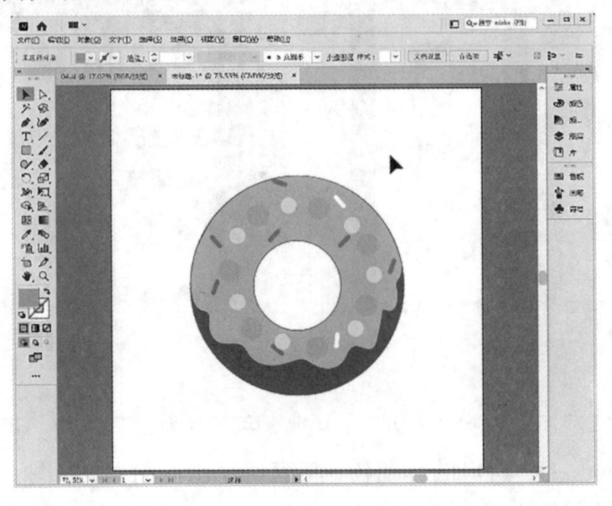

图 1–64

1.3.3 相关工具

1. 图像的视图模式

Illustrator CC 包括 6 种视图模式，即 CPU 预览、轮廓、GPU 预览、像素预览、裁切视图模式，绘制图像的时候，可根据不同的需要选择不同的视图模式。

CPU 预览模式是系统默认的模式，图像显示效果如图 1-65 所示。

轮廓模式隐藏了图像的颜色信息，用线框轮廓来表现图像。这样在绘制图像时有很高的灵活性，可以根据需要，单独查看轮廓线，极大地提升了图像运算的速度，提高了工作效率。轮廓模式的图像显示效果如图 1-66 所示。如果当前图像为其他模式，选择“视图”菜单→“轮廓”命令（组合键为 Ctrl+Y），将切换到轮廓模式，再选择“视图”菜单→“在 CPU 上预览”命令（组合键为 Ctrl+E），将切换到 CPU 预览模式，可以预览彩色图稿。

在 GPU 预览模式下，可以在屏幕分辨率的高度或宽度大于 2 000 像素时，按轮廓查看图稿。此模式下，轮廓的路径显示会更平滑，且可以缩短重新绘制图稿的时间。如果当前图像为其他模式，选择“视图”菜单→“GPU 预览”命令（组合键为 Ctrl+Y），将切换到 GPU 预览模式。

在叠印预览模式下图像可以显示接近油墨混合的效果，如图 1-67 所示。如果当前图像为其他模式，选择“视图”菜单→“叠印预览”命令（组合键为 Alt +Shift+Ctrl+Y），将切换到叠印预览模式。

像素预览模式可以将绘制的矢量图像转换为位图显示，这样可以有效控制图像的精确度和尺寸等。转换后的图像在放大时会看见排列在一起的像素点，如图 1-68 所示。如果当前图像为其他模式，选择“视图”菜单→“像素预览”命令（组合键为 Alt+Ctrl+Y），将切换到像素预览模式。

裁切视图模式可以剪除画板边缘以外的图，并隐藏画布上的所有非打印对象，如网格、参考线等。选择“视图”菜单→“裁切视图”命令，将切换到裁切视图模式。

图 1-65

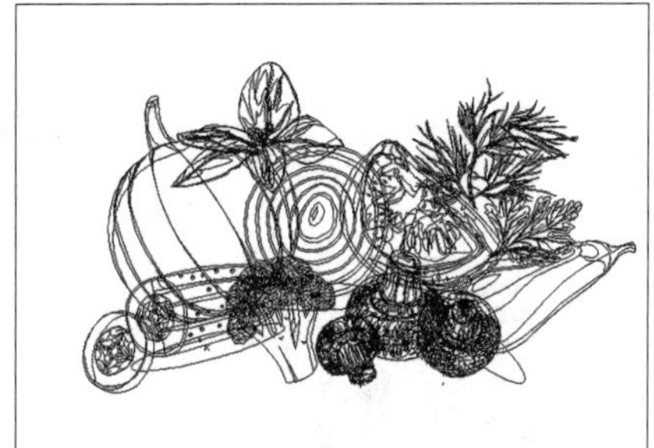

图 1-66

图 1-67

图 1-68

2. 图像的显示方式

1）适合窗口大小显示图像

绘制图像时，可以以适合窗口大小的方式来显示图像，这时图像就会最大限度地显示在工作界面中并保持其完整性。

选择“视图”菜单→“画板适合窗口大小”命令（组合键为 Ctrl+0），图像显示的效果如图 1–69 所示。也可以双击“抓手工具”，将图像调整为适合窗口大小的显示效果。

选择“视图”菜单→“全部适合窗口大小”命令（组合键为 Alt+Ctrl+0），可以使全部画板适合窗口大小，从而查看窗口中的所有画板内容。

图 1–69

2）显示图像的实际大小

“实际大小”命令可以将图像按其实际大小的效果显示，在此状态下可以对文件进行精确编辑。选择“视图”菜单→“实际大小”命令（组合键为 Ctrl+1），图像显示的效果如图 1–70 所示。

图 1–70

3）放大显示图像

选择“视图”菜单→“放大”命令（组合键为 Ctrl++），每选择一次“放大”命令，页面内的图像就会被放大一级。例如，图像以 100% 的比例显示在屏幕上，选择“放大”命令一次，则变成以 150% 的比例显示；再选择一次，即变成以 200% 的比例显示。放大的效果如图 1-71 所示。

使用“缩放工具”也可放大显示图像。选择“缩放工具”，光标在页面中会自动变为放大图标，每单击一次，图像就会放大一级。例如，图像以 100% 的比例显示在屏幕上，单击一次，则变成以 150% 的比例显示，放大的效果如图 1-72 所示。

图 1-71

图 1-72

若需要对图像的局部区域放大，先选择“缩放工具”，然后把“缩放工具”定位在要放大的区域外，按住鼠标左键并拖曳鼠标，使鼠标画出的矩形框框选所需放大的区域，然后释放鼠标左键，这个区域就会放大显示并填满图像窗口，如图 1-73 所示。

使用状态栏也可放大显示图像。在状态栏中的百分比数值框 100% 中直接输入需要放大的百分比数值，按 Enter 键即可执行放大操作。

图 1-73

还可使用“窗口”菜单→“导航器”控制面板放大显示图像，“导航器”控制面板如图 1-74 所示。单击面板底部的“放大”按钮，可逐级地放大图像。在面板左下角百分比数值框中直接输入数值后，按 Enter 键也可以将图像放大，如图 1-75 所示。

图 1-74

图 1-75

提示：

放大图像后，选择“抓手工具”，当图像中光标变为时，按住鼠标左键，在放大的图像中拖曳鼠标，可以观察图像的每个部分。如果正在使用其他工具进行操作，按住 Space（空格）键，可以转换为。

4）缩小显示图像

选择“视图”菜单→“缩小”命令，每选择一次“缩小”命令，页面内的图像就会缩小一级（也可连续按 Ctrl+– 组合键），效果如图 1–76 所示。

图 1–76

使用“缩放工具”也可缩小显示图像。选择“缩放工具”，光标在页面中会自动变为放大图标，按住 Alt 键，则页面上的图标变为缩小图标。按住 Alt 键不放，单击图像一次，图像就会缩小显示一级。也可在状态栏中的百分比数值框中输入要缩小的百分比数值，按 Enter 键即可执行缩小操作。

还可使用“导航器”控制面板缩小显示图像。单击面板左下角的“缩小”按钮，可逐级地缩小图像。在面板百分比数值框中直接输入数值后，按 Enter 键也可以将图像缩小。

5）全屏显示图像

全屏显示图像，可以更好地观察图像的完整效果。全屏显示图像有以下几种方法。

单击工具箱下方的“更改屏幕模式”按钮，可以在 4 种模式之间相互转换，即正常屏幕模式、带有菜单栏的全屏模式、全屏模式和演示文稿模式。反复按 F 键，也可在前 3 种屏幕显示模式之间切换。

正常屏幕模式：如图 1–77 所示，这种屏幕显示模式包括菜单栏、工具箱、工具属性栏、控制面板、状态栏和打开文件的标题栏。

带有菜单栏的全屏模式：如图 1–78 所示，这种屏幕显示模式包括菜单栏、工具箱、工具属性栏、控制面板和状态栏。

全屏模式：如图 1–79 所示，这种屏幕显示模式只显示页面。按 Tab 键，可以调出菜单栏、工具箱、工具属性栏、控制面板和状态栏，效果如图 1–80 所示。

演示文稿模式：图稿作为演示文稿显示。按 Shift+F 组合键，可以切换至演示文稿模式，如图 1–81 所示。

图 1-77

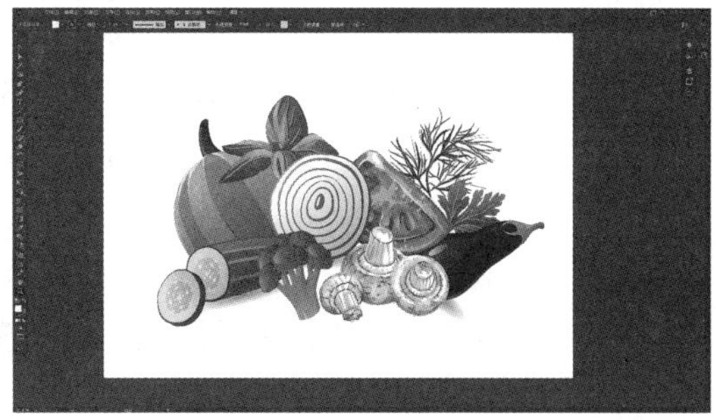
图 1-78

图 1-79

图 1-80

图 1-81

3. 窗口的排列方法

当打开多个文件时，屏幕会出现多个图像文件窗口，这就需要对窗口进行布置和摆放。下面将介绍对窗口进行布置和摆放的方法和技巧。

选择“窗口”菜单→“排列”→“全部在窗口中浮动”命令或“窗口”菜单→“排列”→“平铺”命令，图像文件窗口的摆放效果如图 1-82 和图 1-83 所示。

图 1-82

图 1-83

4. 标尺、参考线和网格的设置和使用

Illustrator CC 提供了标尺、参考线和网格等工具，利用这些工具可以帮助用户对所绘制和编辑的图形图像精确定位，还可测量图形图像的准确尺寸。

1）标尺

选择“视图”菜单→“标尺”→“显示标尺”命令（组合键为 Ctrl+R），显示出标尺，如图 1–84 所示。如果要将标尺隐藏，可以选择“视图”菜单→“标尺”→“隐藏标尺”命令（组合键为 Ctrl+R），将标尺隐藏。

图 1–84

如果需要设置标尺的显示单位，选择“编辑”菜单→“首选项”→“单位”命令，弹出“首选项”对话框，如图 1–85 所示，可以在“常规”选项的下拉列表中设置标尺的显示单位。

如果仅需要对当前文件设置标尺的显示单位，选择“编辑”菜单→“文档设置”命令，弹出“文档设置”对话框，如图 1–86 所示，可以在“单位”选项的下拉列表中设置标尺的显示单位。这种方法设置的标尺单位对以后新建立的文件标尺单位不起作用。

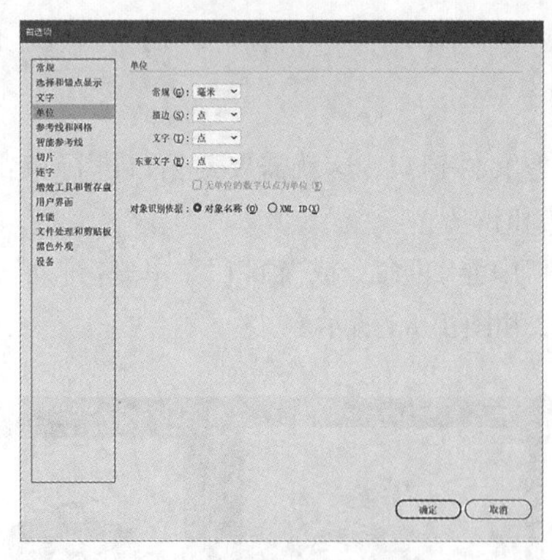

图 1–85

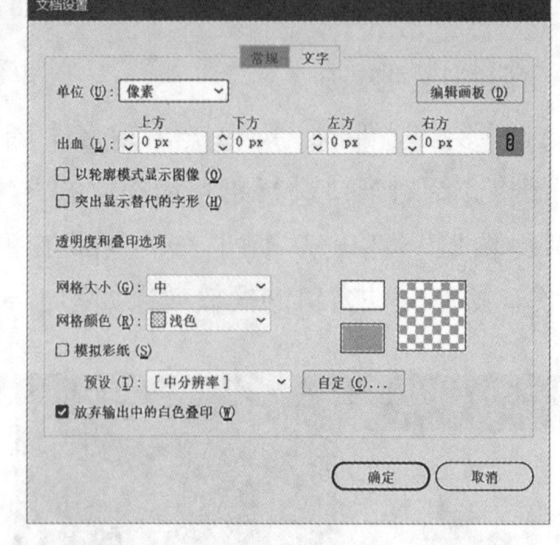

图 1–86

在系统默认的状态下，标尺的坐标原点在工作页面的左上角，如果想要更改坐标原点的位置，单击水平标尺与垂直标尺的交点并拖曳到页面中，释放鼠标，即可将坐标原点设置在此处。如果想要恢复标尺原点的默认位置，双击水平标尺与垂直标尺的交点即可。

2）参考线

如果想要添加参考线，可以用鼠标从水平或垂直标尺上向页面中拖曳参考线，还可根据需要将图形或路径转换为参考线。选中要转换的路径，如图 1–87 所示，选择“视图”菜单→“参考线”→“建立参考线”命令，将选中的路径转换为参考线，如图 1–88 所示。选择“视图”菜单→“参考线”→“释放参考线”命令，可以将选中的参考线转换为路径。

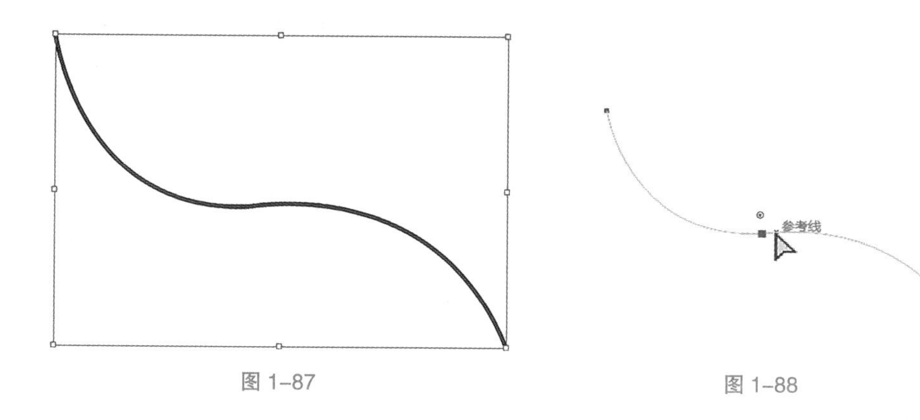

图 1–87　　图 1–88

选择“视图”菜单→“参考线”→“锁定参考线”命令，可以将参考线进行锁定。选择“视图”菜单→“参考线”→“隐藏参考线”命令，可以将参考线隐藏。选择“视图”菜单→“参考线”→“清除参考线”命令，可以清除参考线。

选择“视图”菜单→“智能参考线”命令，可以显示智能参考线。当图形移动或旋转到一定角度时，智能参考线就会高亮显示并给出提示信息。

3）网格

选择“视图”菜单→“显示网格”命令，显示出网格，如图 1–89 所示。选择“视图”菜单→“隐藏网格”命令，将网格隐藏。如果需要设置网格的颜色、样式和间隔等属性，选择“编辑”菜单→“首选项”→“参考线和网格”命令，弹出“首选项”对话框，如图 1–90 所示。

图 1–89

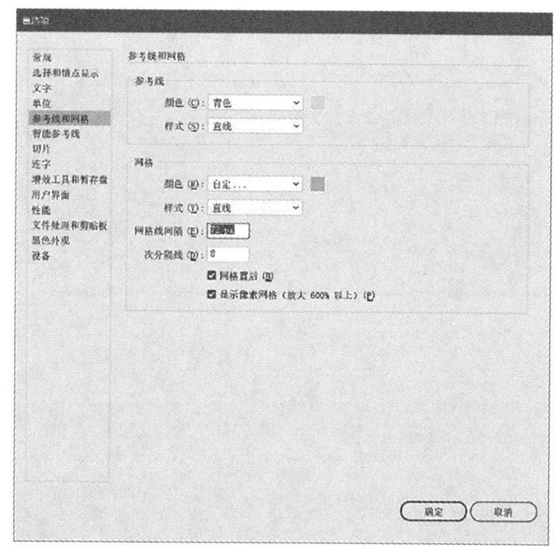

图 1–90

“颜色”选项：设置网格的颜色。

“样式”选项：设置网格的样式，包括线和点。

“网格线间隔”选项：设置网格线的间距。

“次分隔线”选项：用于细分网格线的多少。

“网格置后”选项：设置网格线显示在图形的上方或下方。

“显示像素网格”选项：当图像放大到600%以上时，显示像素网格。

5. 对象的撤销和恢复

在进行设计的过程中，可能会出现错误的操作，下面介绍撤销和恢复对象的操作。

1）对象的撤销

选择“编辑”菜单→“还原”命令（组合键为Ctrl+Z），可以还原上一次的操作。连续按Ctrl+Z组合键，可以连续还原原来操作的命令。

2）对象的恢复

选择“编辑”菜单→“重做”命令（组合键为Shift+Ctrl+Z），可以恢复上一次的操作。如果连续按两次Shift+Ctrl+Z组合键，即恢复两步操作。

项目2

实物绘制

绘制效果逼真并经过艺术化处理的实物可以应用到书籍装帧设计、杂志设计、海报设计、宣传单设计、广告设计、包装设计和网页设计等多个设计领域。本项目以多个实物对象为例，讲解实物的绘制方法和技巧。

课堂学习目标

- 掌握实物的绘制思路和过程。
- 掌握实物绘制的相关工具。
- 掌握实物的绘制方法和技巧。

2.1 绘制 APP 相机图标

2.1.1 案例分析

本案例中的相机图标，是典型的扁平化 APP 图标。整个图标没有任何的立体感、质感纹理，只是通过不同形状、颜色的色块组合，将相机的正面轮廓抽象成一个极简的视觉符号。

2.1.2 设计理念

在绘制相机图标时，应根据实际工作中的设计流程，完成图标的绘制：①以实物相机为参照物分析实体相机的构成；②在参照实物的基础上进行图形绘制；③去除图形中冗余的细节，仅保留相机的主体轮廓；④适当调整图形组件的大小比例与形状外观，对图形进行抽象化处理；⑤根据产品定位，对相机图标进行配色。最终效果如图 2-1 所示。

图 2-1

视频 2-1

2.1.3 操作步骤

1. 绘制基本形

（1）按 Ctrl+N 组合键，弹出“新建文档”对话框，设置文档的宽度为 90 px，高度为 90 px，取向为竖向，颜色模式为 RGB，单击“创建”按钮，新建一个文档。

（2）选择“矩形工具”，绘制一个与页面大小相等的矩形，如图 2-2 所示。

（3）设置填充色为浅蓝色（输入 R、G、B 的值为“216”“228”“255”），填充图形，并设置描边色为无，效果如图 2–3 所示。

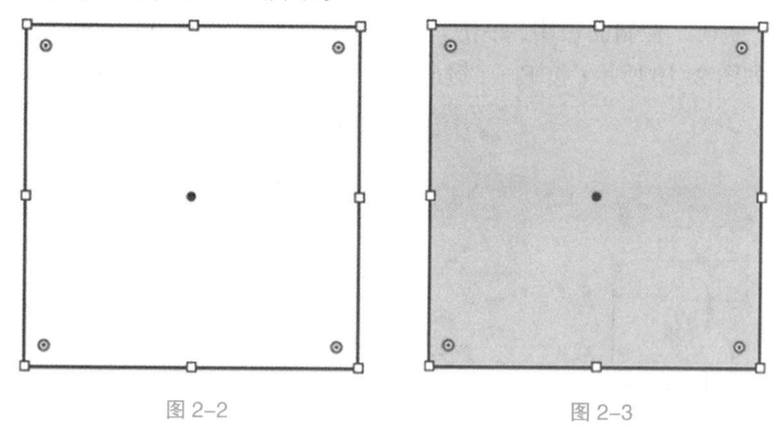

图 2–2　　图 2–3

（4）选择“窗口”菜单→“变换”命令，弹出“变换”控制面板，在“矩形属性”选项卡中将“圆角半径”选项均设为 22 px，如图 2–4 所示；按 Enter 键确定操作，效果如图 2–5 所示。

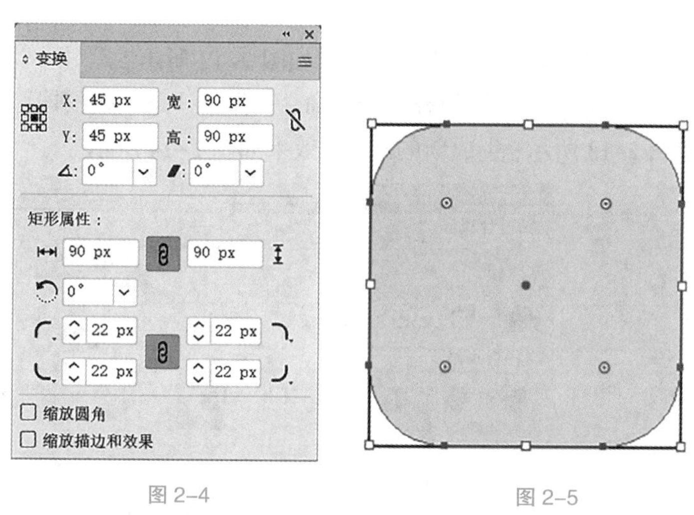

图 2–4　　图 2–5

（5）选择“矩形工具”，在适当的位置绘制一个矩形，如图 2–6 所示。

（6）在“变换”控制面板中，将“圆角半径”选项均设为 9 px，如图 2–7 所示；按 Enter 键确定操作，效果如图 2–8 所示。

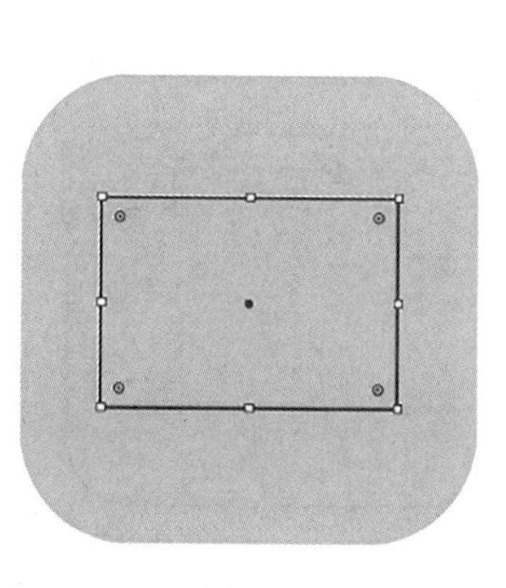

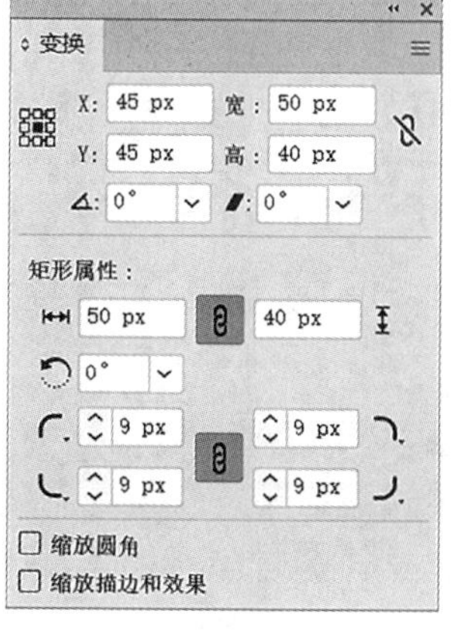

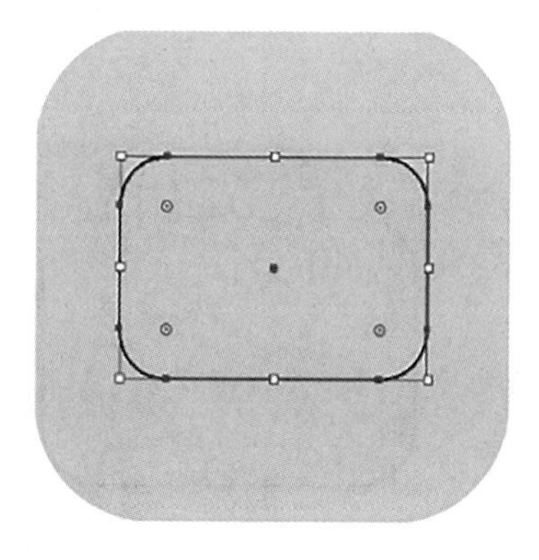

图 2–6　　图 2–7　　图 2–8

（7）选择“矩形工具”，在适当的位置绘制一个矩形，如图 2–9 所示。

（8）在“变换”控制面板中，单击“链接圆角半径值”，将上边角“圆角半径”选项设为 7 px，如图 2–10 所示；按 Enter 键确定操作，效果如图 2–11 所示。

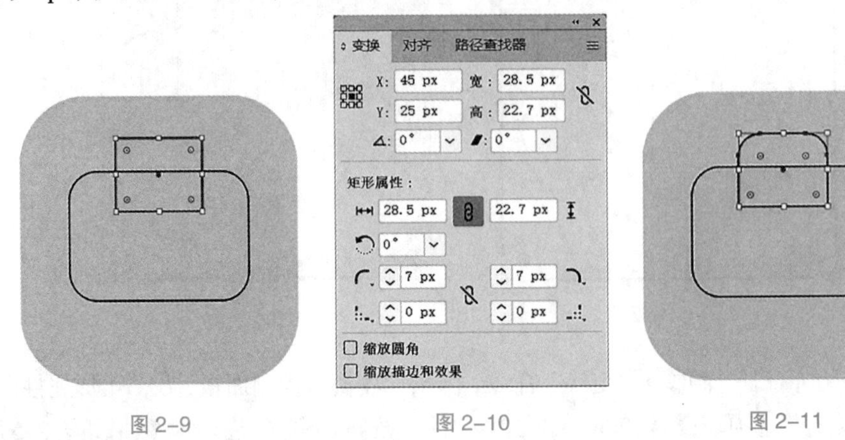

图 2–9　　图 2–10　　图 2–11

2. 绘制相机细节

（1）选择“选择工具”，框选两个图形，如图 2–12 所示。

（2）选择“窗口”菜单→“路径查找器”命令，弹出“路径查找器”控制面板，单击“联集”按钮，如图 2–13 所示；生成新的对象，效果如图 2–14 所示。

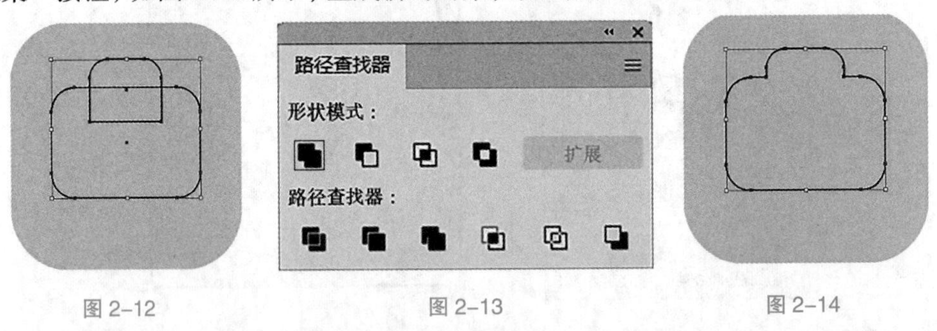

图 2–12　　图 2–13　　图 2–14

（3）选择“矩形工具”，在适当的位置绘制一个矩形，如图 2–15 所示。

（4）在“变换”控制面板中，将上边角“圆角半径”选项设为 2 px，如图 2–16 所示；按 Enter 键确定操作，效果如图 2–17 所示。

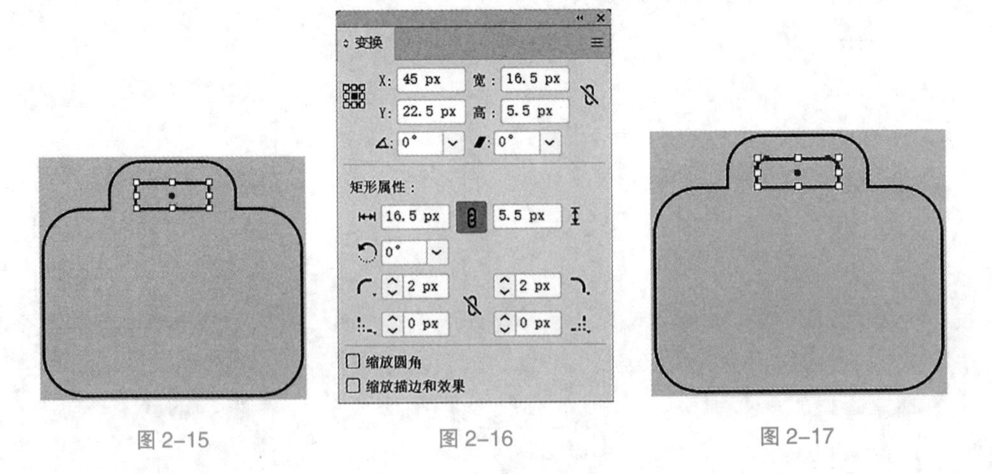

图 2–15　　图 2–16　　图 2–17

（5）选择“选择工具”，框选两个图形，如图 2–18 所示。

（6）在“路径查找器”控制面板中，单击“减去顶层”按钮，如图 2–19 所示；生成新的对象，效果如图 2–20 所示。

（7）双击“渐变工具”，弹出“渐变”控制面板，单击“线性渐变”按钮，在色带上设置 3 个渐变滑块，将渐变滑块的位置设为 0%、55%、100%，并从左至右依次输入 3 个渐变滑块的 R、G、B 的值为“13”、“176”、“255”，“1”、“130”、“251”，“3”、“127”、“235”，其他选项的设置如图 2–21 所示；图形被填充为渐变色，并设置描边色为无，效果如图 2–22 所示。

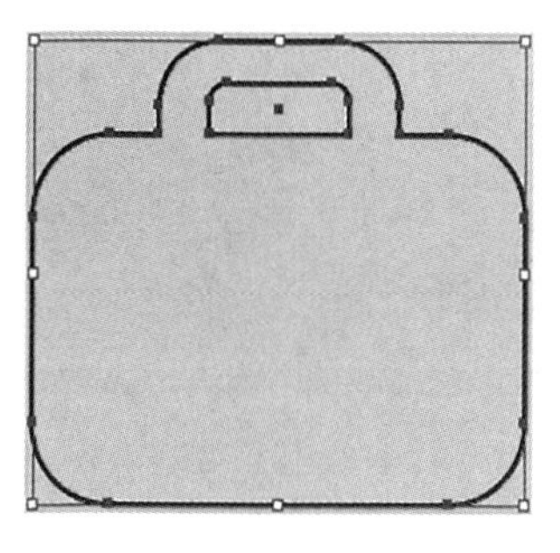

图 2–18

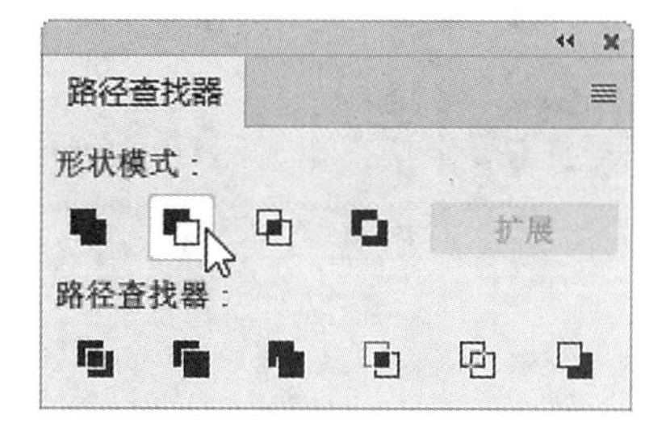

图 2–19

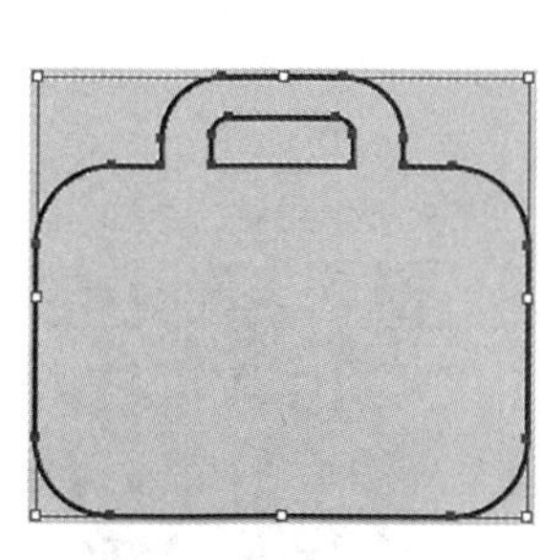

图 2–20

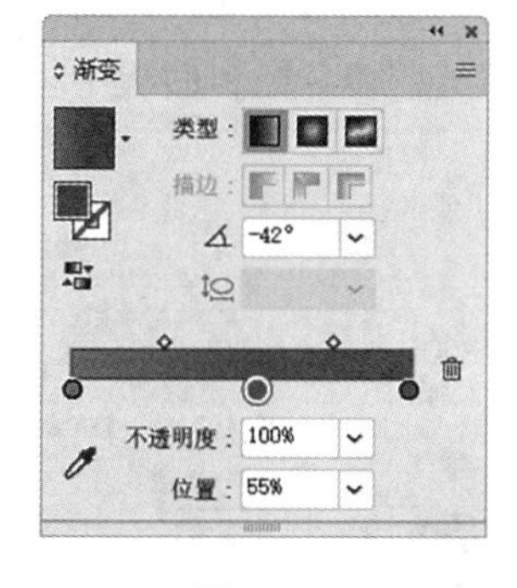

图 2–21

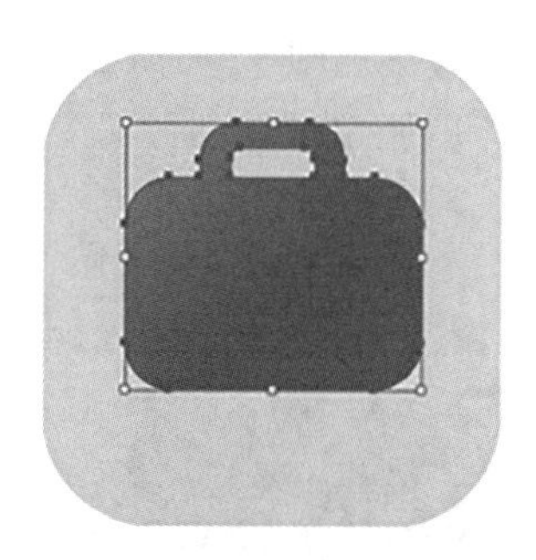

图 2–22

（8）选择“选择工具”，按 Ctrl+C 组合键，复制图形，按 Ctrl+B 组合键，将复制的图形粘贴在原图形后面。按→和↓方向键，微调复制的图形到适当的位置，并填充图形为黑色效果，如图 2–23 所示。

（9）选择“窗口”菜单→“透明度”命令，弹出“透明度”控制面板，将混合模式设为“叠加”，如图 2–24 所示，效果如图 2–25 所示。

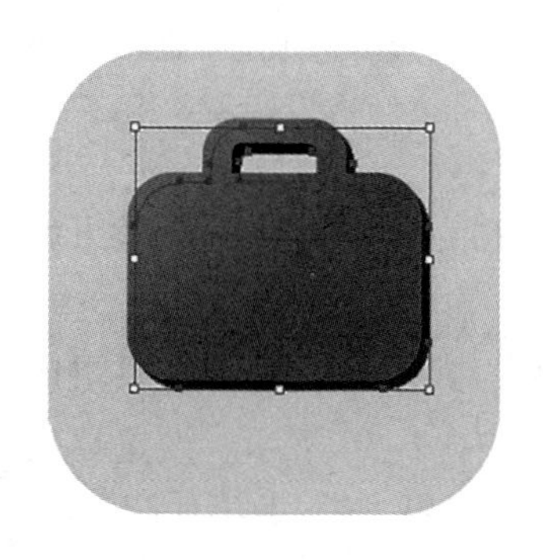

图 2–23

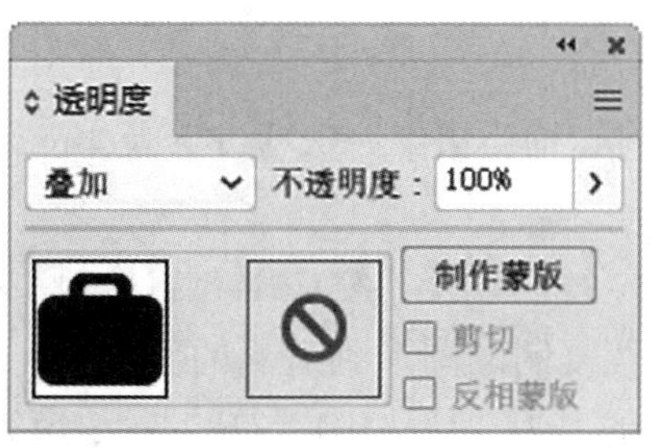

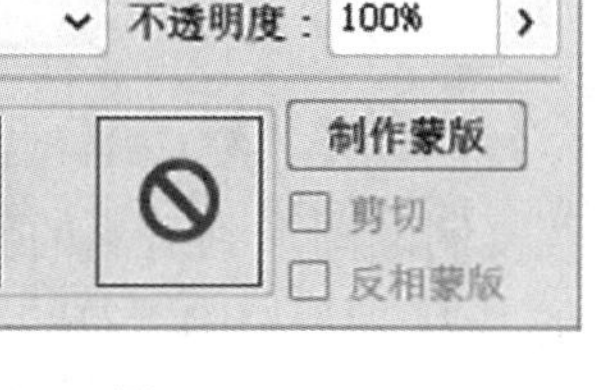

图 2–24

图 2–25

（10）选择“椭圆工具” ，按住 Shift 键的同时，在适当的位置绘制一个圆形，效果如图 2-26 所示。在“渐变”控制面板中，单击“线性渐变”按钮，在色带上设置 3 个渐变滑块，分别将渐变滑块的位置设为 0%、55%、100%，并从左至右依次输入 3 个渐变滑块的 R、G、B 的值为“13”、“176”、“255”，“1”、“130”、“251”，“3”、“127”、“235”，其他选项的设置如图 2-27 所示；图形被填充为渐变色，并设置描边色为无，效果如图 2-28 所示。

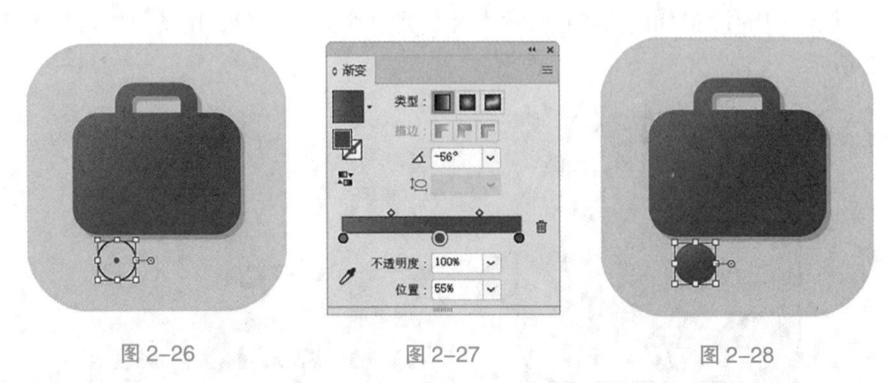

图 2-26　　图 2-27　　图 2-28

（11）选择“选择工具” ，按 Ctrl+C 组合键，复制圆形，按 Ctrl+B 组合键，将复制的圆形粘贴在原图形后面。按→和↓方向键，微调复制的圆形到适当的位置，并填充圆形为黑色，效果如图 2-29 所示。在“透明度”控制面板中将混合模式设为“叠加”，如图 2-30 所示，效果如图 2-31 所示。

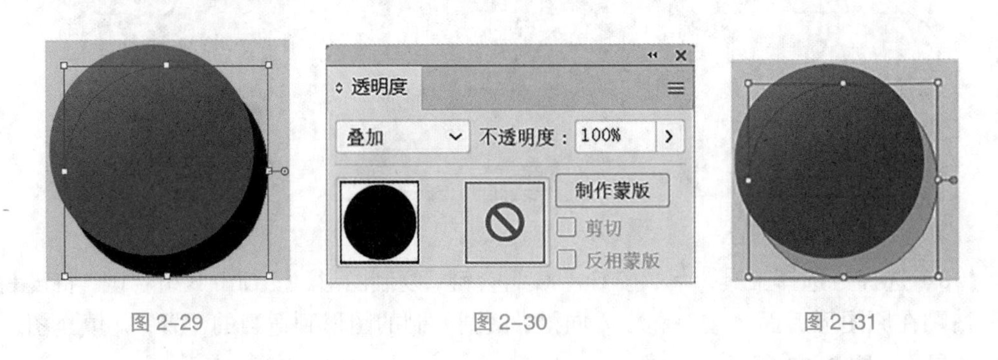

图 2-29　　图 2-30　　图 2-31

（12）选择“选择工具” ，框选两个圆形，如图 2-32 所示。按住 Alt+Shift 组合键的同时，水平向右拖曳圆形到适当的位置，复制圆形，效果如图 2-33 所示。

（13）选择“椭圆工具” ，按住 Shift 键的同时，在适当的位置绘制一个圆形，设置描边色为浅蓝色（输入 R、G、B 的值为“216”“228”“255”），填充描边，效果如图 2-34 所示。

（14）在工具属性栏中将“描边粗细”选项设置为 4 pt，按 Enter 键确定操作，效果如图 2-35 所示。

（15）按 Ctrl+C 组合键，复制图形，按 Ctrl+B 组合键，将复制的图形粘贴在原图形后面。按→和↓方向键，微调复制的图形到适当的位置，效果如图 2-36 所示。设置填充色为海蓝色（输入 R、G、B 的值为“1”“104”“187”），填充复制的图形，效果如图 2-37 所示。

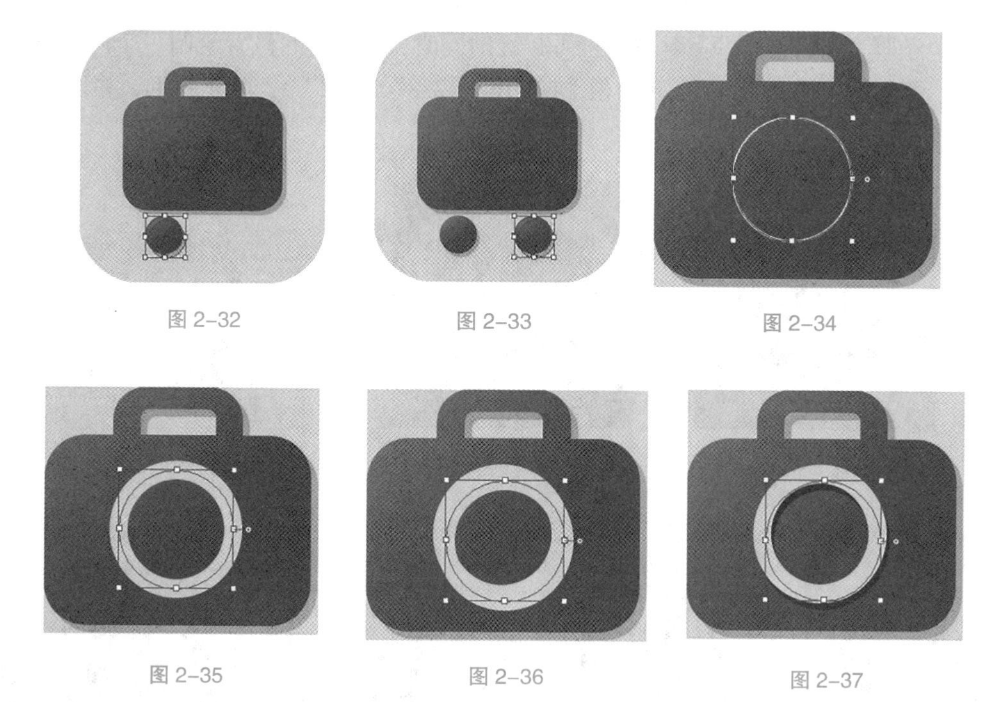

图 2-32　　图 2-33　　图 2-34

图 2-35　　图 2-36　　图 2-37

3. 绘制时针

（1）在工具属性栏中将“描边粗细”选项设置为 3 pt，按 Enter 键确定操作，效果如图 2-38 所示。

（2）选择“矩形工具”，在适当的位置绘制一个矩形，将“描边粗细”选项设置为 0.75 pt，如图 2-39 所示。选择“直接选择工具”，单击选中矩形右上角的锚点，如图 2-40 所示。

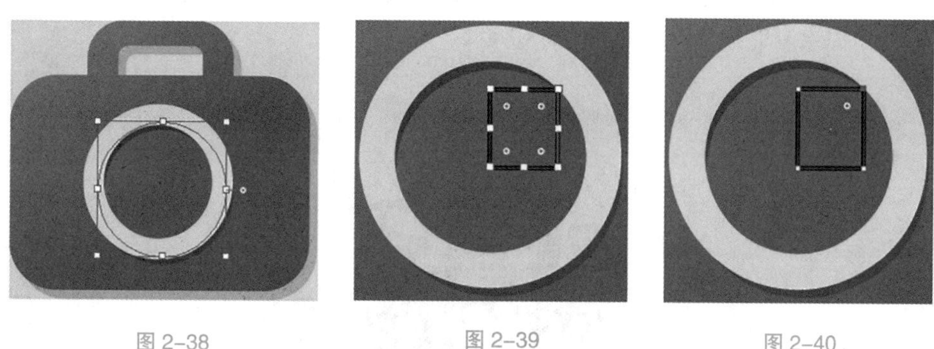

图 2-38　　图 2-39　　图 2-40

（3）按 Delete 键将选中的锚点删除，效果如图 2-41 所示。

（4）选择“选择工具”，选取折线，设置描边色为浅蓝色（输入 R、G、B 的值为“216”“228”“255”），填充描边，效果如图 2-42 所示。

（5）选择“窗口”菜单→“描边”命令，弹出“描边”控制面板，单击“端点”选项中的“圆头端点”按钮，其他选项的设置如图 2-43 所示；按 Enter 键确定操作，效果如图 2-44 所示。

（6）按 Ctrl+C 组合键，复制折线，按 Ctrl+B 组合键，将复制的折线粘贴在原图形后面。按→和↓方向键，微调复制的折线到适当的位置，效果如图 2-45 所示。设置其描边色为海蓝色（输入 R、G、B 的值为“1”“104”“187”），填充描边，效果如图 2-46 所示。

（7）选择“椭圆工具” ，按住 Shift 键的同时，在适当的位置绘制一个圆形，设置填充色为浅蓝色（输入 R、G、B 的值为“216”“228”“255”），填充图形，并设置描边色为无，如图 2-47 所示。

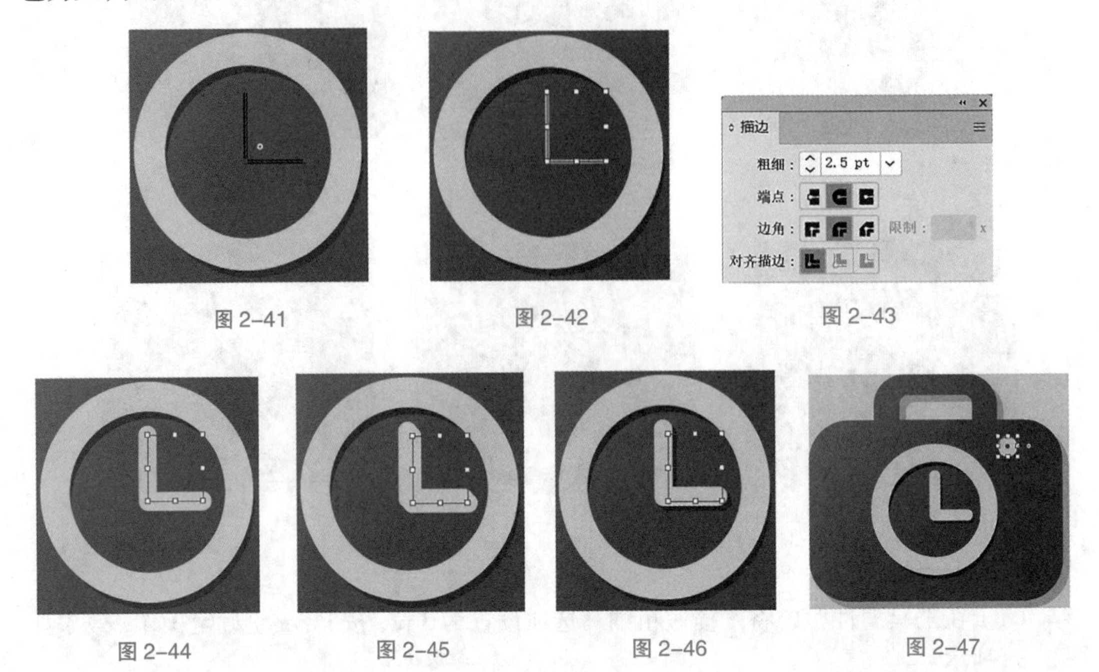

图 2-41　　图 2-42　　图 2-43

图 2-44　　图 2-45　　图 2-46　　图 2-47

（8）按 Ctrl+C 组合键，复制圆形，按 Ctrl+B 组合键，将复制的圆形粘贴在原图形后面。按→和↓方向键，微调复制的圆形到适当的位置。

（9）设置填充色为海蓝色（输入 R、G、B 的值为“1”“104”“187”），填充复制的圆形，相机图标绘制完成，效果如图 2-48 所示。

图 2-48

2.1.4　相关工具

1. 绘制椭圆形和圆形

1）使用鼠标绘制椭圆形和圆形

选择“椭圆工具” ，在页面中需要的位置单击并按住鼠标左键不放，拖曳光标到需要的位置，释放鼠标左键，绘制出一个椭圆形，如图 2–49 所示。

选择“椭圆工具” ，按住 Shift 键，在页面中需要的位置单击并按住鼠标左键不放，拖曳光标到需要的位置，释放鼠标左键，绘制出一个圆形，效果如图 2–50 所示。

选择“椭圆工具” ，按住 ~ 键，在页面中需要的位置单击并按住鼠标左键不放，拖曳光标到需要的位置，释放鼠标左键，可以绘制多个椭圆形，效果如图 2–51 所示。

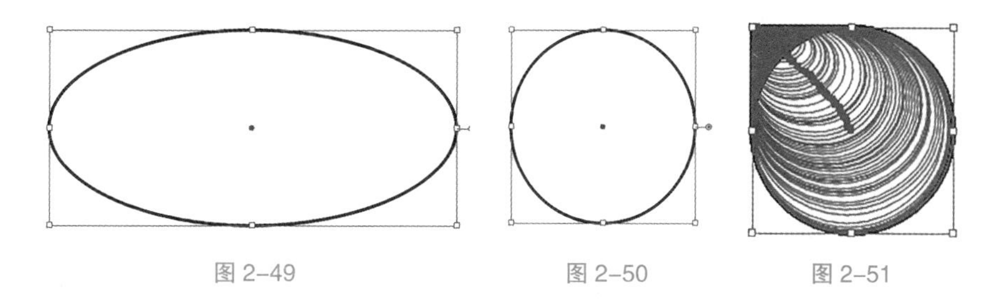

图 2–49　　图 2–50　　图 2–51

2）精确绘制椭圆形

选择“椭圆工具” ，在页面中需要的位置单击，弹出“椭圆”对话框，如图 2–52 所示。在对话框中，“宽度”选项可以设置椭圆形的宽度，“高度”选项可以设置椭圆形的高度。设置完成后，单击“确定”按钮，得到如图 2–53 所示的椭圆形。

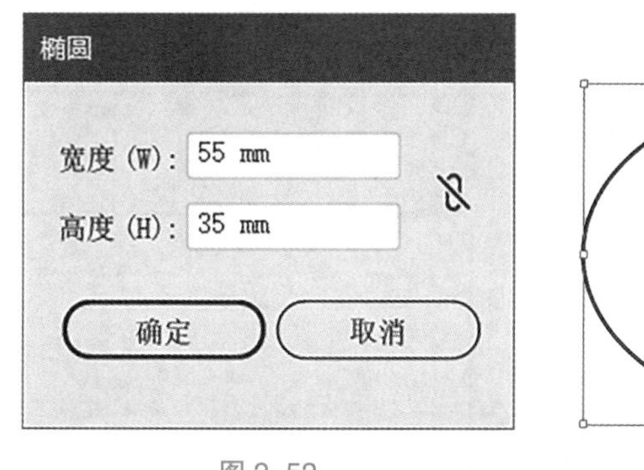

图 2–52

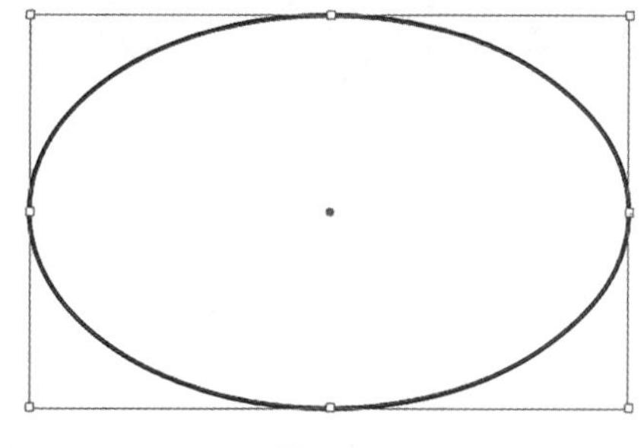

图 2–53

2. 绘制矩形和正方形

1）使用鼠标绘制矩形和正方形

选择“矩形工具” ，在页面中需要的位置单击并按住鼠标左键不放，拖曳光标到需要的位置，释放鼠标左键，绘制出一个矩形，效果如图 2–54 所示。

选择“矩形工具” ，按住 Shift 键，在页面中需要的位置单击并按住鼠标左键不放，拖曳光标到需要的位置，释放鼠标左键，绘制出一个正方形，效果如图 2–55 所示。

选择“矩形工具” ，按住 ~ 键，在页面中需要的位置单击并按住鼠标左键不放，拖曳光标到需要的位置，释放鼠标左键，绘制出多个矩形，效果如图 2–56 所示。

选择“矩形工具” ，按住 Alt 键，在页面中需要的位置单击并按住鼠标左键不放，拖曳光标到需要的位置，释放鼠标左键，可以绘制一个以鼠标单击点为中心的矩形。

选择“矩形工具” ，按住 Alt+Shift 组合键，在页面中需要的位置单击并按住鼠标左键不放，拖曳光标到需要的位置，释放鼠标左键，可以绘制一个以鼠标单击点为中心的正方形。

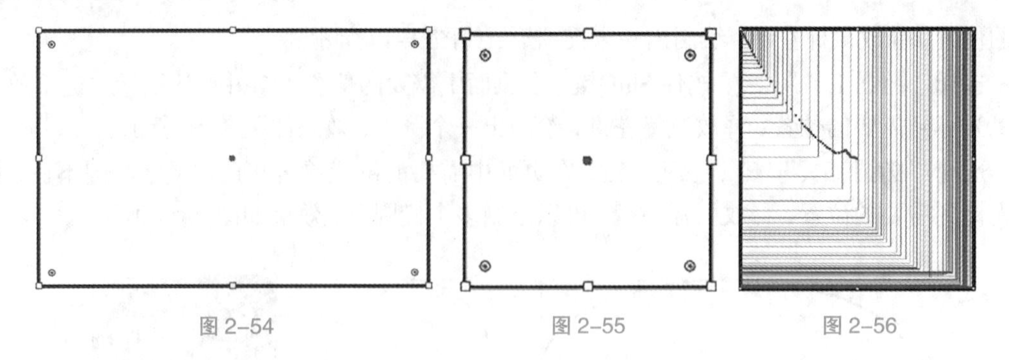

图 2-54　　图 2-55　　图 2-56

选择“矩形工具”，在页面中需要的位置单击并按住鼠标左键不放，拖曳光标到需要的位置，再按住 Space（空格）键，可以暂停绘制工作而在页面上任意移动未绘制完成的矩形，释放 Space 键后可继续绘制矩形。

上述绘制方法对于“椭圆工具”、“圆角矩形工具”、“多边形工具”和“星形工具”同样适用。

2）精确绘制矩形

选择“矩形工具”，在页面中需要的位置单击，弹出“矩形”对话框，如图 2-57 所示。在对话框中，“宽度”选项可以设置矩形的宽度，“高度”选项可以设置矩形的高度。设置完成后，单击“确定”按钮，得到图 2-58 所示的矩形。

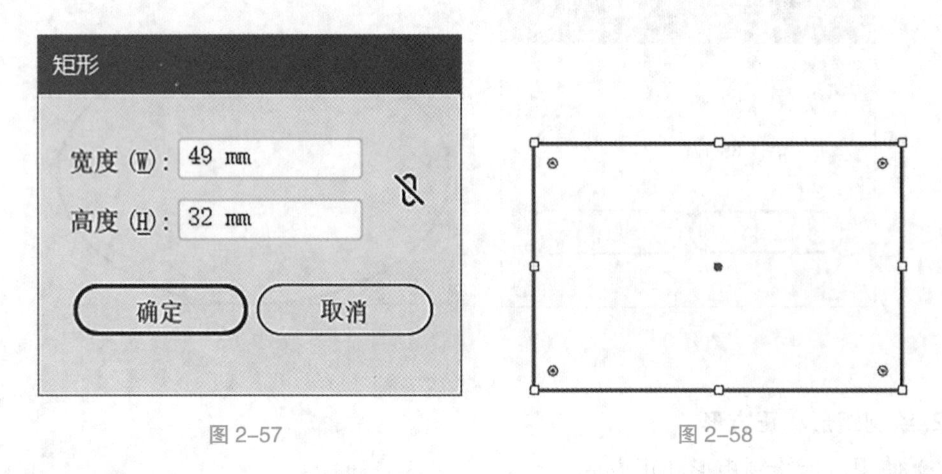

图 2-57　　图 2-58

3. 绘制圆角矩形

1）使用鼠标绘制圆角矩形

选择“圆角矩形工具”，在页面中需要的位置单击并按住鼠标左键不放，拖曳光标到需要的位置，释放鼠标左键，绘制出一个圆角矩形，效果如图 2-59 所示。

选择“圆角矩形工具”，按住 Shift 键，在页面中需要的位置单击并按住鼠标左键不放，拖曳光标到需要的位置，释放鼠标左键，绘制出一个宽度和高度相等的圆角矩形，效果如图 2-60 所示。

选择“圆角矩形工具”，按住 ~ 键，在页面中需要的位置单击并按住鼠标左键不放，拖曳光标到需要的位置，释放鼠标左键，绘制出多个圆角矩形，效果如图 2-61 所示。

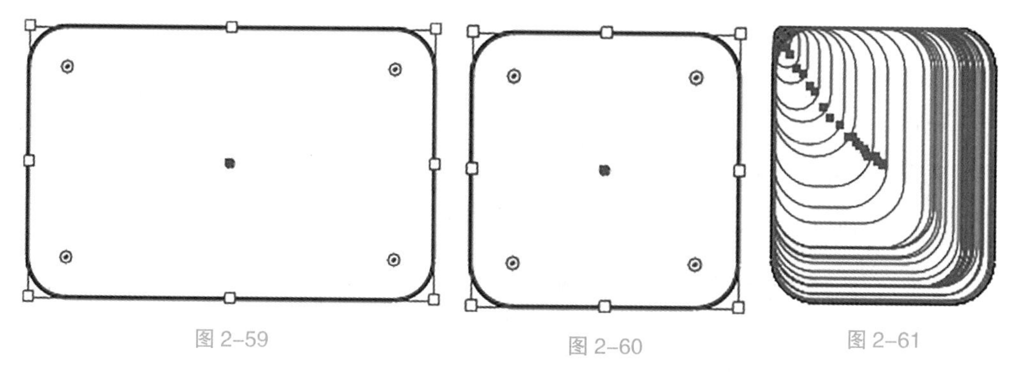

图 2–59　　图 2–60　　图 2–61

2）精确绘制圆角矩形

选择“圆角矩形工具”，在页面中需要的位置单击，弹出“圆角矩形”对话框，如图 2–62 所示。在对话框中，“宽度”选项可以设置圆角矩形的宽度，“高度”选项可以设置圆角矩形的高度，“圆角半径”选项可以设置圆角矩形中圆角半径的长度。设置完成后，单击“确定”按钮，得到如图 2–63 所示的圆角矩形。

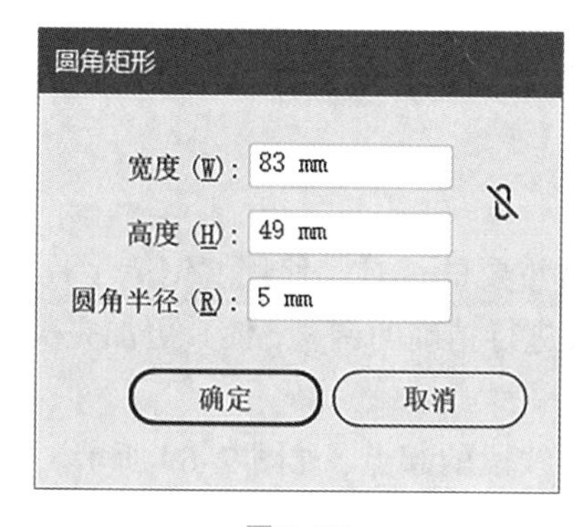

图 2–62

图 2–63

4. 绘制星形

1）使用鼠标绘制星形

选择“星形工具”，在页面中需要的位置单击并按住鼠标左键不放，拖曳光标到需要的位置，释放鼠标左键，绘制出一个星形，效果如图 2–64 所示。

选择“星形工具”，按住 Shift 键，在页面中需要的位置单击并按住鼠标左键不放，拖曳光标到需要的位置，释放鼠标左键，绘制出一个正星形，效果如图 2–65 所示。

选择“星形工具”，按住 ~ 键，在页面中需要的位置单击并按住鼠标左键不放，拖曳光标到需要的位置，释放鼠标左键，绘制出多个星形，效果如图 2–66 所示。

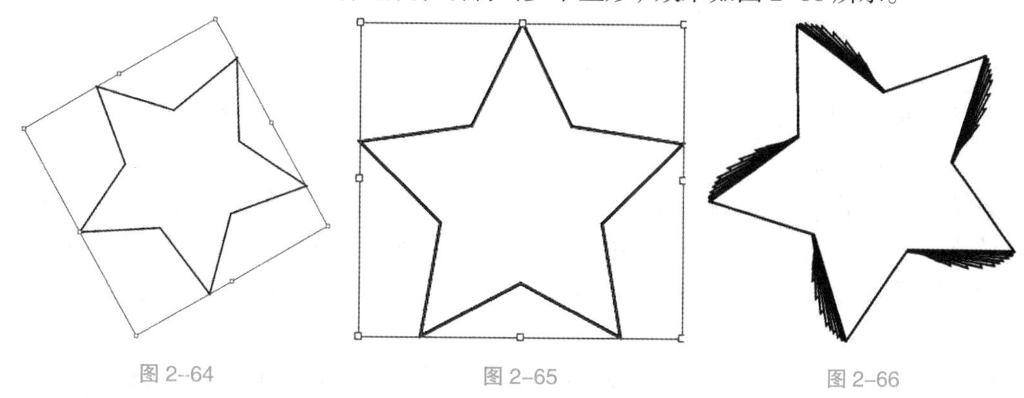

图 2–64　　图 2–65　　图 2–66

2）精确绘制星形

选择“星形工具” ，在页面中需要的位置单击，弹出“星形”对话框，如图 2–67 所示。在对话框中，“半径 1”选项可以设置从星形中心点到各外部角的顶点的距离，“半径 2”选项可以设置从星形中心点到各内部角的端点的距离，“角点数”选项可以设置星形中的边角数量。设置完成后，单击“确定”按钮，得到如图 2–68 所示的星形。

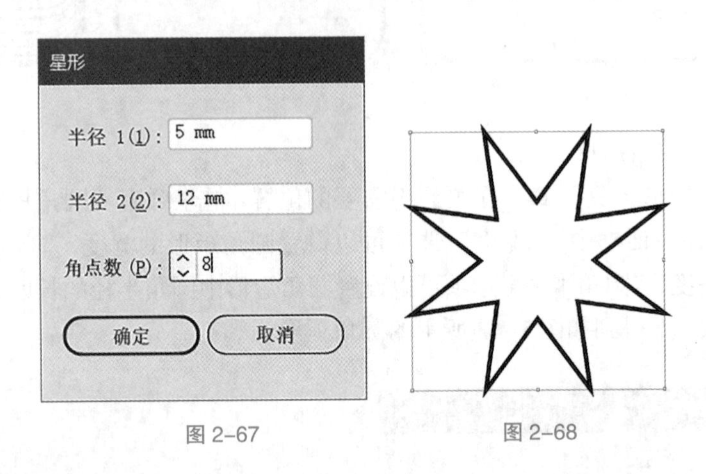

图 2–67　　图 2–68

5. 使用“钢笔工具”

Illustrator CC 中的“钢笔工具”是一个非常重要的工具。使用“钢笔工具”可以绘制直线段、曲线段和任意形状的路径，可以对线段进行精确的调整，使其更加完美。

1）绘制直线段

选择“钢笔工具” ，在页面中单击确定直线段的起点，如图 2–69 所示。移动光标到需要的位置，再次单击确定直线段的终点，如图 2–70 所示。

在需要的位置再连续单击确定其他的锚点，就可以绘制出折线的效果，如图 2–71 所示。如果单击折线上的锚点，该锚点会被删除，与该锚点左右相邻的两个锚点将自动连接，如图 2–72 所示。

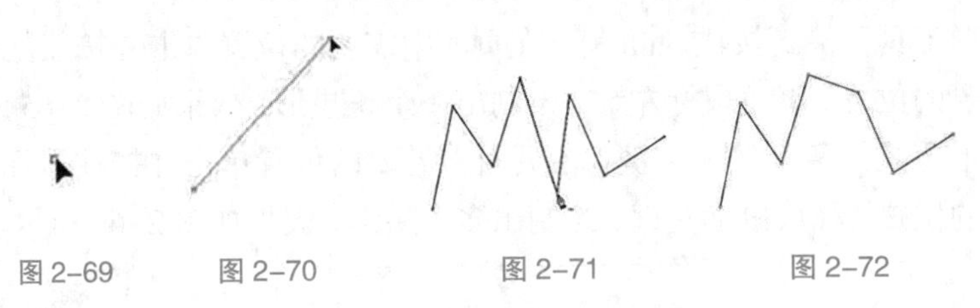

图 2–69　　图 2–70　　图 2–71　　图 2–72

2）绘制曲线段

选择“钢笔工具” ，在页面中单击并按住鼠标左键拖曳光标来确定曲线段的起点。起点的两端分别出现了一条控制线，释放鼠标左键，如图 2–73 所示。

移动光标到需要的位置，再次单击并按住鼠标左键进行拖曳，出现了一条曲线段。拖曳光标的同时，第 2 个锚点两端也出现了控制线。按住鼠标左键不放，随着光标的移动，曲线段的形状也随之发生变化，如图 2–74 所示。释放鼠标左键，移动光标继续绘制。

如果连续地单击并拖曳光标，可以绘制出连续平滑的曲线段，如图 2–75 所示。

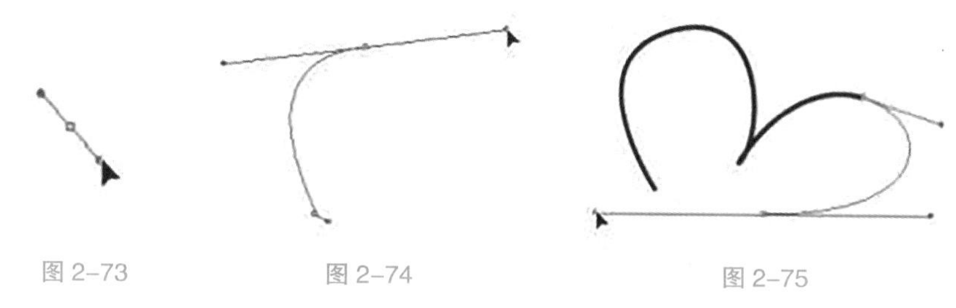

图 2-73　　图 2-74　　图 2-75

6. 颜色填充

Illustrator CC 用于填充的内容包括“色板”控制面板中的单色对象、图案对象和渐变对象，以及“颜色”控制面板中的自定义颜色。另外，“色板库”提供了多种外挂的色谱、渐变对象和图案对象。

1）填充工具

应用工具箱中的“填色”和“描边”，可以指定所选对象的填充颜色和描边颜色。当单击按钮（快捷键为 X）时，可以切换填色显示框和描边显示框的位置。按 Shift+X 组合键时，可使选定对象的颜色在填充和描边之间切换。

在“填色”和“描边”下面有 3 个按钮，它们分别是“颜色”按钮、“渐变”按钮和“无”按钮。当单击“渐变”按钮时，渐变模式不能用于图形的描边上。

2）“颜色”控制面板

Illustrator CC 通过“颜色”控制面板设置对象的填充颜色。单击“颜色”控制面板右上方的图标，在弹出式菜单中选择当前取色要使用的颜色模式。无论选择哪一种颜色模式，控制面板中都将显示出相关的颜色内容，如图 2-76 所示。

选择“窗口”菜单→“颜色”命令，弹出“颜色”控制面板。“颜色”控制面板上的按钮用来进行填充颜色和描边颜色之间的互相切换，操作方法与工具箱中按钮的使用方法相同。

将光标移动到取色区域，光标变为吸管形状，单击就可以选取颜色。拖曳各个颜色滑块或在各个数值框中输入有效的数值，可以调配出更精确的颜色，如图 2-77 所示。

更改或设定对象的描边颜色时，单击选取已有的对象，在“颜色”控制面板中切换到描边颜色，选取或调配出新颜色，这时新选的颜色被应用到当前选定对象的描边中，如图 2-78 所示。

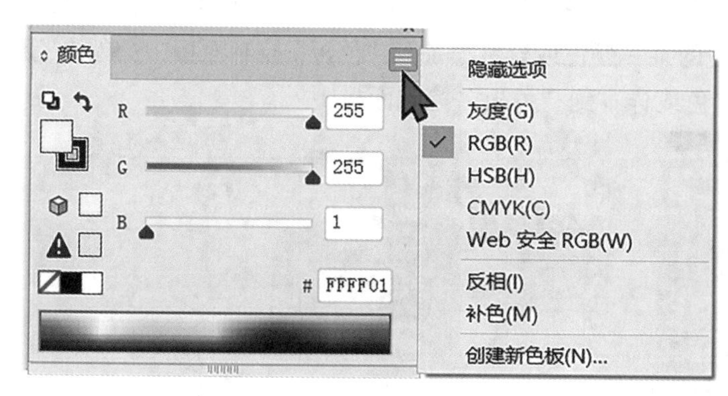

图 2-76

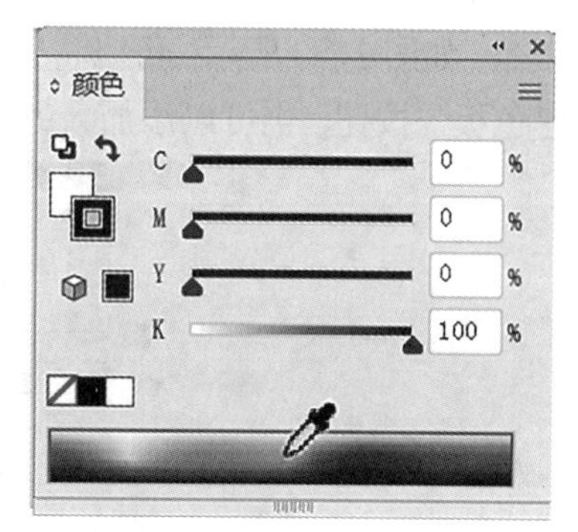

图 2-77

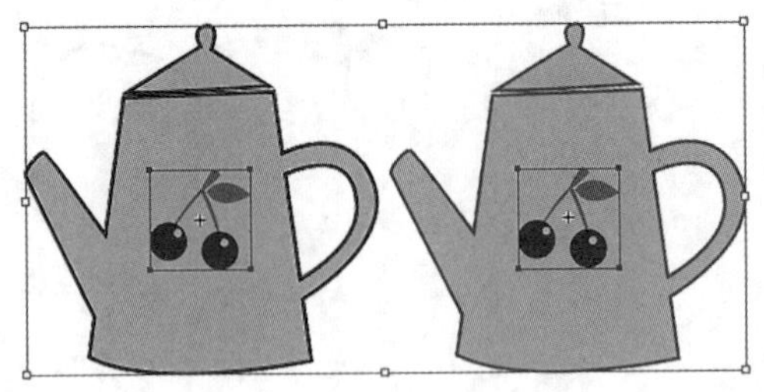

图 2-78

3）“色板”控制面板

选择“窗口”菜单→“色板”命令，弹出“色板”控制面板，在“色板”控制面板中单击需要的颜色或样本，可以将其选中，如图 2-79 所示。

“色板”控制面板提供了多种颜色和图案，并且允许添加并存储自定义的颜色和图案。单击“显示‘色板类型’菜单”按钮，可以使所有的样本显示出来；单击“新建颜色组”按钮，可以新建颜色组；单击“色板选项”按钮，可以打开“色板”选项对话框；“新建色板”按钮用于定义和新建一个样本；“删除色板”按钮可以将选定的样本从“色板”控制面板中删除。

绘制一个图形，单击“填色”按钮，如图 2-80 所示。选择“窗口”菜单→“色板”命令，弹出“色板”控制面板，在“色板”控制面板中单击需要的颜色或图案来对对象内部进行填充，效果如图 2-81 所示。

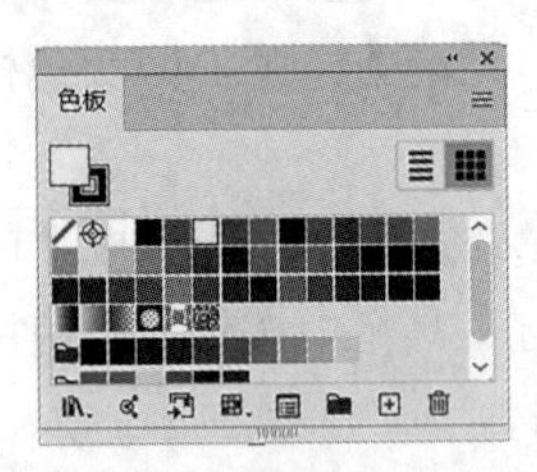

图 2-79

图 2-80

图 2-81

选择“窗口”菜单→“色板库”命令，可以调出更多的色板库。引入外部色板库，新增的多个色板库都将显示在同一个“色板”控制面板中。

在“色板”控制面板左上角的方块标有斜红杠，表示无颜色填充。双击“色板”控制面板中的颜色缩略图，会弹出“色板选项”对话框，可以设置颜色属性，如图 2-82 所示。

单击“色板”控制面板右上方的按钮，将弹出下拉菜单，选择菜单中的“新建色板”命令，如图 2-83 所示，可以将选中的某一颜色或样本添加到“色板”控制面板中；单击“新建色板”按钮，也可以添加新的颜色或样本到“色板”控制面板中。

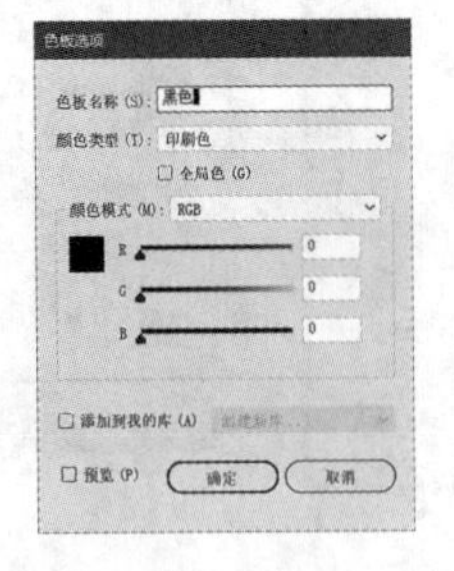

图 2-82

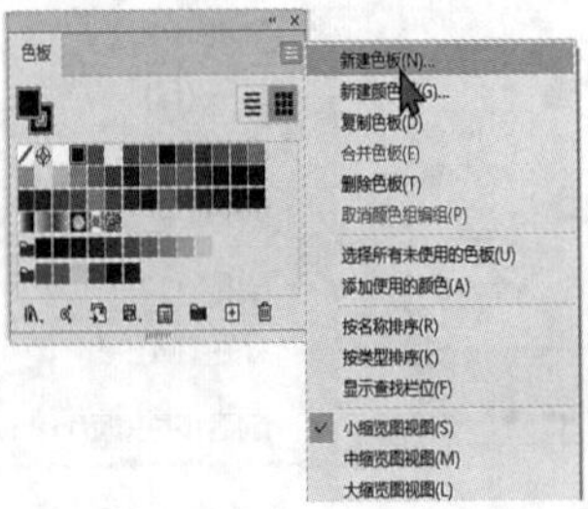

图 2-83

Illustrator CC 除“色板”控制面板中默认的样本外，在其“色板库”中还提供了多种色板。选择“窗口”菜单→“色板库”命令，或单击“色板”控制面板左下角的“‘色板库’菜单”按钮，可以看到在其子菜单中包括了不同的样本可供选择使用。当选择“窗口”菜单→“色板库”→“其它库”命令时，弹出对话框，可以将其他文件中的色板样本、渐变样本和图案样本导入“色板”控制面板中。

Illustrator CC 增加了“色板”控制面板的搜索功能，可以键入颜色名称或输入 CMYK 颜色值进行搜索。查找栏在默认情况下不启用，单击“色板”控制面板右上方的按钮，在弹出的下拉菜单中选择“显示查找栏位”命令，面板上方显示查找栏。

7. 编辑描边

描边其实就是对象的描边线，对描边进行填充时，还可以对其进行一定的设置，如更改描边的形状、粗细以及设置为虚线描边等。

1）使用“描边”控制面板

选择“窗口”菜单→“描边”命令（组合键为 Ctrl+F10），弹出“描边”控制面板，如图 2–84 所示。“描边”控制面板主要用来设置对象的描边属性，例如，粗细、形状等。

在“描边”控制面板中，“粗细”选项设置描边的宽度。“端点”选项组指定描边各线段的首端和尾端的形状样式，它有平头端点、圆头端点和方头端点 3 种不同的端点样式。“边角”选项组指定一段描边的拐点，即描边的拐角形状，它有 3 种不同的拐角接合形式，分别为斜接连接、圆角连接和斜角连接。“限制”选项设置斜角的长度，它将决定描边沿路径改变方向时伸展的长度。“对齐描边”选项组用于设置描边于路径的对齐方式，分别为使描边居中对齐、使描边内侧对齐和使描边外侧对齐。勾选“虚线”复选框可以创建描边的虚线效果。

图 2–84

2）设置描边的粗细

当需要设置描边的宽度时，要用到“粗细”选项，可以在其下拉列表中选择合适的粗细，也可以直接输入合适的数值。

选择“钢笔工具”，在页面中绘制一个图形并保持选取状态，效果如图 2–85 所示。在“描边”控制面板中的“粗细”选项的下拉列表中选择需要的描边粗细值，或直接输入合适的数值。本例设置的粗细数值为 20 pt，如图 2–86 所示，图形的描边粗细被改变，效果如图 2–87 所示。

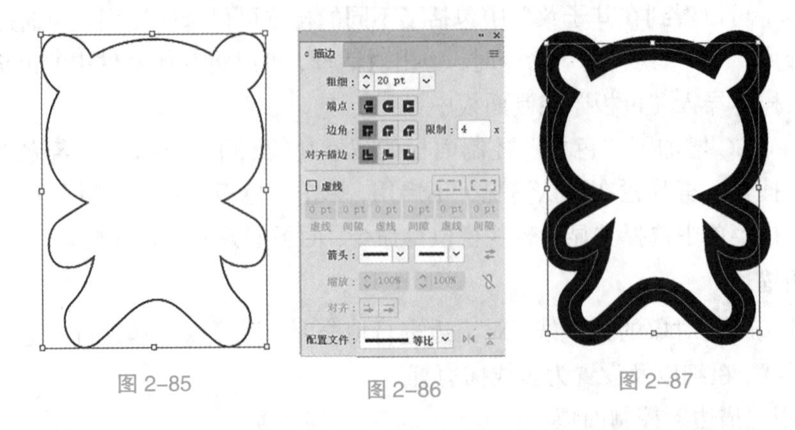

图 2–85 图 2–86 图 2–87

当要更改描边的单位时，可选择“编辑”菜单→“首选项”→“单位”命令，弹出“首选项”对话框，如图 2–88 所示。可以在“描边”选项的下拉列表中选择需要的描边单位。

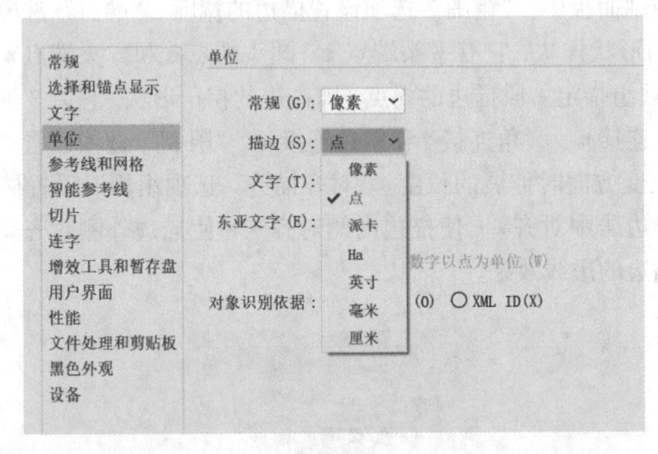

图 2–88

3）设置描边的填充

保持图形为选取的状态，如图 2–89 所示。在“色板”控制面板中单击选取所需的填充样本，图形描边的填充效果如图 2–90 所示。

图 2–89 图 2–90

保持图形为选取的状态，如图 2–91 所示。在“颜色”控制面板中调配所需的颜色，如图 2–92 所示，或双击工具箱下方的“描边”按钮，弹出“拾色器”对话框，如图 2–93 所示。在对话框中可以调配所需的颜色，对象描边的颜色填充效果如图 2–94 所示。

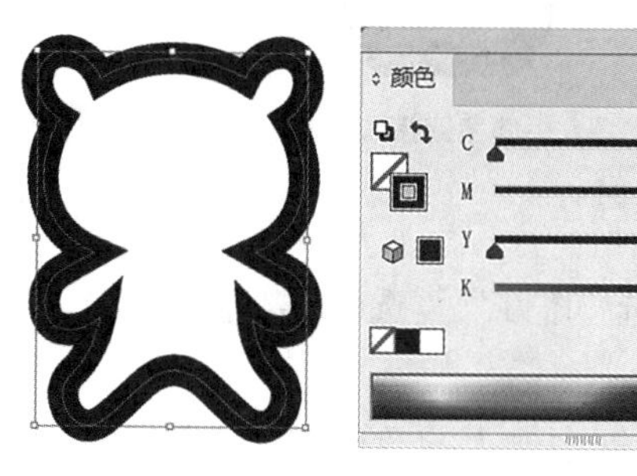

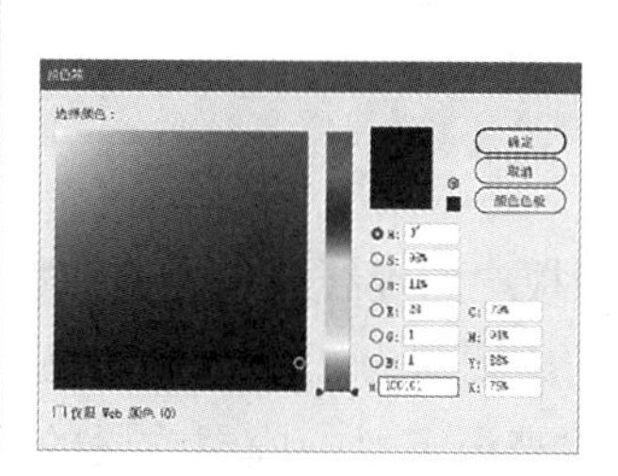

图 2–91　　图 2–92　　图 2–93　　图 2–94

4）编辑描边的样式

“描边”控制面板中，“限制”选项可以设置描边沿路径改变方向时的伸展长度，可以在其下拉列表中选择所需的数值，也可以在数值框中直接输入合适的数值，分别将“限制”选项设置为 2 x 和 20 x，如图 2–95 所示。

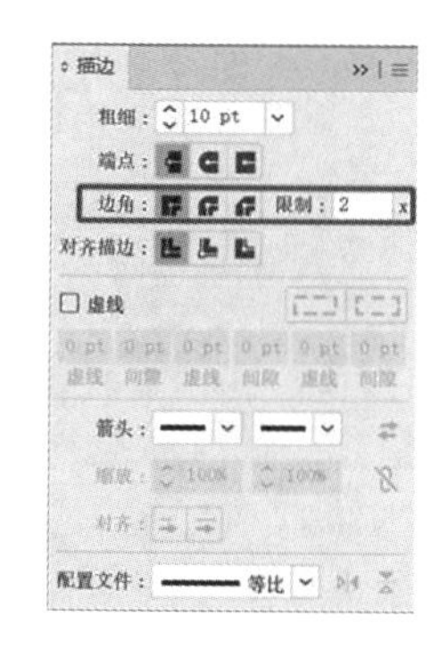

图 2–95

端点是指一段描边的首端和末端，可以为描边的首端和末端选择不同的端点样式来改变描边端点的形状。使用“钢笔工具”绘制一段描边，单击“描边”控制面板中的 3 个不同端点样式的按钮，选定的端点样式会应用到选定的描边中，如图 2–96 所示。

图 2–96

边角是指一段描边的拐点，边角样式就是指描边拐角处的形状。边角有斜接连接、圆角连接和斜角连接 3 种不同的转角接合样式。设置多边形的描边，单击“描边”控制面板中的 3 个不同边角接合样式按钮，选定的转角接合样式会应用到选定的描边中，如图 2–97 所示。

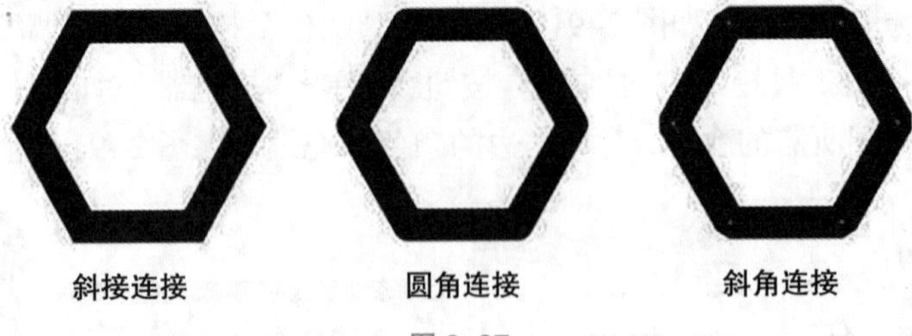

图 2–97

“描边”控制面板中的虚线栏包括 6 个数值框，勾选“虚线”复选框，数值框被激活，第 1 个数值框默认的虚线值为 2 pt，如图 2–98 所示。

“虚线”选项用来设定每一段虚线段的长度，数值框中输入的数值越大，虚线的长度就越长。设置不同虚线长度值的描边效果如图 2–99 所示。

“间隙”选项用来设定虚线段之间的距离，输入的数值越大，虚线段之间的距离就越大。设置不同虚线间隙的描边效果如图 2–100 所示。

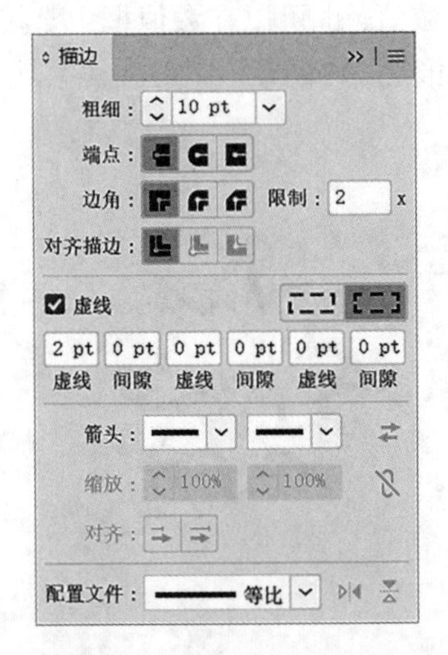

图 2–98

图 2–99

图 2–100

在“描边”控制面板中有两个可供选择的下拉列表按钮 箭头：，左侧的是起点箭头，右侧的是终点箭头。选中要添加箭头的曲线段，如图 2–101 所示。单击起点箭头的下拉按钮，弹出下拉列表框，单击需要的箭头样式，如图 2–102 所示。

曲线段的起始点会出现选择的箭头，效果如图 2–103 所示。单击终点箭头的下拉按钮，弹出下拉列表框，单击需要的箭头样式，如图 2–104 所示。曲线段的终点会出现选择的箭头，效果如图 2–105 所示。

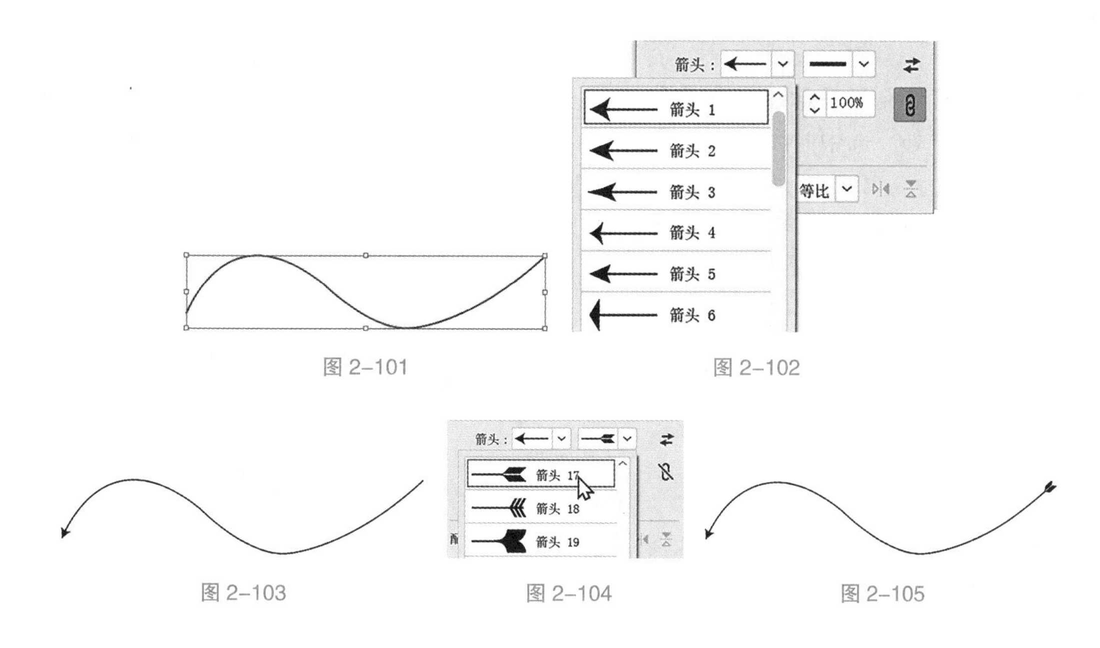

图 2-101　图 2-102

图 2-103　图 2-104　图 2-105

单击“互换箭头起始处和结束处”按钮可以互换起点箭头和终点箭头。选中曲线段，如图2-106所示，在“描边”控制面板中单击“互换箭头起始处和结束处”按钮，如图2-107所示，效果如图 2-108 所示。

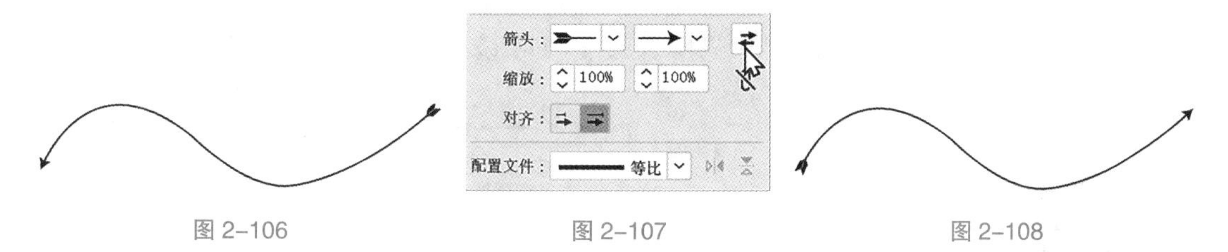

图 2-106　图 2-107　图 2-108

在“缩放”选项中，左侧的是“箭头起始处的缩放因子”数值框，右侧的是“箭头结束处的缩放因子”数值框，设置需要的数值，可以缩放曲线段的起点箭头和终点箭头的大小。

选中要缩放的曲线段，如图 2-109 所示。断开链接箭头起始处和结束处缩放（即使“链接箭头起始处和结束处缩放”按钮呈现为断开样式），单击“箭头起始处的缩放因子”数值框，将“箭头起始处的缩放因子”设置为 200%，如图 2-110 所示，效果如图 2-111 所示。单击“箭头结束处的缩放因子”数值框，将“箭头结束处的缩放因子”设置为 200%，效果如图 2-112 所示。

单击“缩放”选项右侧的“链接箭头起始处和结束处缩放”按钮，再设置“箭头起始处的缩放因子”或“箭头结束处的缩放因子”的数值大小，可以同时改变起点箭头和终点箭头的大小。

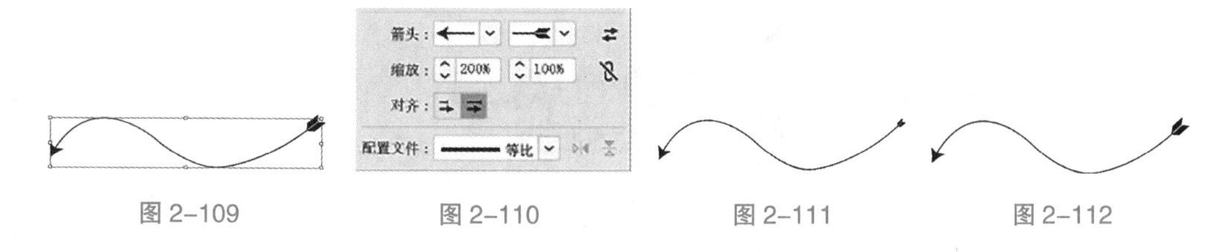

图 2-109　图 2-110　图 2-111　图 2-112

在“对齐”选项中，左侧的是“将箭头提示扩展到路径终点外”按钮，右侧的是“将箭头提示放置于路径终点处”按钮，这两个按钮分别可以设置箭头在路径终点以外和箭头在路径终点处。选中曲线段，如图 2–113 所示。单击“将箭头提示扩展到路径终点外”按钮，如图 2–114 所示，效果如图 2–115 所示。单击“将箭头提示放置于路径终点处”按钮，箭头在路径终点处显示，效果如图 2–116 所示。

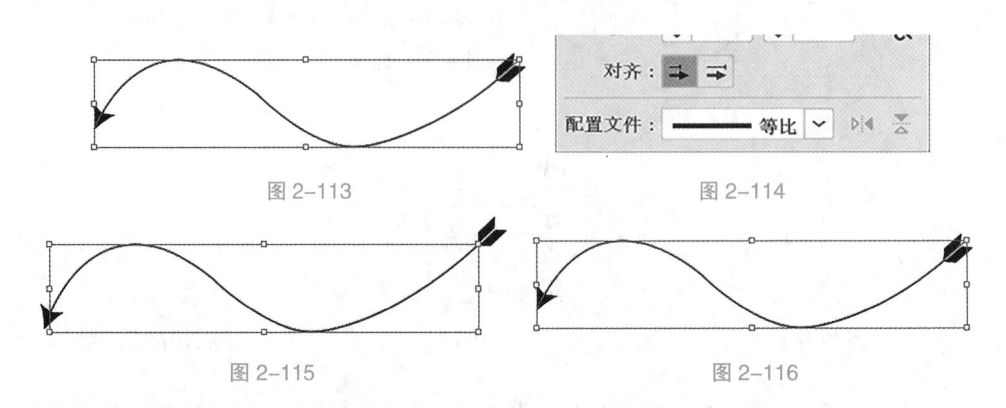

图 2–113　图 2–114

图 2–115　图 2–116

在“配置文件”选项中，单击宽度配置文件的下拉按钮，弹出宽度配置文件下拉列表，如图 2–117 所示。在下拉列表中选中任意一个宽度配置文件可以改变曲线段描边的形状。选中曲线段，如图 2–118 所示。单击宽度配置文件的下拉按钮，在弹出的下拉列表中选中任意一个宽度配置文件，如图 2–119 所示，效果如图 2–120 所示。

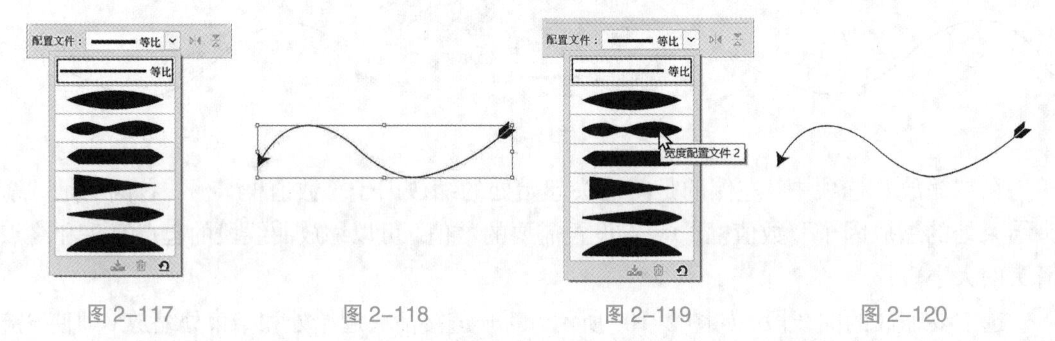

图 2–117　图 2–118　图 2–119　图 2–120

在“配置文件”选项右侧有两个按钮分别是“纵向翻转”按钮和“横向翻转”按钮。单击“纵向翻转”按钮，可以改变曲线段描边的左右位置。单击“横向翻转”按钮，可以改变曲线段描边的上下位置。

8. 对象的选取

Illustrator CC 中提供了 5 种选择工具，包括“选择工具”、“直接选择工具”、“编组选择工具”、“魔棒工具”和“套索工具”。它们都位于工具箱的上方，如图 2–121 所示。

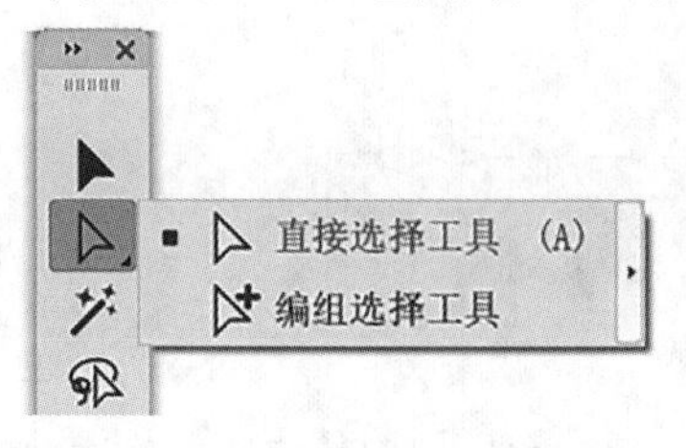

图 2–121

“选择工具”：通过单击路径上的一点或一部分来选择整个路径。

“直接选择工具”：可以选择路径上独立的节点或线段，并显示出路径上的所有方向线以便于调整。

“编组选择工具”：可以单独选择组合对象中的个别对象。

“魔棒工具”：可以选择具有相同笔画或填充属性的对象。

“套索工具”：可以选择路径上独立的节点或线段，在直接利用“套索工具”拖动时，经过轨迹上的所有路径将被同时选中。

编辑一个对象之前，首先要选中这个对象。对象刚建立时一般呈选取状态，对象的周围出现矩形选框，矩形选框是由 8 个控制手柄组成的，对象的中心有一个“■”形的中心标记，对象矩形选框的示意图如图 2–122 所示。

当选取多个对象时，多个对象可以共有 1 个矩形选框，多个对象的选取状态如图 2–123 所示。要取消对象的选取状态，只要在绘图页面上的其他位置单击即可。

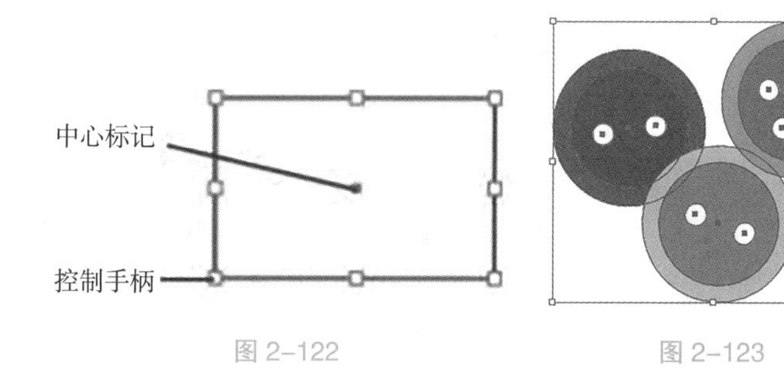

图 2–122　　图 2–123

1）使用“选择工具”选取对象

选择“选择工具”，当光标移动到对象或路径上时，光标样式变为，如图 2–124 所示；当光标移动到节点上时，光标样式变为，如图 2–125 所示；当光标移动到对象外时，光标样式变为，如图 2–126 所示。

图 2–124　　图 2–125　　图 2–126

提示：

按住 Shift 键，分别在要选取的对象上单击，即可连续选取多个对象。

选择“选择工具”，在要选取的对象外围单击并拖曳鼠标，拖曳后会出现一个灰色的矩形框，如图 2–127 所示，在框选住整个对象后释放鼠标，这时，被框选的对象处于选取状态，如图 2–128 所示。

图 2–127　　图 2–128

提示：

用框选的方法可以同时选取一个或多个对象。

2）使用“直接选择工具”选取对象

选择“直接选择工具” ，单击对象可以选取整个对象，如图 2–129 所示。在对象的某个节点上单击，该节点将被选中，如图 2–130 所示。选中该节点不放，向任一方向拖曳，将改变对象的形状，如图 2–131 所示。

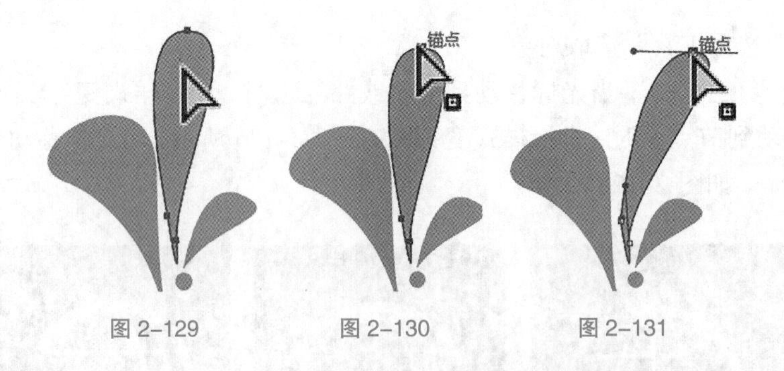

图 2–129　　图 2–130　　图 2–131

提示：

在移动节点的时候，按住 Shift 键，节点可以沿着 45° 角的整数倍方向移动；在移动节点时，按住 Alt 键，此时可以复制节点，这样就可以得到一段新路径。

3）使用“魔棒工具”选取对象

双击“魔棒工具” ，弹出“魔棒”控制面板，如图 2–132 所示。

勾选“填充颜色”复选框，可以使填充相同颜色的对象同时被选中；勾选“描边颜色”复选框，可以使填充相同描边颜色的对象同时被选中；勾选“描边粗细”复选框，可以使相同笔画宽度的对象同时被选中；勾选“不透明度”复选框，可以使相同透明度的对象同时被选中；勾选“混合模式”复选框，可以使相同混合模式的对象同时被选中。

图 2-132

绘制 3 个图形，如图 2-133 所示，“魔棒”控制面板的设定如图 2-134 所示，使用“魔棒工具”，单击左边的对象，那么填充相同颜色的对象都会被选取，效果如图 2-135 所示。

图 2-133

图 2-134

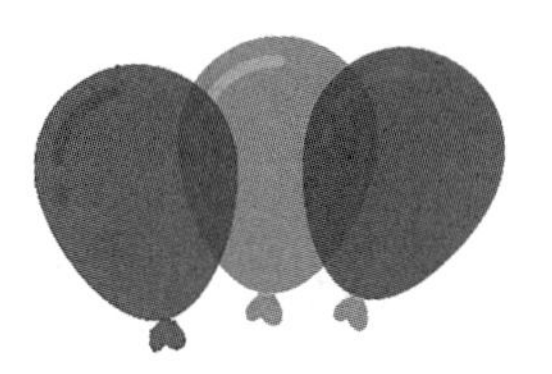

图 2-135

绘制 3 个图形，如图 2-136 所示，“魔棒”控制面板的设定如图 2-137 所示，使用“魔棒工具”，单击左边的对象，那么填充相同描边颜色的对象都会被选取，如图 2-138 所示。

图 2-136

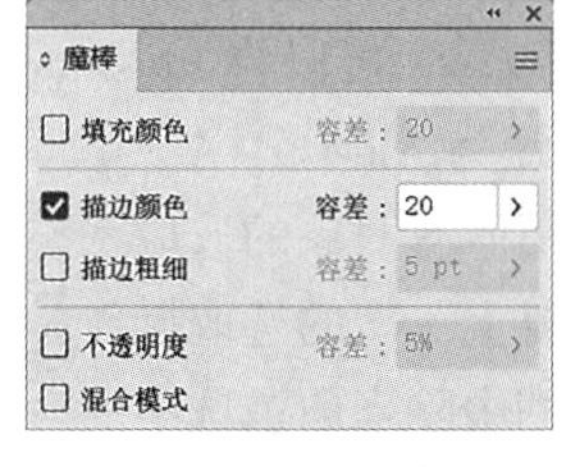

图 2-137

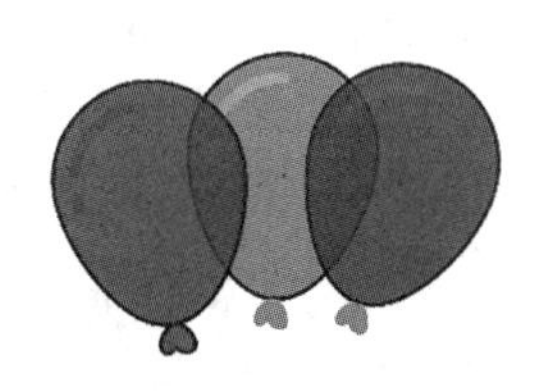

图 2-138

4）使用“套索工具”选取对象

选择“套索工具”，在对象的外围单击并按住鼠标左键，拖曳光标绘制一个套索圈，如图 2-139 所示，释放鼠标左键，对象被选取，效果如图 2-140 所示。

图 2-139

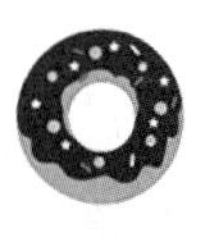

图 2-140

选择“套索工具”，在绘图页面中的对象外围单击并按住鼠标左键，拖曳光标在对象上绘制出一条套索线，绘制的套索线必须经过对象，如图 2-141 所示。套索线经过的对象将同时被选中，得到的效果如图 2-142 所示。

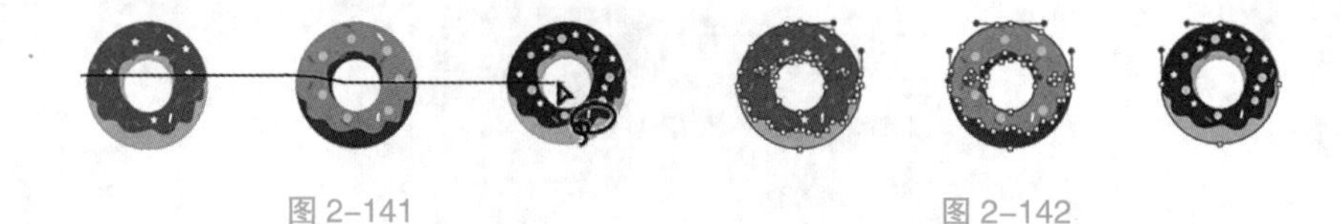

图 2-141　　　　图 2-142

5）使用“选择”菜单

Illustrator CC 除了提供 5 种选择工具，还提供了一个“选择”菜单，如图 2-143 所示。

全部(A)	Ctrl+A
现用画板上的全部对象(L)	Alt+Ctrl+A
取消选择(D)	Shift+Ctrl+A
重新选择(R)	Ctrl+6
反向(I)	
上方的下一个对象(V)	Alt+Ctrl+]
下方的下一个对象(B)	Alt+Ctrl+[
相同(M)	>
对象(O)	>
启动全局编辑	
存储所选对象(S)...	
编辑所选对象(E)...	

图 2-143

“全部”命令：可以将 Illustrator CC 绘图页面上的所有对象同时选取，不包含隐藏和锁定的对象（组合键为 Ctrl+A）。

“现用画板上的全部对象”命令：可以将 Illustrator CC 画板上的所有对象同时选取，不包含隐藏和锁定的对象（组合键为 Alt+Ctrl+A）。

“取消选择”命令：可以取消所有对象的选取状态（组合键为 Shift+Ctrl+A）。

“重新选择”命令：可以重复上一次的选取操作（组合键为 Ctrl+6）。

“反向”命令：可以选取文档中除当前被选中的对象之外的所有对象。

“上方的下一个对象”命令：可以选取当前被选中对象之上的对象。

“下方的下一个对象”命令：可以选取当前被选中对象之下的对象。

“相同”子菜单下包含 12 个命令，即“外观”“外观属性”“混合模式”“填色和描边”“填充颜色”“不透明度”“描边颜色”“描边粗细”“图形样式”“形状”“符号实例”“链接块系列”。

“对象”子菜单下包含 9 个命令，即“同一图层上的所有对象”“方向手柄”“毛刷画笔描边”“画笔描边”“剪切蒙版”“游离点”“所有文本对象”“点状文字对象”“区域文字对象”。

“存储所选对象”命令：可以将当前进行的选取操作进行保存。

“编辑所选对象”命令：可以对已经保存的选取操作进行编辑。

9. 对象的缩放

在 Illustrator CC 中，可以快速而精确地缩放对象，使设计工作变得更轻松。下面介绍对象缩放的方法。

1）使用工具箱中的工具缩放对象

选取要缩放的对象，对象的周围出现控制手柄，如图 2-144 所示。用鼠标拖曳各个控制手柄可以缩放对象。拖曳对角线上的控制手柄缩放对象，如图 2–145 所示，缩放效果如图 2–146 所示。

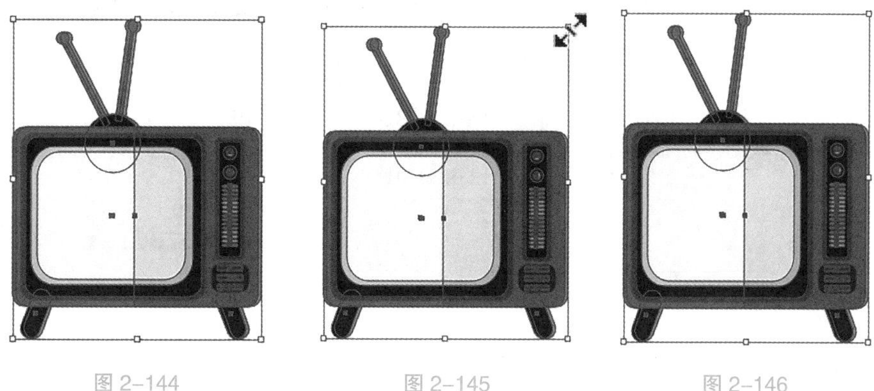

图 2–144　　图 2–145　　图 2–146

提示：

拖曳对角线上的控制手柄时，按住 Shift 键，对象会等比例缩放。按住 Shift+Alt 组合键，对象会等比例地从对象中心缩放。

选取要缩放的对象，如图 2–147 所示。双击“比例缩放工具”，弹出“比例缩放”的对话框，如图 2–148 所示。勾选“等比”并输入数值 150%，效果如图 2–149 所示。

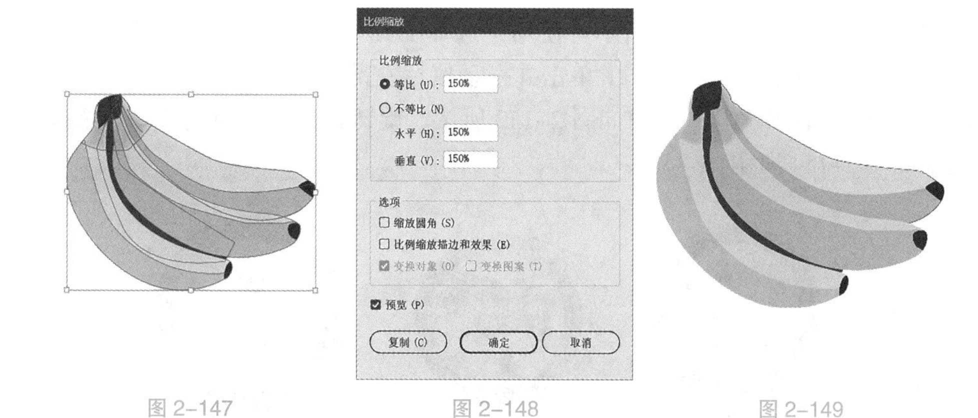

图 2–147　　图 2–148　　图 2–149

2）使用“变换”控制面板缩放对象

选择“窗口”菜单→“变换”命令（组合键为 Shift+F8），弹出“变换”控制面板，如图 2–150 所示。在控制面板中，“宽”选项可以设置对象的宽度，“高”选项可以设置对象的高度。改变宽度和高度值，就可以缩放对象。

3）使用菜单命令缩放对象

选择“对象”菜单→“变换”→“缩放”命令，弹出“比例缩放”对话框，如图 2–151 所示。在对话框中，选择“等比”选项可以调节对象等比缩放，右侧的文本框可以设置对象等比缩放的百分比数值。选择“不等比”选项可以调节对象不等比缩放，“水平”选项可以设置对象在水平方向上的缩放百分比，“垂直”选项可以设置对象在垂直方向上的缩放百分比。

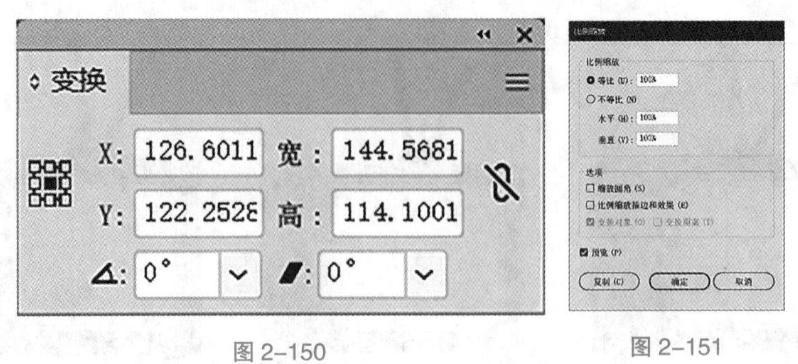

图 2–150　　图 2–151

4）使用鼠标右键的弹出式菜单缩放对象

选择缩放对象，单击鼠标右键，弹出快捷菜单，选择“变换”→“缩放”命令，也可以对对象进行缩放。

> **提示：**
>
> 对象的移动、旋转、对称和倾斜命令的操作也可以使用鼠标右键的弹出式菜单来完成。

10. 对象的旋转

1）使用工具箱中的工具旋转对象

绘制一个对象，如图 2–152 所示。使用“选择工具”选取对象，将光标移动到旋转控制手柄上，光标变为旋转符号，单击并拖动鼠标左键旋转对象，旋转时对象会出现细线，以显示旋转方向和角度，效果如图 2–153 所示。旋转到需要的角度后释放鼠标左键，旋转效果如图 2–154 所示。

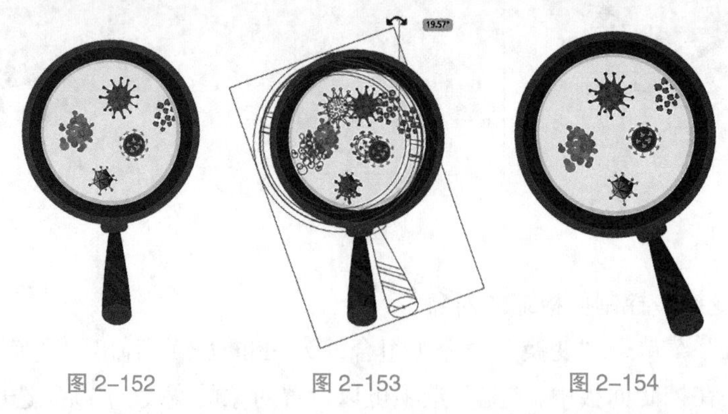

图 2–152　　图 2–153　　图 2–154

选取要旋转的对象，选择“自由变换工具”，对象的四周会出现控制手柄。用鼠标拖曳控制手柄，就可以旋转对象。此工具与“选择工具”的使用方法类似。

选取要旋转的对象，选择“旋转工具”，对象的四周出现控制手柄。用鼠标拖曳控制手柄，就可以旋转对象。对象是围绕旋转中心来旋转的，默认的旋转中心是对象的中心点。可以通过改变旋转中心来使对象旋转到新的位置，将光标移动到旋转中心上，单击并拖曳旋转中心到需要的位置，如图 2–155 所示，释放鼠标，拖曳光标，改变旋转中心后的旋转效果如图 2–156 所示。

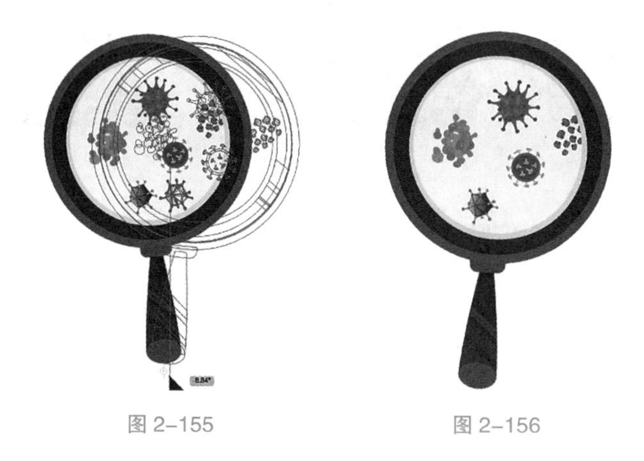

图 2–155　　图 2–156

2）使用“变换”控制面板旋转对象

选择“窗口”菜单→“变换”命令，弹出“变换”控制面板。“变换”控制面板的使用方法和缩放部分中的使用方法相同，这里不再赘述。

3）使用菜单命令旋转对象

选择“对象”菜单→“变换”→“旋转”命令或双击“旋转工具”，弹出“旋转”对话框，如图 2–157 所示。在对话框中，“角度”选项可以设置对象旋转的角度，“复制”按钮用于在原对象上复制一个旋转对象。

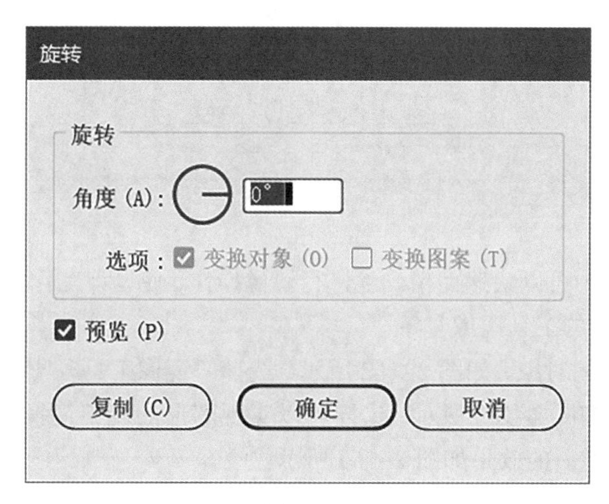

图 2–157

11. 对象的倾斜

1）使用工具箱中的工具倾斜对象

选取要倾斜的对象，对象的四周出现控制手柄，如图 2–158 所示，选择“倾斜工具”，用鼠标拖曳控制手柄或对象，倾斜时对象会出现细线，以显示倾斜变形的方向和角度，如图 2–159 所示。倾斜到需要的角度后释放鼠标左键，对象的倾斜效果如图 2–160 所示。

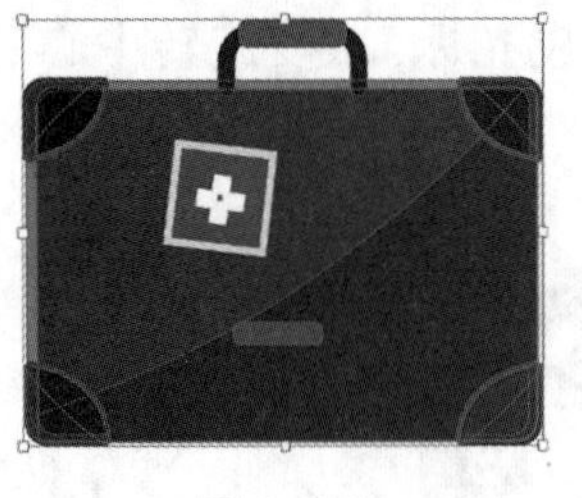
图 2-158

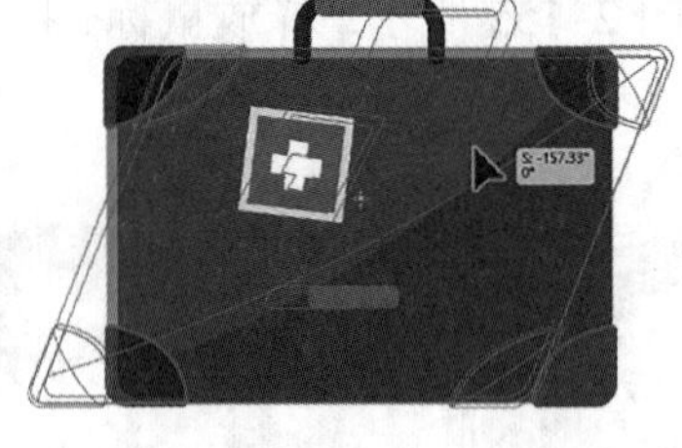
图 2-159

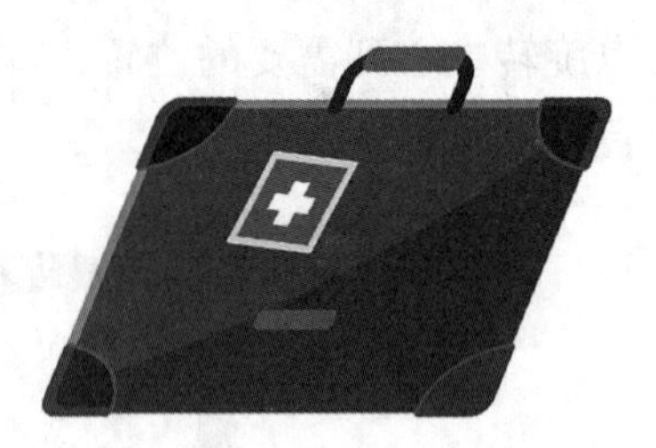
图 2-160

2）使用“变换”控制面板倾斜对象

选择“窗口”菜单→“变换”命令，弹出“变换”控制面板。“变换”控制面板的使用方法和缩放部分中的使用方法相同，这里不再赘述。

3）使用菜单命令倾斜对象

选择“对象”菜单→“变换”→“倾斜”命令，弹出“倾斜”对话框，如图 2-161 所示。在对话框中，“倾斜角度”选项可以设置对象倾斜的角度。在“轴”选项组中，选择“水平”单选项，对象可以水平倾斜；选择“垂直”单选项，对象可以垂直倾斜；选择“角度”单选项，可以调节倾斜的角度。“复制”按钮用于在原对象上复制一个倾斜的对象。

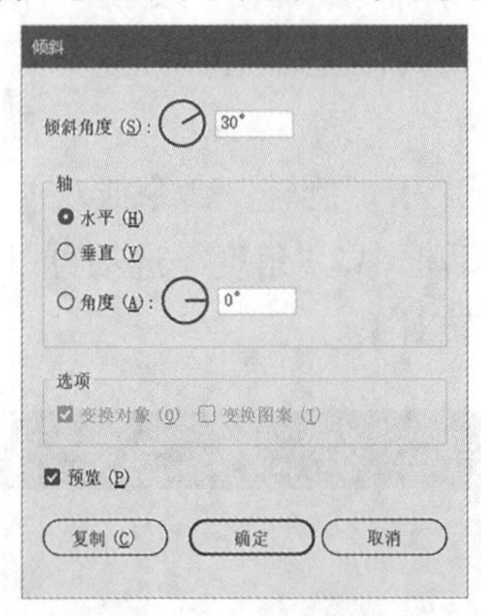

图 2-161

12. 对象的镜像

在 Illustrator CC 中可以快速而精确地进行镜像操作，使设计工作更加轻松有效。

1）使用工具箱中的工具镜像对象

选取要生成镜像的对象，如图 2-162 所示，选择“镜像工具”，用鼠标拖曳对象进行旋转，出现细线，如图 2-163 所示，这样可以实现图形的旋转变换，也就是对象绕自身中心的镜像变换，镜像后的效果如图 2-164 所示。

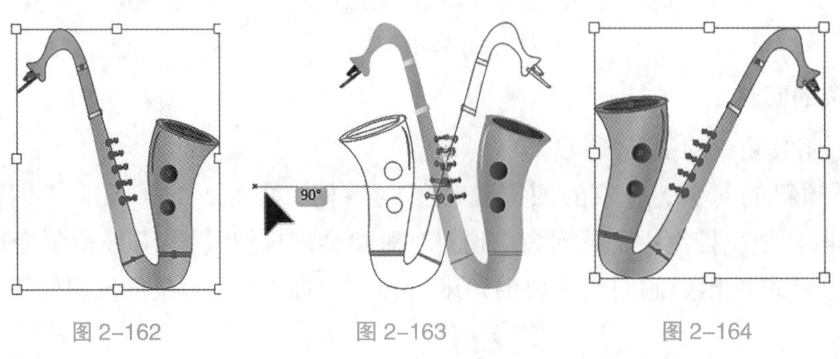

图 2-162　图 2-163　图 2-164

选择“镜像工具”，在绘图页面上任意位置单击，可以确定新的镜像轴标志的位置，如图 2-165 所示。在绘图页面上任意位置再次单击，则单击产生的点与镜像轴标志的连线就作为镜像变换的镜像轴，对象生成镜像，对象的镜像效果如图 2-166 所示。

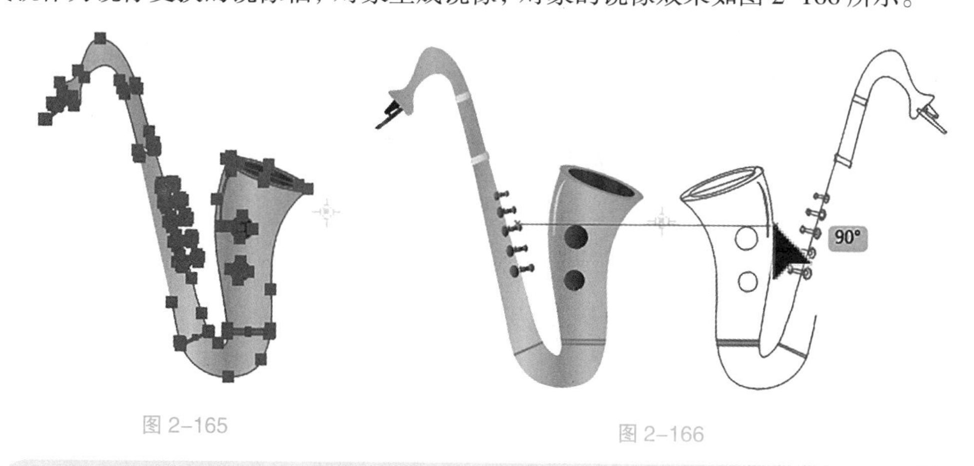

图 2-165

图 2-166

> **提示：**
>
> 单独使用“镜像工具”生成镜像对象，只能使对象本身产生镜像，而不能保留原对象。要保留原对象，需要在拖曳鼠标的同时按住 Alt 键。“镜像工具”也可以用于旋转对象。

2）使用“选择工具”镜像对象

使用“选择工具”，选取要生成镜像的对象，效果如图 2-167 所示。使用“镜像工具”，按住鼠标左键和 Shift 键并拖曳控制手柄到相对的边，直到出现对象的轮廓细线，如图 2-168 所示。释放鼠标左键就可以得到镜像对象，效果如图 2-169 所示。

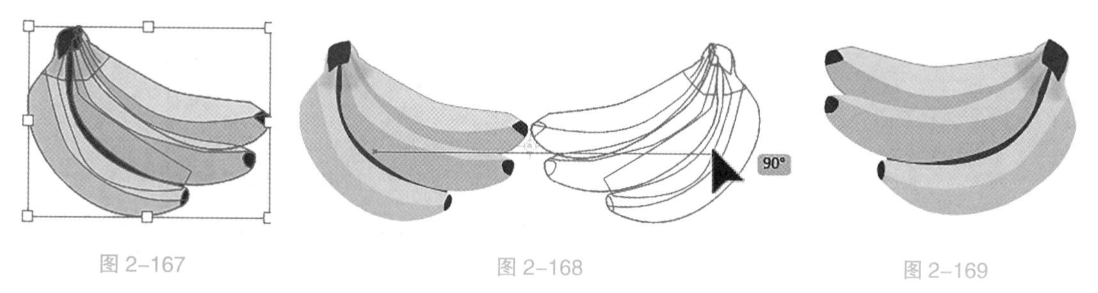

图 2-167

图 2-168

图 2-169

直接拖曳左边或右边中间的控制手柄到相对的边，直到出现对象的轮廓细线，释放鼠标左键就可以得到原对象的水平镜像。直接拖曳上边或下边中间的控制手柄到相对的边，直到出现对象的轮廓细线，释放鼠标左键就可以得到原对象的垂直镜像。

> **提示：**
>
> 按住 Shift 键，沿对角线方向拖曳边角上的控制手柄，对象会成比例地沿对角线方向生成镜像。按住 Shift+Alt 组合键，沿对角线方向拖曳边角上的控制手柄，对象会成比例地从中心生成镜像。

3）使用菜单命令镜像对象

选择“对象”菜单→“变换”→“对称”命令，弹出“镜像”对话框，如图 2-170 所示。在“轴”选项组中，选择“水平”单选项可以垂直镜像对象，选择“垂直”单选项可以水平镜像对象，选择“角度”单选项可以输入镜像角度的数值。“复制”按钮用于在原对象上复制一个镜像的对象。

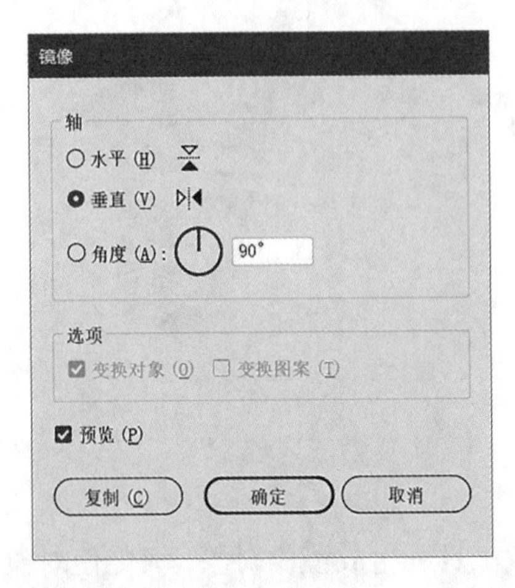

图 2-170

13. 使用“Shaper 工具”

在 Illustrator CC 中可以使用“Shaper 工具”，它可以将手绘的几何形状自动转换为矢量形状，并且可以直接进行组合、删除或移动等编辑操作。

1）使用“Shaper 工具”绘制图形

选择“Shaper 工具”，在页面中单击并按住鼠标左键，绘制一个粗略形态的矩形，如图 2-171 所示。松开鼠标左键，矩形自动转换为一个清晰且具有灰色填充的矩形，如图 2-172 所示。

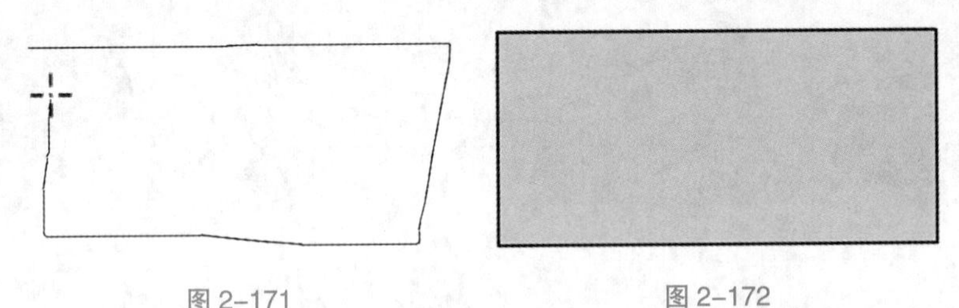

图 2-171　　图 2-172

选择“Shaper 工具”，在矩形的填充色上按住鼠标左键拖曳光标进行涂抹，如图 2-173 所示，可以删除填充色，效果如图 2-174 所示；同时在填充色与描边上按住鼠标左键拖曳光标进行涂抹，如图 2-175 所示，可以删除整个图形。

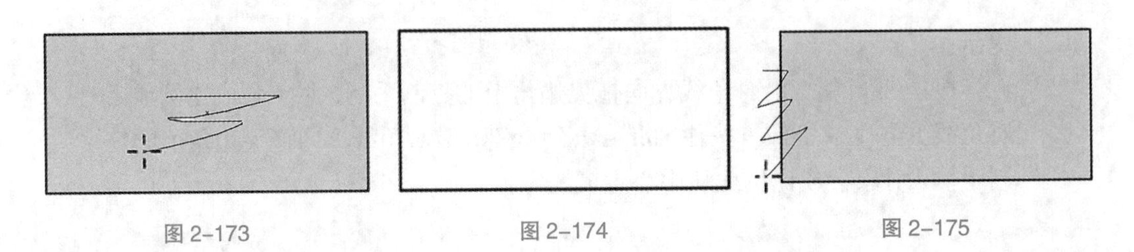

图 2-173　　图 2-174　　图 2-175

2）使用“Shaper 工具”编辑图形

（1）绘制重叠的图形，如图 2–176 所示。选择“Shaper 工具”，按住鼠标左键在椭圆形不与其他图形重叠的区域内拖曳光标进行涂抹，如图 2–177 所示，此区域被删除，效果如图 2–178 所示。

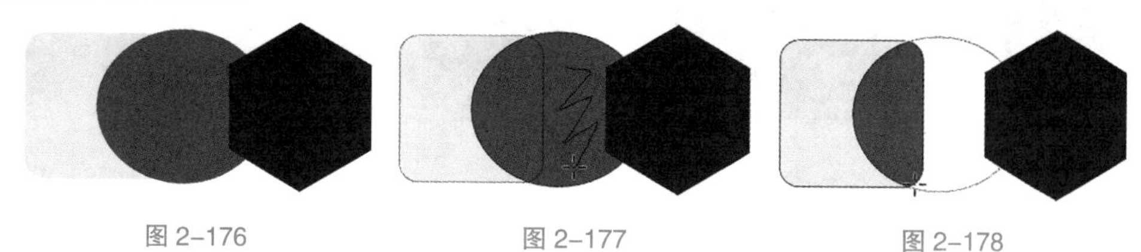

图 2–176　　图 2–177　　图 2–178

（2）选择“Shaper 工具”，在图形相交区域内拖曳光标进行涂抹，如图 2–179 所示，相交区域被删除，效果如图 2–180 所示。

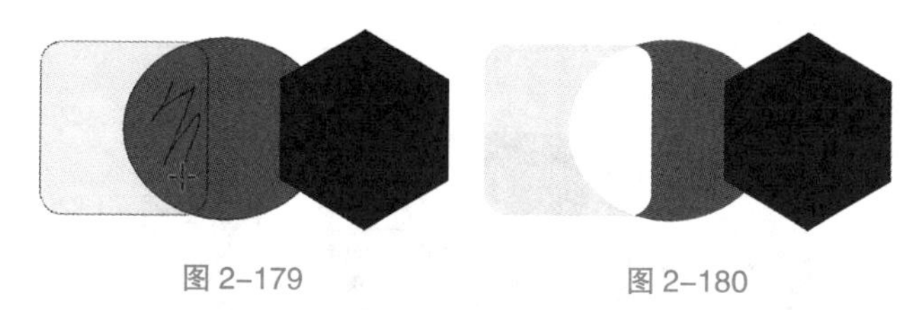

图 2–179　　图 2–180

（3）选择“Shaper 工具”，拖曳光标从非重叠区域到重叠区域涂抹时，如图 2–181 所示，图形合并，合并区域的颜色为涂抹起点的颜色，如图 2–182 所示；拖曳光标从重叠区域到非重叠区域涂抹时，图形合并，合并区域颜色如图 2–183 所示。

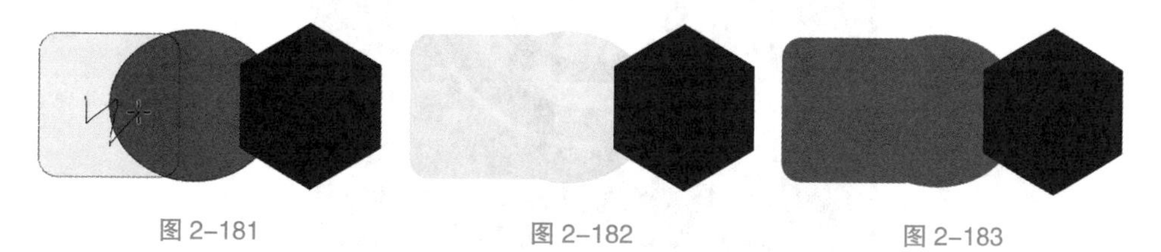

图 2–181　　图 2–182　　图 2–183

3）使用“Shaper 工具”构件模式

（1）在使用“Shaper 工具”编辑图形后，选择“Shaper 工具”，单击绘制的图形，将显示定界框和箭头构件，如图 2–184 所示。再次单击图形，使当前图形处于表面选择模式，如图 2–185 所示，可以更改图形的填充色，如图 2–186 所示。

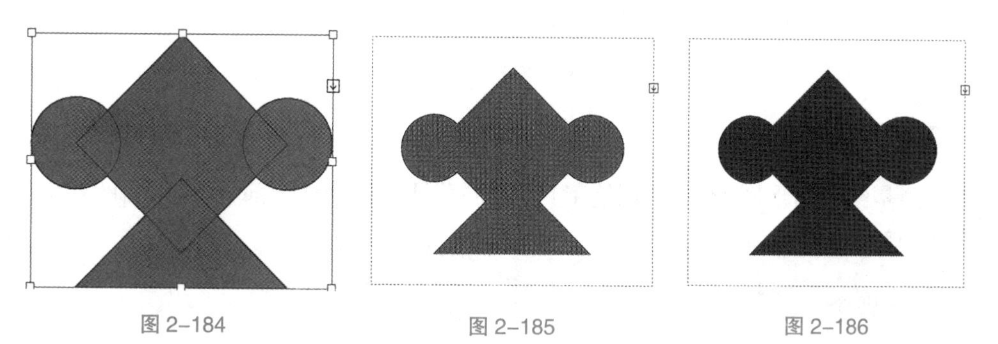

图 2–184　　图 2–185　　图 2–186

（2）单击箭头构件，使其指示方向朝上，如图 2–187 所示，可以任意单击一个图形，并更改图形填充色，如图 2–188 所示。

（3）单击并按住鼠标向外拖曳选中的图形，如图 2–189 所示，可移除该图形，如图 2–190 所示。

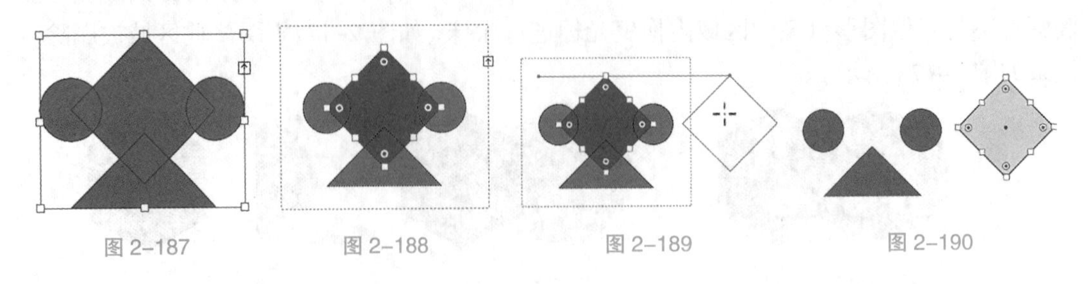

图 2–187　　图 2–188　　图 2–189　　图 2–190

2.1.5 实战演练——绘制标靶图标

使用“圆角矩形工具”“星形工具”“椭圆工具”绘制图形，使用“镜像工具”制作图形对称效果。最终效果如图 2–191 所示。

视频 2–2

图 2–191

2.2 绘制树形图

2.2.1 案例分析

本案例是绘制树形图。使用“钢笔工具”绘制草地与树的枝干部分，并使用“网格工具”等填充渐变颜色，突出草地色彩变化，并使色彩过渡自然。

2.2.2 设计理念

在本案例中，画面大部分为绿色与黄色，突出早春的季节感，使用“钢笔工具”绘制树干部分，突出细节，使人感受到草长莺飞、春意盎然的景象。最终效果如图 2–192 所示。

视频 2-3

图 2-192

2.2.3 操作步骤

1. 绘制树轮廓

（1）按 Ctrl+N 组合键，弹出“新建文档”对话框，如图 2-193 所示，按 Enter 键，新建一个文档。

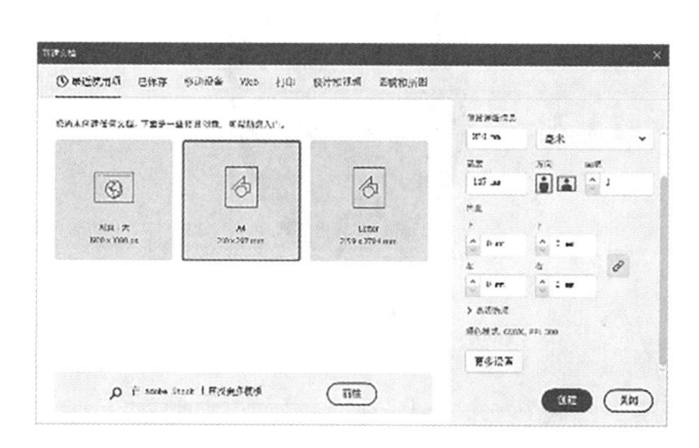

图 2-193

（2）选择“钢笔工具”，在页面中绘制一个图形，效果如图 2-194 所示。设置图形填充色为绿色（输入 C、M、Y、K 的值为“50”“0”“100”“0”），填充图形，并设置描边色为无，效果如图 2-195 所示。

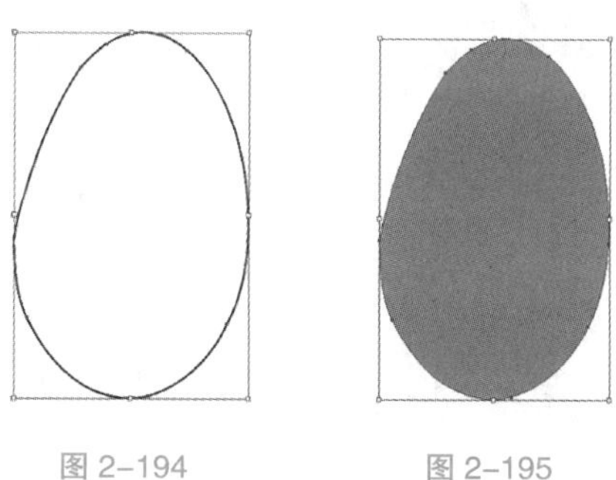

图 2-194　　图 2-195

（3）选择“网格工具”，在图形中的适当区域单击，将图形建立为渐变网格对象，效果如图 2–196 所示。选择“直接选择工具”，选中网格中间的锚点，设置填充颜色为黄色（输入 C、M、Y、K 的值为“20”“0”“100”“0”），填充网格颜色，设置描边颜色为无，效果如图 2–197 所示。

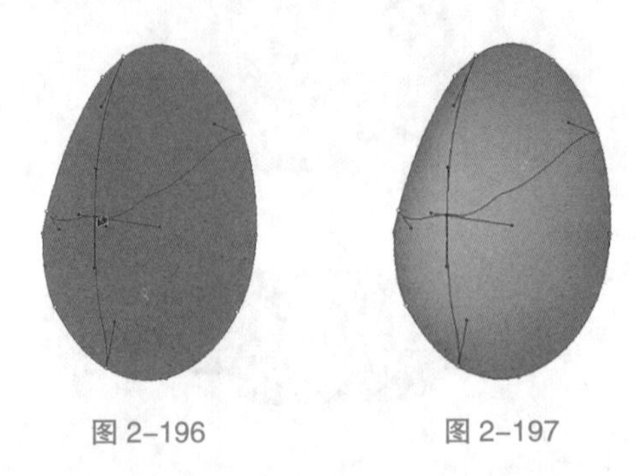

图 2–196　　图 2–197

（4）用上述相同的方法添加其他渐变网格，图形最终效果如图 2–198 所示。

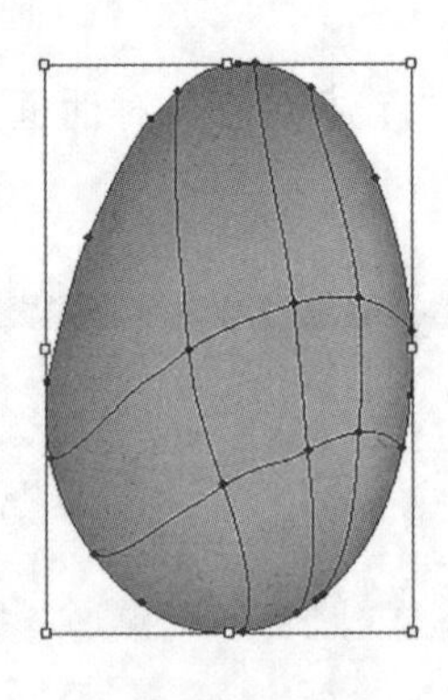

图 2–198

2. 绘制树干

（1）选择“钢笔工具”，在页面中的适当位置绘制一个图形，效果如图 2–199 所示。设置图形填充色为白色，并设置描边色为无，效果如图 2–200 所示。

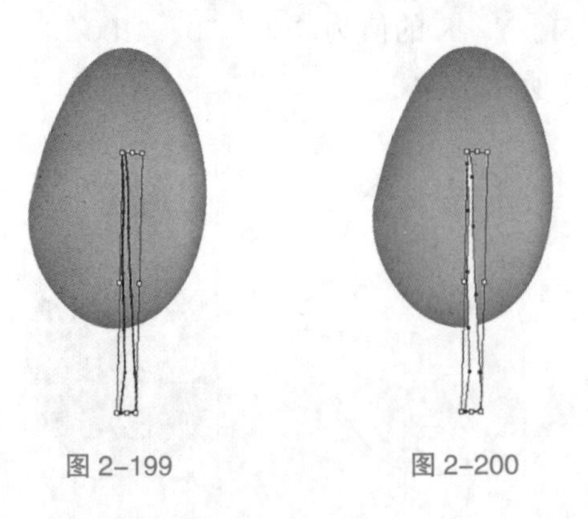

图 2–199　　图 2–200

（2）选择“钢笔工具”，在图形中的适当位置绘制一个图形，设置图形填充色为白色，并设置描边色为无，效果如图 2–201 所示。

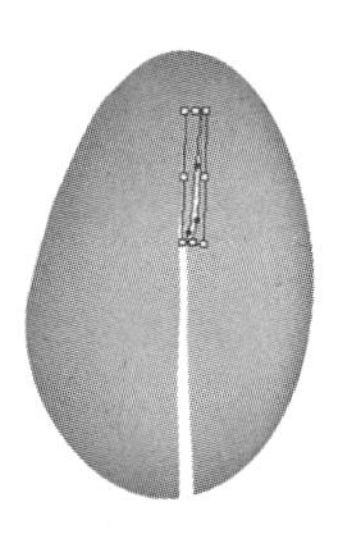

图 2-201

（3）用上述相同的方法绘制其他树枝，效果如图 2-202 所示。使用“选择工具”，按住 Shift 键，选取树干和树枝，按 Ctrl+G 组合键，将其编组，效果如图 2-203 所示。

图 2-202　　图 2-203

3. 绘制草地

（1）选择“钢笔工具”，在页面中绘制一个图形，效果如图 2-204 所示。设置图形填充色为绿色（输入 C、M、Y、K 的值为“85”“20”“100”“10”），填充图形，并设置描边色为无，在页面空白处单击，取消选择状态，效果如图 2-205 所示。

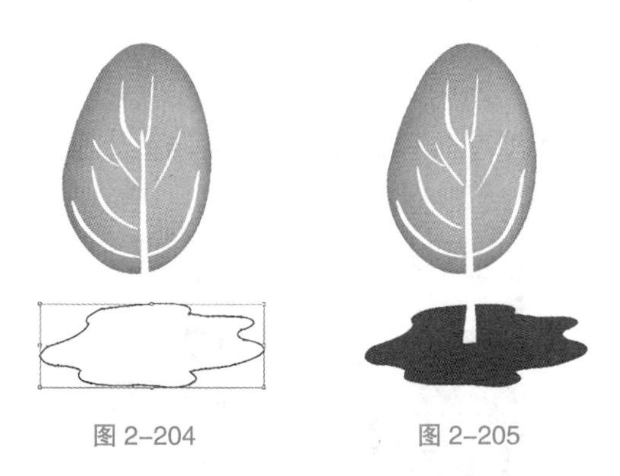

图 2-204　　图 2-205

（2）选择“网格工具”，在图形中的适当区域单击，将图形建立为渐变网格对象，效果如图 2-206 所示。选择“直接选择工具”，选中网格中间的锚点，设置填充颜色为黄色（输入 C、M、Y、K 的值为“50”“0”“100”“0”），填充网格颜色，设置描边色为无，效果如图 2-207 所示。

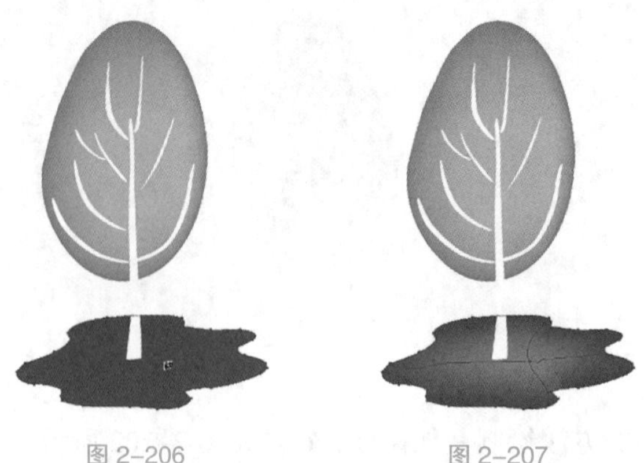
图 2-206　图 2-207

（3）按 Ctrl+O 组合键，打开“Ch02”→“素材”→“绘制树图形”→“01”文件，选择“直接选择工具”，选取图形，按 Ctrl+C 组合键，复制图形，回到“未标题 -1”文件下，按 Ctrl+V 组合键，粘贴图形，效果如图 2-208 所示。

图 2-208

2.2.4 相关工具

1. 复合路径

复合路径是指由两个或两个以上的开放或封闭路径所组成的路径。在复合路径中，路径间重叠在一起的公共区域被镂空，呈透明的状态。

1）制作复合路径

绘制两个图形，并选中这两个图形对象，效果如图 2-209 所示。选择“对象”菜单→“复合路径”→“建立”命令（组合键为 Ctrl+8），可以看到两个对象成为复合路径后的效果，如图 2-210 所示。

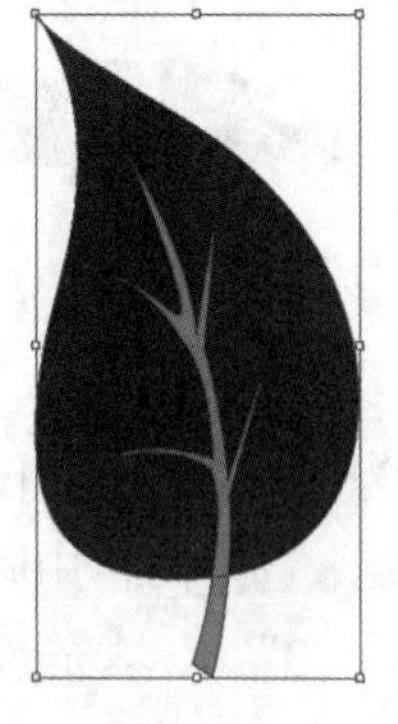
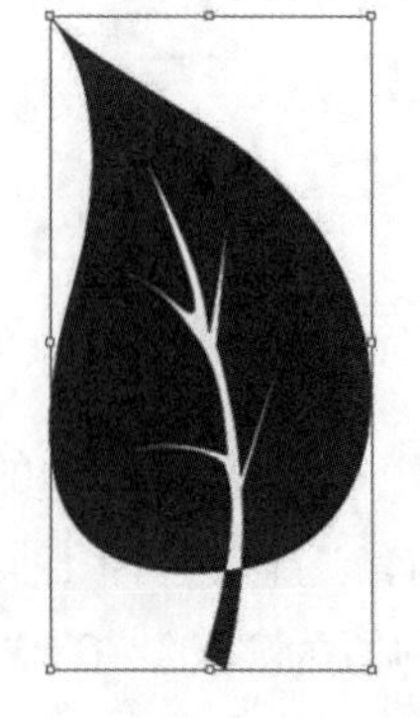
图 2-209　图 2-210

绘制两个图形，并选中这两个图形对象，用鼠标右键单击选中的对象，在弹出的菜单中选择“建立复合路径”命令，两个对象成为复合路径。

2）复合路径与编组的区别

复合路径和编组是有区别的。编组是一组组合在一起的对象，其中的每个对象都是独立的，各个对象可以有不同的外观属性；而所有包含在复合路径中的路径都被认为是一条路径，整个复合路径中只能有一种填充和描边属性。复合路径、编组的效果如图 2–211 和图 2–212 所示。

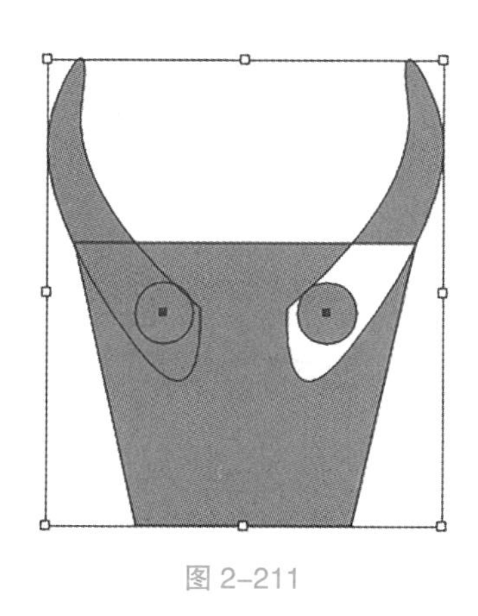

图 2–211

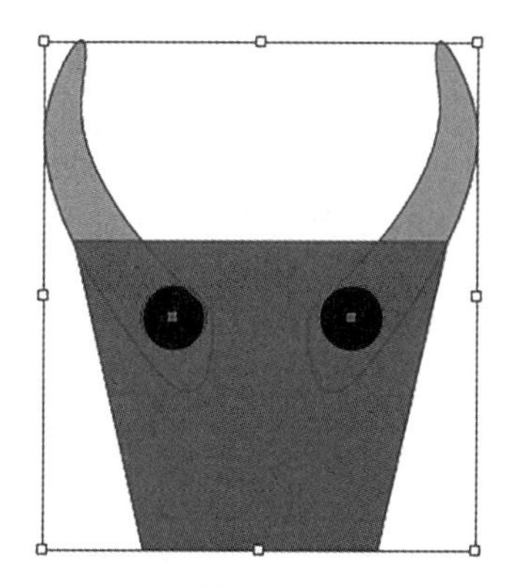

图 2–212

3）释放复合路径

选中复合路径，选择“对象”菜单→“复合路径”→“释放”命令（组合键为 Alt+Shift+Ctrl+8），可以释放复合路径。

选中复合路径，在绘图页面上单击鼠标右键，在弹出的菜单中选择“释放复合路径”命令，可以释放复合路径。

2. 编辑路径

Illustrator CC 的工具箱中包括了很多路径编辑工具，可以应用这些工具对路径进行变形、转换和剪切等编辑操作。

单击“钢笔工具”并按住鼠标左键不放，将展开钢笔工具组，如图 2–213 所示。

图 2–213

1）添加锚点

绘制一段路径，如图 2–214 所示。选择“添加锚点工具”，在路径上面的任意位置单击，路径上就会增加一个新的锚点，如图 2–215 所示。

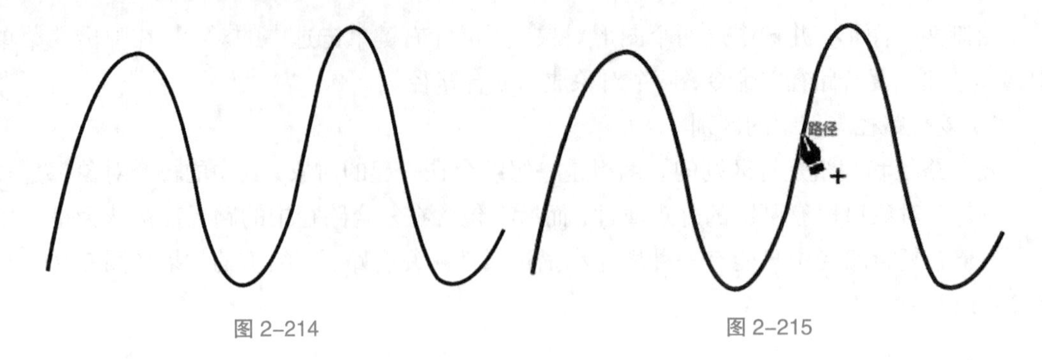

图 2–214　　图 2–215

2）删除锚点

绘制一段路径，如图 2–216 所示。选择“删除锚点工具”，在路径上面的任意一个锚点上单击，该锚点就会被删除，如图 2–217 所示。

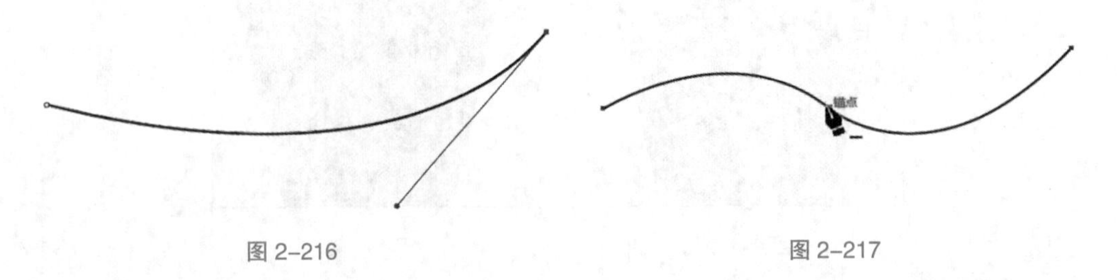

图 2–216　　图 2–217

3）转换锚点

绘制一段闭合的椭圆形路径，如图 2–218 所示。选择“锚点工具”，单击路径上的锚点，锚点就会被转换，如图 2–219 所示。拖曳锚点可以编辑路径的形状，效果如图 2–220 所示。

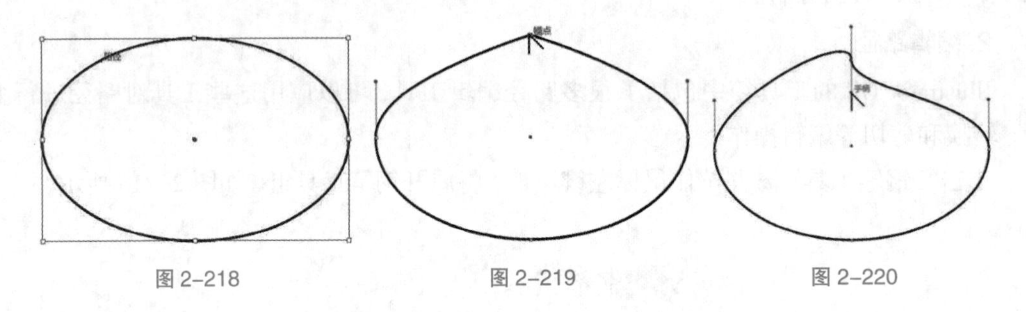

图 2–218　　图 2–219　　图 2–220

3. 渐变填充

渐变填充是指两种或多种不同颜色在同一条直线方向上逐渐过渡填充。建立渐变填充有多种方法，可以使用“渐变工具”，也可以使用“渐变”控制面板和“颜色”控制面板来设置选定对象的渐变颜色，还可以使用“色板”控制面板中的渐变样本。

1）“渐变”按钮和“渐变工具”

选择绘制好的图形，如图 2–221 所示。单击工具箱下部的“渐变”按钮，对图形进行渐变填充，效果如图 2–222 所示。选择“渐变工具”，在图形需要的位置单击设定渐变的起点并按住鼠标左键拖曳到适当位置松开即可确定渐变的终点，如图 2–223 所示，渐变填充的效果如图 2–224 所示。

图 2-221　　图 2-222　　图 2-223　　图 2-224

在“色板”控制面板中单击需要的渐变样本，如图 2-225 所示，对图形进行渐变填充，效果如图 2-226 所示。

图 2-225　　图 2-226

2）“渐变”控制面板

在“渐变”控制面板中可以设置渐变参数，可选择“线性渐变”、“径向渐变”或“任意形状渐变”，设置渐变的起始、中间和终止颜色，还可以设置渐变的位置和角度。

选择“窗口”菜单→“渐变”命令，弹出“渐变”控制面板，如图 2-227 所示。从“类型”选项中可以选择“线性渐变”、“径向渐变”或“任意形状渐变”，如图 2-228 所示。

在“角度”选项的数值框中显示当前的渐变角度，如图 2-229 所示，重新输入数值后按 Enter 键，可以改变渐变的角度，效果如图 2-230 所示。

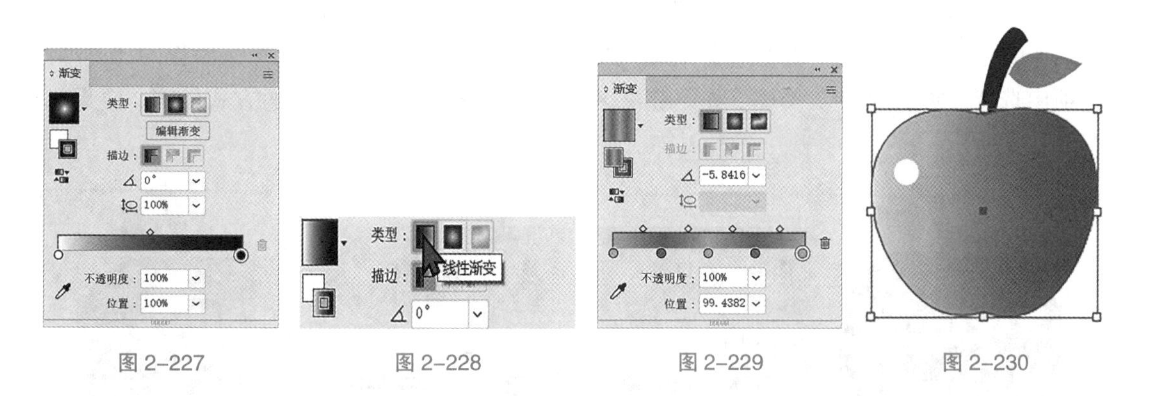

图 2-227　　图 2-228　　图 2-229　　图 2-230

单击“渐变”控制面板中的渐变滑块，在“位置”选项的数值框中显示出该滑块在色带中位置的百分比，如图 2-231 所示，拖动该滑块，改变该颜色的位置，即改变颜色的渐变梯度，如图 2-232 所示。

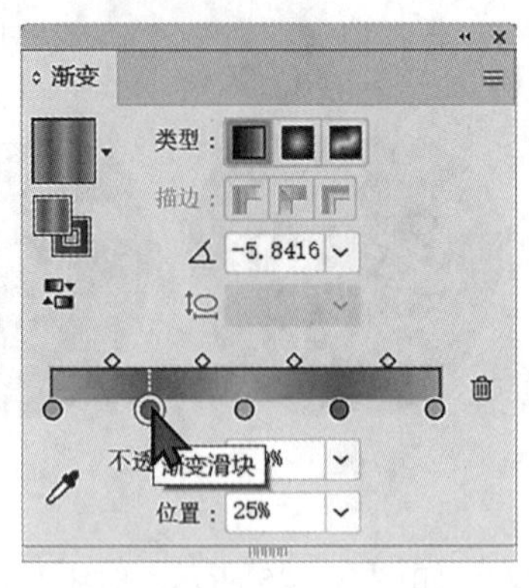

图 2-231

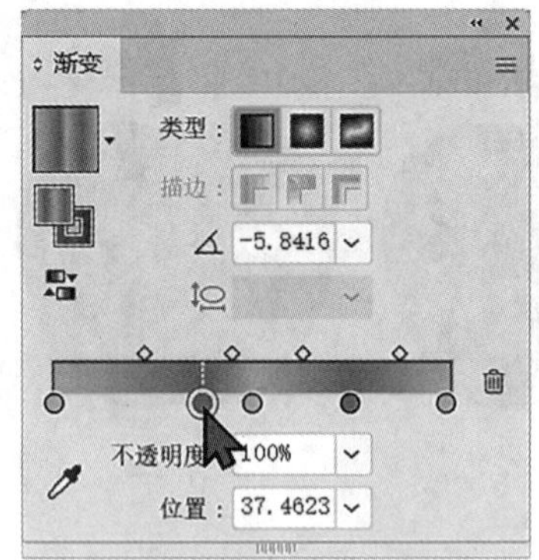

图 2-232

在色带底边单击，可以添加一个渐变滑块，如图 2-233 所示。双击滑块弹出可调整颜色的面板，调配颜色，如图 2-234 所示，可以改变添加的渐变滑块的颜色，如图 2-235 所示。用鼠标按住渐变滑块不放并将其拖到“渐变”控制面板外，可以直接删除渐变滑块。

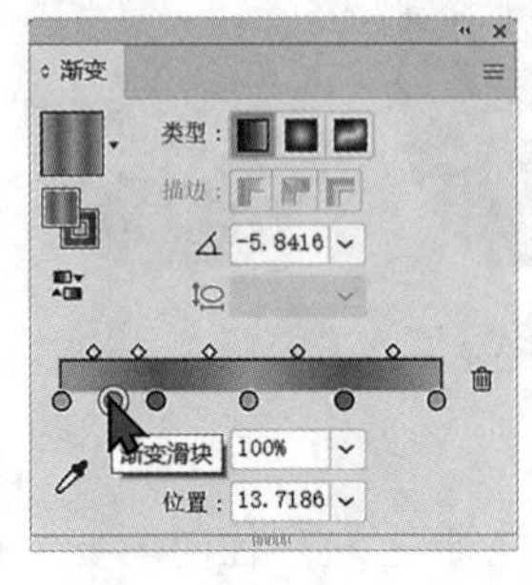

图 2-233

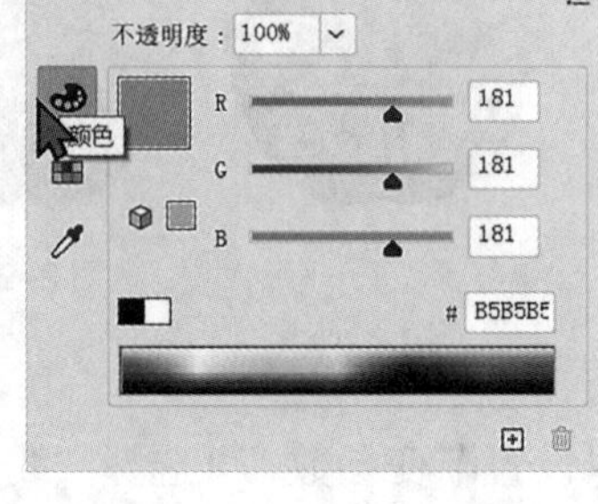

图 2-234

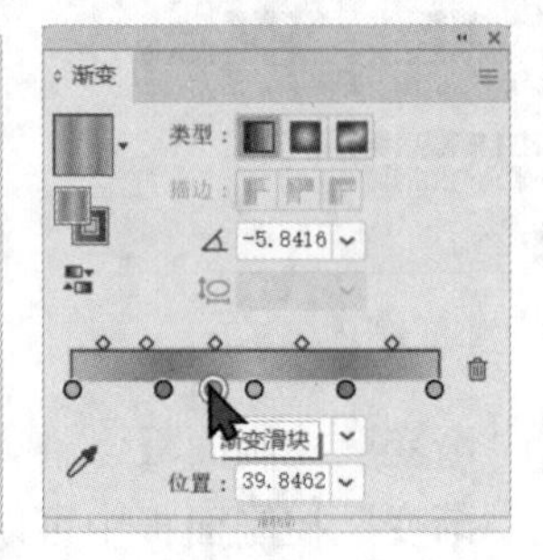

图 2-235

3）线性渐变填充

线性渐变填充是一种比较常用的渐变填充方式，通过“渐变”控制面板，可以精确地指定线性渐变的起始和终止颜色，还可以调整渐变方向；通过调整中心点的位置，可以生成不同的颜色渐变效果。当需要绘制线性渐变填充图形时，可按以下步骤操作。

选择绘制好的图形，如图 2-236 所示。双击“渐变工具” 或选择“窗口”菜单→“渐变”命令（组合键为 Ctrl+F9），弹出“渐变”控制面板。在“渐变”控制面板色带中，显示程序默认的是白色到黑色的线性渐变样式，如图 2-237 所示。在“渐变”控制面板的“类型”选项中选择“线性渐变”类型，如图 2-238 所示，图形将以线性渐变的方式填充，效果如图 2-239 所示。

图 2-236

图 2-237

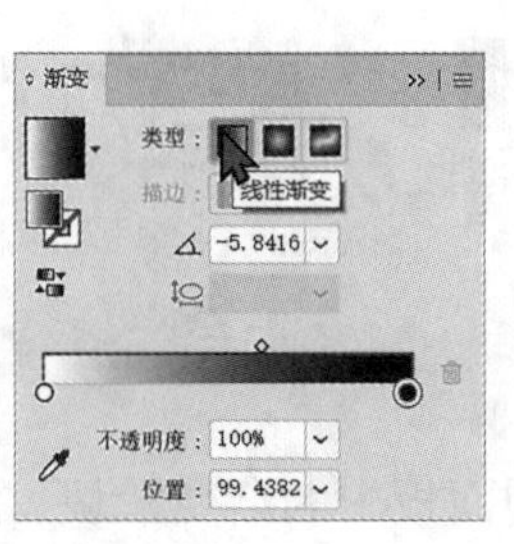

图 2-238

图 2-239

单击“渐变”控制面板中的起始渐变滑块，如图 2–240 所示，然后在“颜色”控制面板中调配所需的颜色，设置渐变的起始颜色；再单击终止渐变滑块，如图 2–241 所示，设置渐变的终止颜色，如图 2–242 所示。图形的线性渐变填充效果如图 2–243 所示。

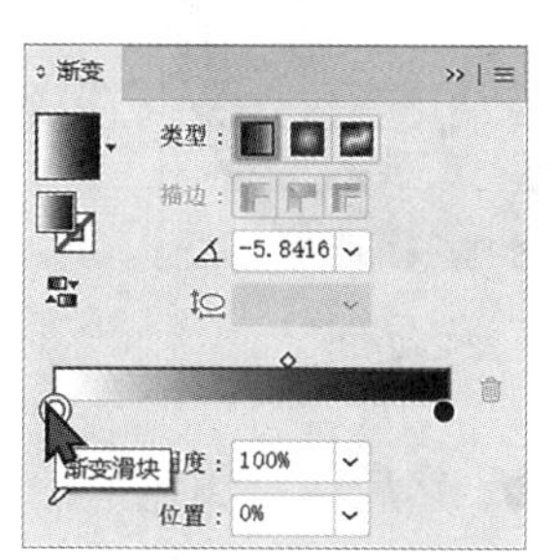

图 2–240

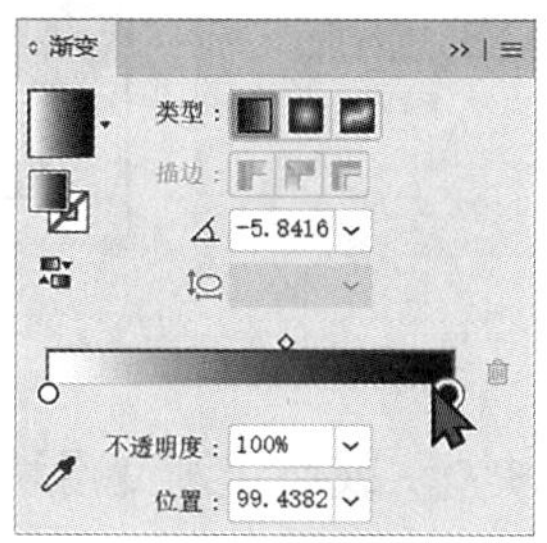

图 2–241

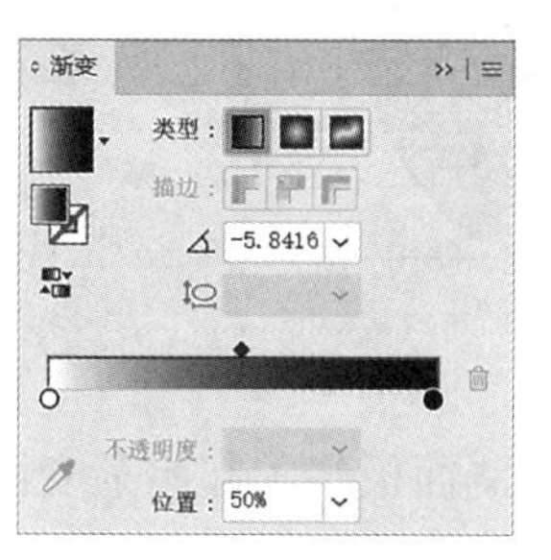

图 2–242

图 2–243

拖动色带上边的控制滑块，可以改变颜色的渐变位置，如图 2–244 所示。“位置”数值框中的数值也会随之发生变化，设置“位置”数值框中的数值也可以改变颜色的渐变位置，图形的线性渐变填充效果也将改变，如图 2–245 所示。

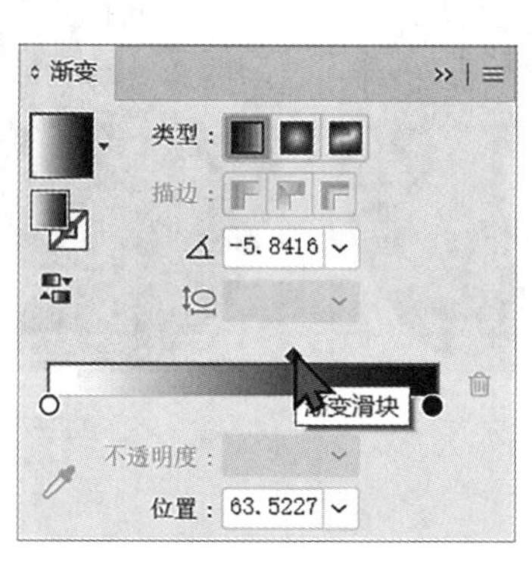

图 2–244

图 2–245

如果要改变颜色渐变的方向，可选择“渐变工具”，直接在图形中拖曳即可。当需要精确改变渐变方向时，可通过“渐变”控制面板中的“角度”选项来控制图形的渐变方向。

4）径向渐变填充

径向渐变填充是 Illustrator CC 中的另一种渐变填充类型，与线性渐变填充不同，它是起始颜色以圆的形式向外发散，逐渐过渡到终止颜色的。它的起始颜色和终止颜色，以及渐变填充中心点的位置都是可以改变的。使用径向渐变填充可以生成多种渐变填充效果。

选择绘制好的图形，如图 2–246 所示。双击“渐变工具”或选择“窗口”菜单→“渐变”命令（组合键为 Ctrl+F9），弹出“渐变”控制面板。在“渐变”控制面板色带中，显示程序默认的是白色到黑色的线性渐变样式，在“渐变”控制面板中的“类型”选项中选择“径向渐变”类型，如图 2–247 所示，图形将以径向渐变方式填充，效果如图 2–248 所示。

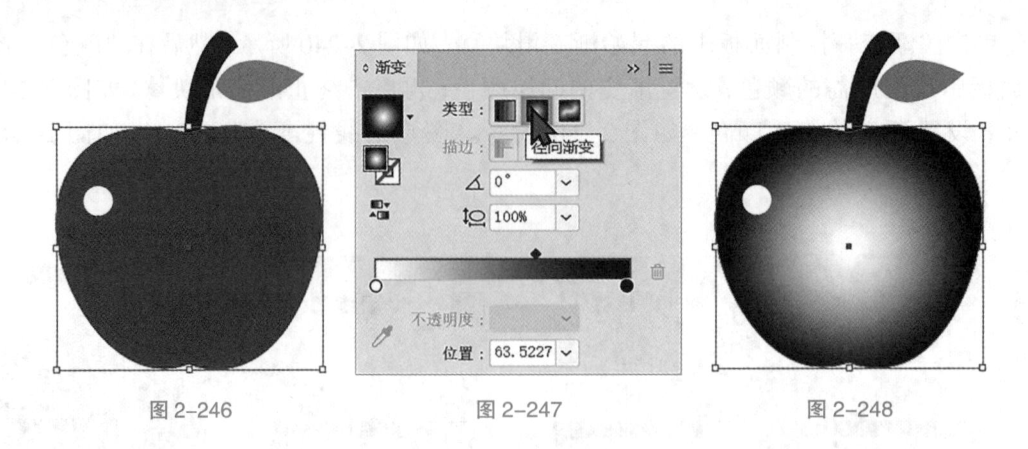

图 2-246　　图 2-247　　图 2-248

单击“渐变”控制面板中的起始渐变滑块，或终止渐变滑块，然后在“颜色”控制面板中调配颜色，即可改变图形的渐变颜色，效果如图 2-249 所示。拖动色带上边的控制滑块，可以改变颜色的渐变范围，效果如图 2-250 所示。使用“渐变工具”绘制，可改变径向渐变的中心位置，效果如图 2-251 所示。

图 2-249　　图 2-250　　图 2-251

5）渐变库

除了在“色板”控制面板中提供的渐变样式外，Illustrator CC 还提供了一些渐变库。选择“窗口”菜单→“色板库”→“其它库”命令，弹出“打开”对话框，在“色板”→“渐变”文件夹内包含了系统提供的渐变库，如图 2-252 所示，在文件夹中可以选择不同的渐变库，选择后单击“打开”按钮，渐变库的效果如图 2-253 所示。

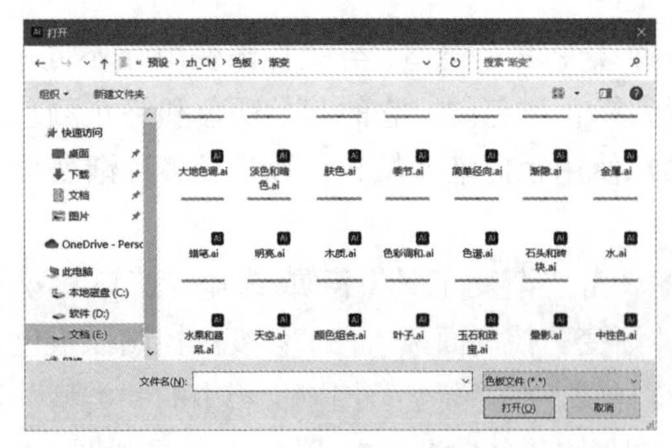

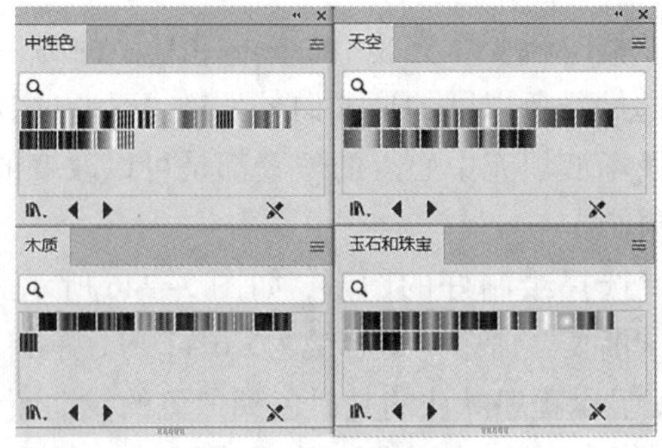

图 2-252　　图 2-253

4. 渐变网格填充

应用渐变网格功能可以表现出图形颜色细微之处的变化，并且易于控制图形颜色。使用渐变网格可以对图形应用多个方向、多种颜色的渐变填充。

1）使用“网格工具”建立渐变网格

使用“椭圆工具”绘制一个椭圆形，如图 2–254 所示，选中椭圆形，选择“网格工具”，在椭圆形中单击，将椭圆形建立为渐变网格对象，在椭圆形中增加了横竖两条线交叉形成的网格，如图 2–255 所示，继续在椭圆形中单击，可以增加新的网格，效果如图 2–256 所示。

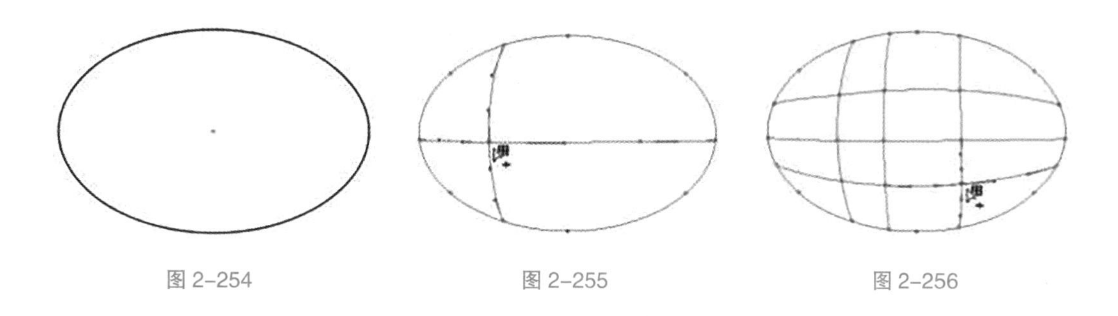

图 2–254　　图 2–255　　图 2–256

在网格中横竖两条线交叉形成的点就是网格点，而横、竖线就是网格线。

2）使用“创建渐变网格”命令创建渐变网格

使用“椭圆工具”绘制一个椭圆形，选中椭圆形，如图 2–257 所示。选择“对象”菜单→“创建渐变网格”命令，弹出“创建渐变网格”对话框，如图 2–258 所示，设置数值后，单击“确定”按钮，可以为图形创建渐变网格的填充，效果如图 2–259 所示。

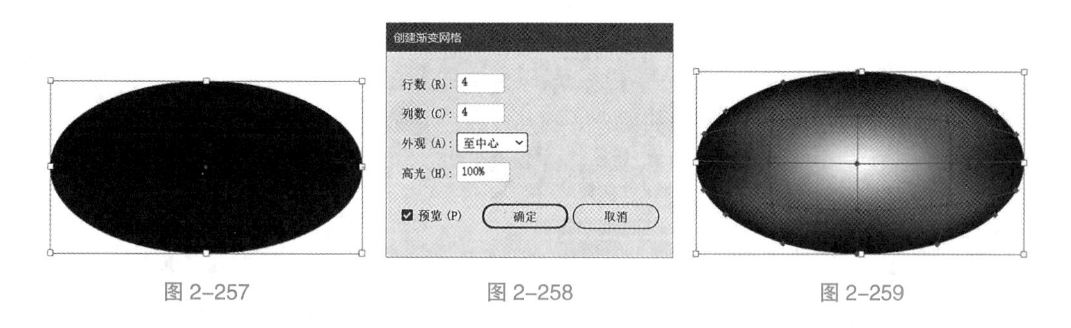

图 2–257　　图 2–258　　图 2–259

“行数”选项：可以输入网格线的行数。

“列数”选项：可以输入网络线的列数。

“外观”选项：可以选择创建渐变网格后图形高光部位的表现方式，有“平淡色”“至中心”“至边缘”3 种方式可以选择。

“高光”选项：可以设置高光处的强度，当数值为 0% 时，图形没有高光点，而是均匀的颜色填充。

3）添加网格点

使用“钢笔工具”，绘制并填充图形，如图 2–260 所示，选择“网格工具”在图形中单击，建立渐变网格对象，如图 2–261 所示，在图形中的其他位置再次单击，可以添加网格点，如图 2-262 所示，同时添加了网格线。在网格线上再次单击，可以继续添加网格点，如图 2-263 所示。

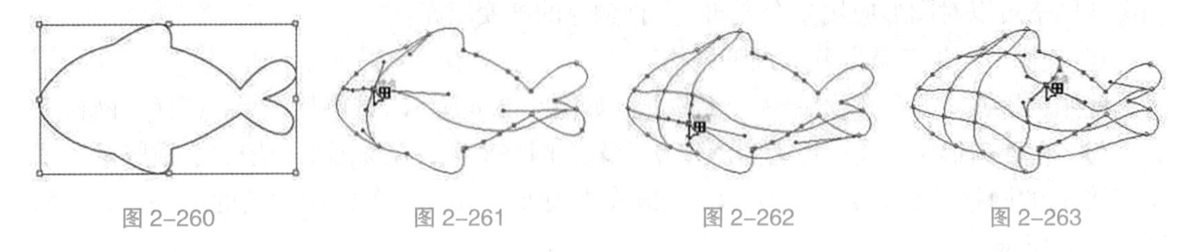

图 2-260　　图 2-261　　图 2-262　　图 2-263

4）删除网格点

使用“网格工具” 单击选中网格点，如图 2-264 所示，按住 Alt 键的同时单击网格点，即可将网格点删除，效果如图 2-265 所示。

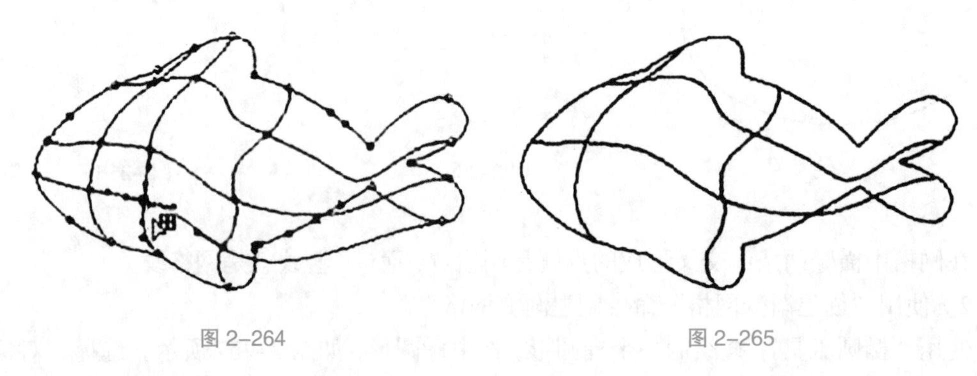

图 2-264　　图 2-265

5）编辑网格颜色

使用“直接选择工具” 单击选中网格点，如图 2-266 所示，在“色板”控制面板中单击需要的颜色块，如图 2-267 所示，可以为网格点填充颜色，效果如图 2-268 所示。

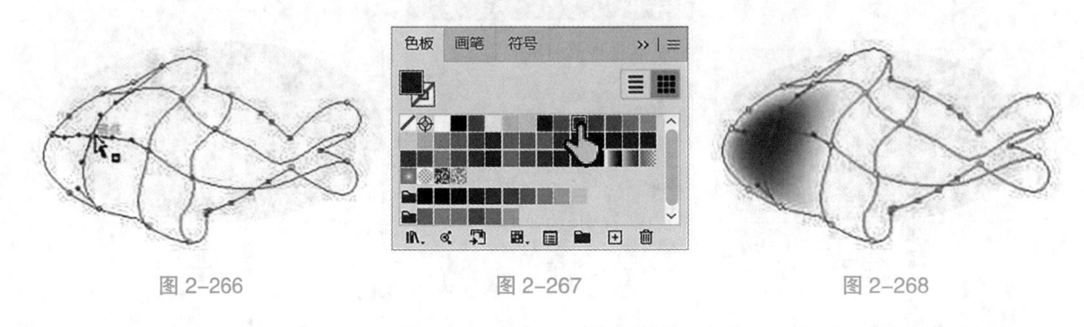

图 2-266　　图 2-267　　图 2-268

使用“直接选择工具” 单击选中网格，如图 2-269 所示，在“色板”控制面板中单击需要的颜色块，如图 2-270 所示，可以为网格填充颜色，效果如图 2-271 所示。

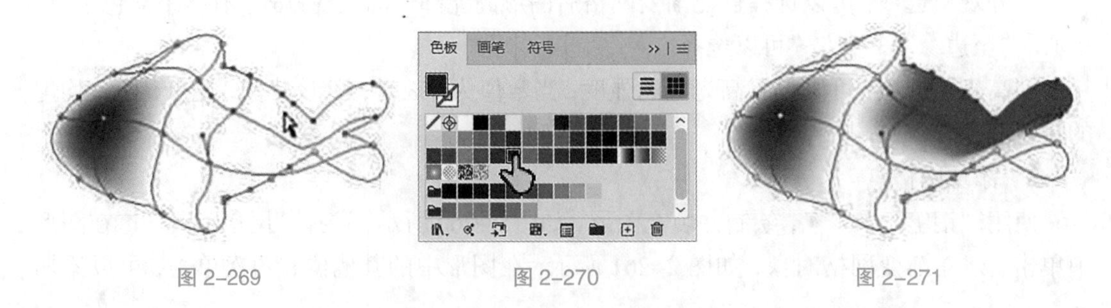

图 2-269　　图 2-270　　图 2-271

使用“网格工具”或“直接选择工具”在网格点上单击并按住鼠标左键拖曳网格点，可以移动网格点，效果如图 2–272 所示。拖曳网格点的控制手柄可以调节网格线，效果如图 2–273 所示。渐变网格的填色效果如图 2–274 所示。

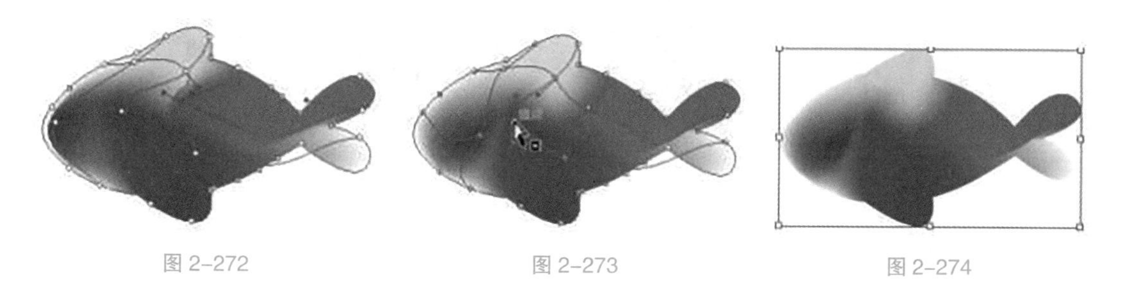

图 2–272　　图 2–273　　图 2–274

5. 路径查找器

在 Illustrator CC 中编辑图形时,“路径查找器”控制面板是最常用的工具之一。它包含了一组功能强大的路径编辑命令。使用“路径查找器”控制面板可以将许多简单的路径经过特定的运算之后形成各种复杂的路径。

选择“窗口”菜单→“路径查找器”命令（组合键为 Shift+Ctrl+F9），弹出“路径查找器”控制面板，如图 2–275 所示。

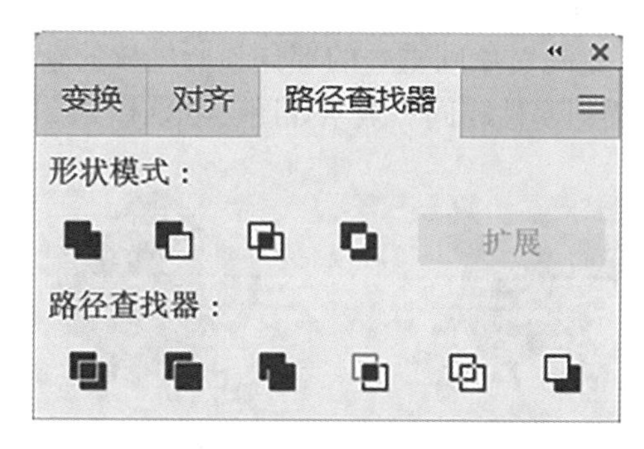

图 2–275

在“路径查找器”控制面板的“形状模式”选项组中有 5 个按钮，从左至右分别是“联集”按钮、“减去顶层”按钮、“交集”按钮、“差集”按钮和“扩展”按钮。

前 4 个按钮可以通过不同的组合方式在多个图形间制作出对应的复合图形，而“扩展”按钮则可以把复合图形转变为复合路径。

在“路径查找器”选项组中有 6 个按钮，从左至右分别是“分割”按钮、“修边”按钮、“合并”按钮、“裁剪”按钮、“轮廓”按钮和“减去后方对象”按钮。这组按钮主要是把对象分解成各个独立的部分，或删除对象中不需要的部分。

1）“联集”按钮

在绘图页面中选中两个图形对象，如图 2–276 所示。单击“联集”按钮，从而生成新的对象，新对象的填充和描边属性与位于上层的对象的填充和描边属性相同。效果如图 2–277 所示。

2）“减去顶层”按钮

在绘图页面中选中两个图形对象，如图 2–278 所示。单击“减去顶层”按钮，从而生成新的对象，“减去顶层”命令可以在最下层对象的基础上，将被上层的对象挡住的部分和上层的对象同时删除，只剩下最下层对象的剩余部分。效果如图 2–279 所示。

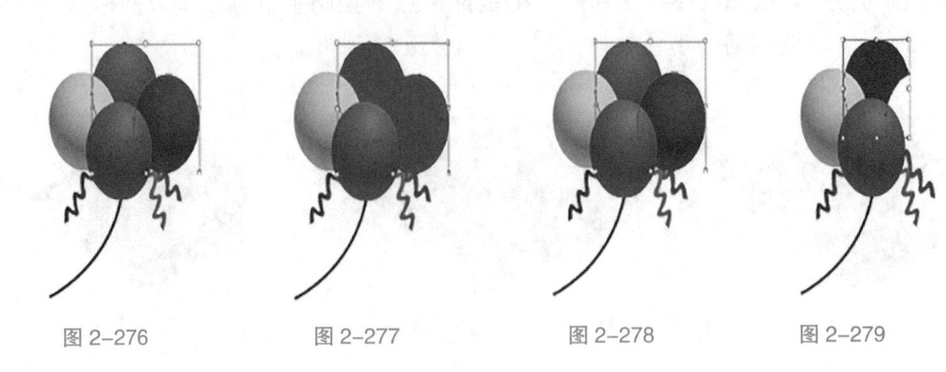

图 2–276　图 2–277　图 2–278　图 2–279

3）“交集”按钮

在绘图页面中选中两个图形对象，如图 2–280 所示。单击“交集”按钮，从而生成新的对象，“交集”命令可以将图形没有重叠的部分删除，而仅仅保留重叠部分。所生成的新对象的填充和描边属性与位于上层的对象的填充和描边属性相同。效果如图 2–281 所示。

4）“差集”按钮

在绘图页面中选中两个图形对象，如图 2–282 所示。单击“差集”按钮，从而生成新的对象，“差集”命令可以删除对象间重叠的部分。所生成的新对象的填充和描边属性与位于上层的对象的填充和描边属性相同。效果如图 2–283 所示。

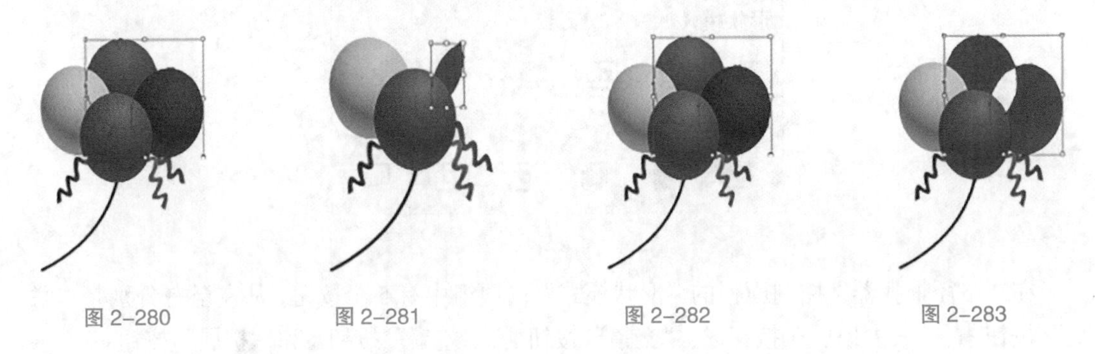

图 2–280　图 2–281　图 2–282　图 2–283

5）“分割”按钮

在绘图页面中绘制图形对象，如图 2–284 所示。选中两个对象，如图 2–285 所示。单击“分割”按钮，从而生成新的对象。“分割”命令可以分离相互重叠的图形，而得到多个独立的对象。新对象取消编组状态后的效果如图 2–286 所示。

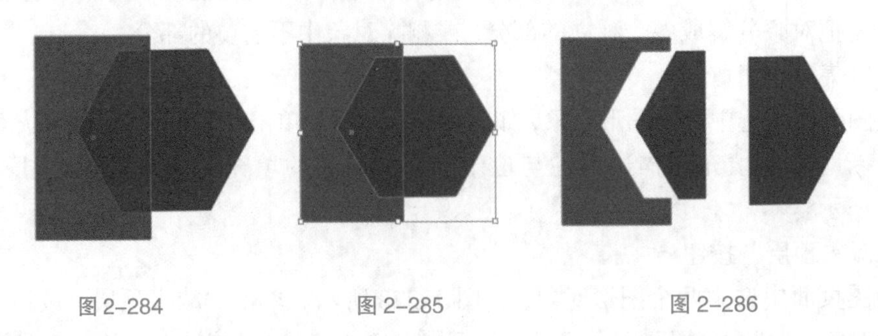

图 2–284　图 2–285　图 2–286

6）“修边”按钮

在绘图页面中绘制图形对象，如图 2–287 所示。选中两个对象，如图 2–288 所示。单击“修边”按钮，从而生成新的对象。“修边”命令可以删除图形中下层对象的重叠部分，新生成的对象中的每个对象保持各自原来的填充属性。新对象取消编组状态后的效果如图 2–289 所示。

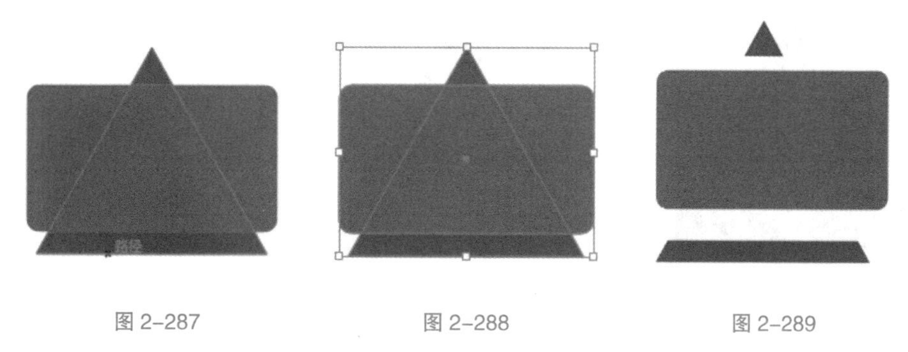

图 2–287　　图 2–288　　图 2–289

7）“合并”按钮

在绘图页面中绘制图形对象，如图 2–290 所示。选中两个对象，如图 2–291 所示。单击“合并”按钮，从而生成新的对象。如果对象的填充和描边属性都相同，“合并”命令将把所有的对象组成一个整体后合为一个对象，但对象的描边色将变为无；如果对象的填充和描边属性都不相同，则“合并”命令就相当于“修边”命令。新对象取消编组状态后的效果如图 2–292 所示。

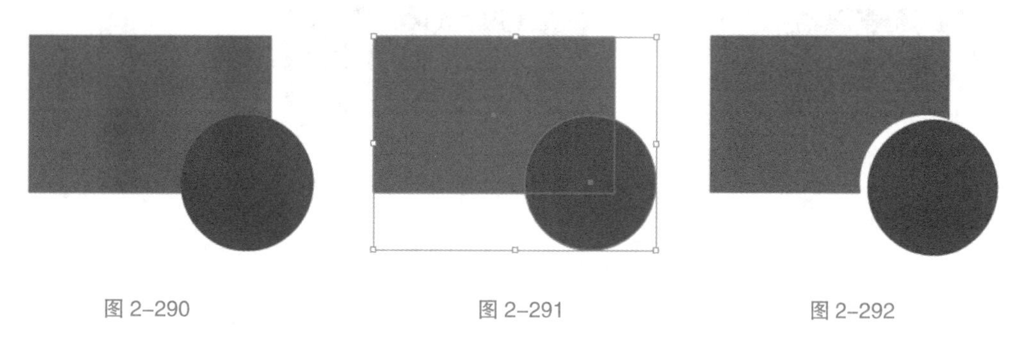

图 2–290　　图 2–291　　图 2–292

8）“裁剪”按钮

在绘图页面中绘制图形对象，如图 2–293 所示。选中两个对象，如图 2–294 所示。单击“裁剪”按钮，从而生成新的对象。“裁剪”命令的工作原理和蒙版相似，对重叠的图形来说，“裁剪”命令可以把对象重叠部分之外的图形部分修剪掉，同时最上层的对象本身将消失，新对象取消编组状态后的效果如图 2–295 所示。

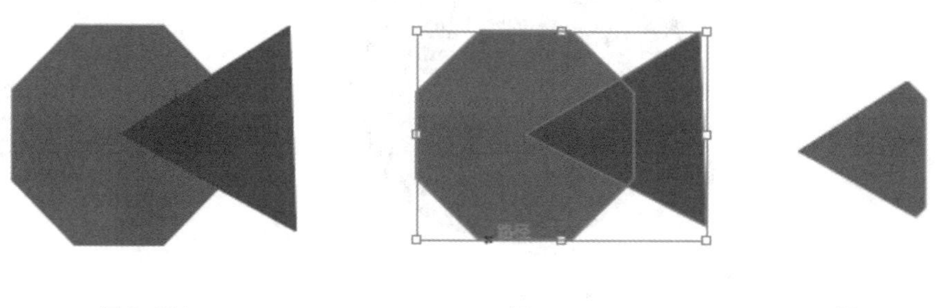

图 2–293　　图 2–294　　图 2–295

9）“轮廓”按钮

在绘图页面中绘制图形对象，如图2-296所示。选中两个对象，如图2-297所示。单击“轮廓”按钮，从而生成新的对象。“轮廓”命令可以勾勒出所有选中对象的轮廓。新对象取消编组状态后的效果如图2-298所示。

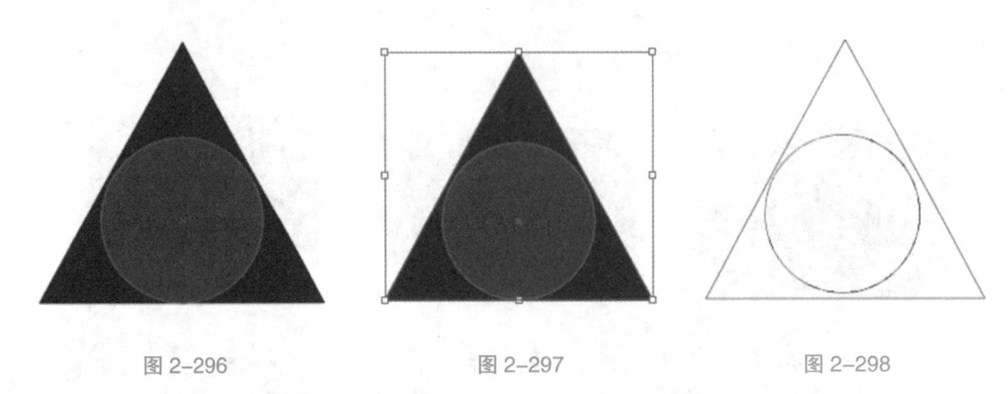

图 2-296　图 2-297　图 2-298

10）“减去后方对象”按钮

在绘图页面中绘制图形对象，如图2-299所示。选中两个对象，如图2-300所示。单击“减去后方对象”按钮，从而生成新的对象。“减去后方对象”命令可以使选中的对象只保留最顶层对象未重叠的部分。新对象取消选取状态后的效果如图2-301所示。

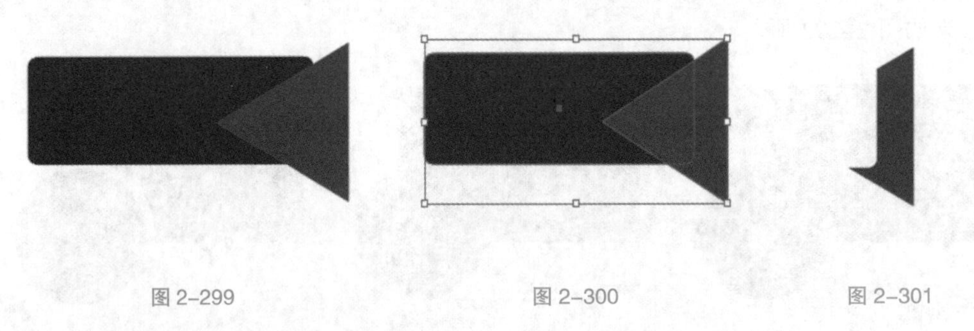

图 2-299　图 2-300　图 2-301

2.2.5 实战演练——绘制闹钟

使用“椭圆工具”“钢笔工具”绘制闹钟整体形态，使用“符号库”命令添加时针和分针。最终效果如图2-302所示。

视频 2-4

图 2-302

综合演练——绘制饮料杯

2.3.1 案例分析

本案例制作的是饮料杯，要求准确绘制玻璃饮料杯的杯形，并用橙子切片和水果做点缀，色彩处理和谐。

2.3.2 设计理念

在绘制的过程中，利用“星形工具”处理的橙子切片色彩饱满，细节处理到位；利用“椭圆工具”处理的杯形比例恰当，美味的橙汁和散落的红色水果营造了舒适轻松的氛围。

2.3.3 知识要点

使用“多边形工具”“星形工具”“椭圆工具”“收缩和膨胀”命令绘制水果图形，使用“椭圆工具”“圆角矩形工具”绘制杯子，使用“路径橡皮擦工具”擦除图形上不需要的路径，使用“渐变工具”为图形填充渐变色。最终效果如图 2-303 所示。

视频 2-5

图 2-303

综合演练——绘制播放图标

2.4.1 案例分析

随着信息化的发展，各种 APP 层出不穷，APP 图标更是种类繁多，播放图标也是形状各异。一个好的播放图标能让人轻易看出它所代表的含义以及给人想要触碰的想法。本案例是绘制播放图标，表现出音乐的魅力。

2.4.2 设计理念

在播放图标中，浅紫到深紫的渐变，让人感受到了音乐的流动，也表现出音乐安定心神、舒缓情绪的作用。简洁的设计，让人一眼就能看出是播放图标，投影让图标显得更加立体，给人一种想要点击的冲动。

2.4.3 知识要点

使用“矩形工具”和“投影”命令添加投影效果，使用“建立不透明蒙版”命令添加图形的透明效果，使用“文字工具”输入文字。最终效果如图 2–304 所示。

图 2–304

视频
2–6（a）

视频
2–6（b）

项目3

插画设计

现代插画艺术发展迅速，已经被广泛应用于杂志、周刊、广告、包装和纺织品领域。使用 Illustrator CC 绘制的插画简洁明快、独特新颖、形式多样，已经成为最流行的插画表现形式之一。本项目以多个主题插画为例，讲解插画的绘制方法和制作技巧。

课堂学习目标

- 掌握插画的绘制思路和过程。
- 掌握绘制插画相关工具的使用。
- 掌握插画的绘制方法和技巧。

3.1 绘制自然风景插画

3.1.1 案例分析

插画以其直观的形象、真实的生活感和美的感染力，在现代设计中占有重要的地位，已广泛用于现代设计的多个领域。本案例是绘制自然风景插画，插画的要求是符合主题内容，搭配合理，表现出大自然的生机。

3.1.2 设计理念

本插画设计以湛蓝的天空为背景，以树木、花草为主要表现对象，简洁的线条勾勒出各种自然景物的形态，色彩丰富，描绘出生机勃勃、活力无限的自然风光，充满天真童趣。最终效果如图 3–1 所示。

视频 3–1（a）

视频 3–1（b）

图 3–1

3.1.3 操作步骤

1. 绘制背景

（1）按 Ctrl+N 组合键，弹出“新建文档”对话框，在对话框中进行参数设置，如图 3–2 所示，单击“创建”按钮，新建一个文档。

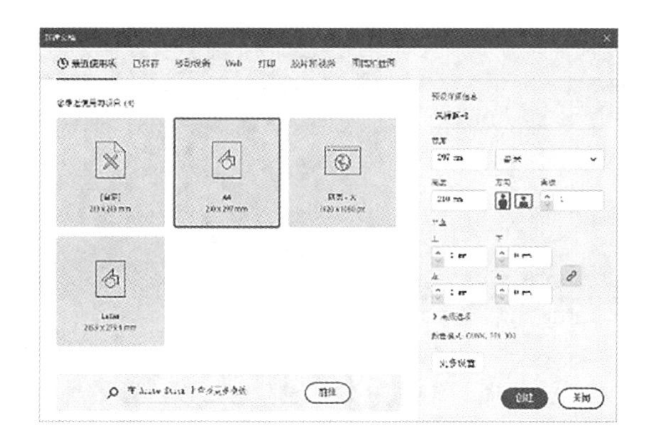

图 3-2

（2）选择“矩形工具”，在页面中单击，弹出“矩形”对话框，在对话框中进行参数设置，如图 3-3 所示，单击“确定”按钮，得到一个矩形，选择“选择工具”，拖曳矩形到页面中适当的位置，如图 3-4 所示。

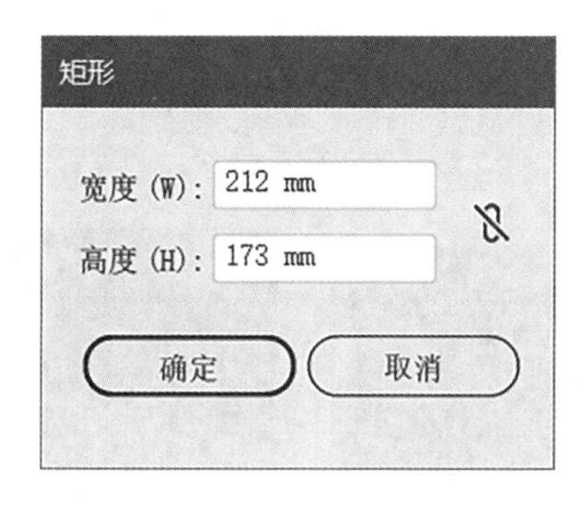

图 3-3

图 3-4

（3）输入图形填充色的 C、M、Y、K 值为“69”“14”“0”“0”，填充图形，并设置图形描边色为无，效果如图 3-5 所示。

（4）选择“钢笔工具”，绘制一个图形，如图 3-6 所示。

图 3-5

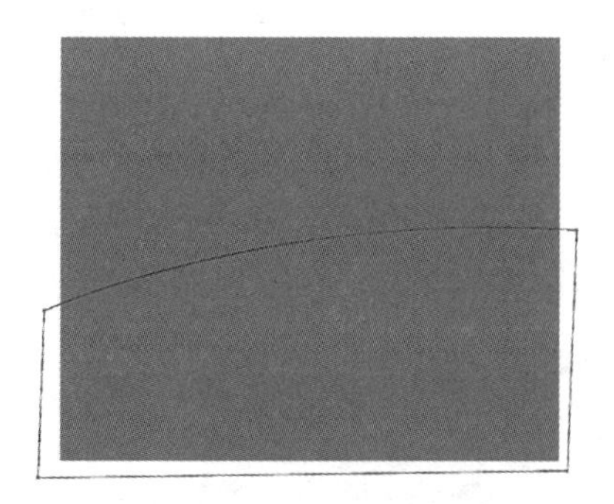

图 3-6

（5）双击“渐变工具”，弹出“渐变”控制面板，在色带上设置两个渐变滑块，分别将渐变滑块的位置设置为 0%、100%，并从左至右依次输入两个渐变滑块的 C、M、Y、K 的值为“27”、“0”、“85”、“0”，“72”、“0”、“100”、“0”，其他选项设置如图 3-7 所示，图形被填充为渐变色，设置描边色为无，效果如图 3-8 所示。

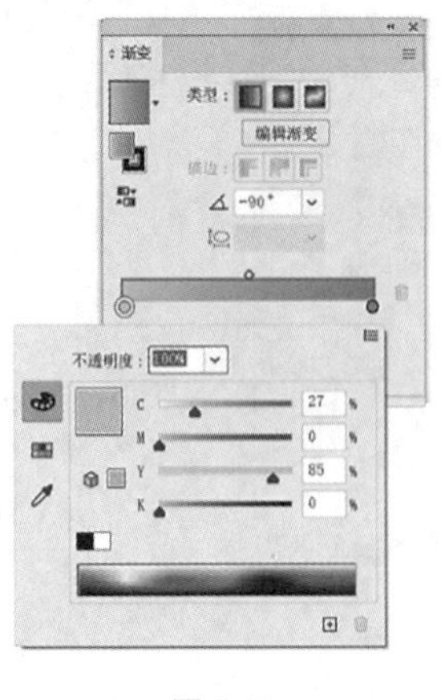

图 3-7

图 3-8

（6）选择“选择工具”，选取蓝色矩形，依次按组合键 Ctrl+C 和 Ctrl+F，原位复制一个图形，按组合键 Ctrl+Shift+]，将复制的图形置于顶层，如图 3-9 所示。框选复制的矩形和绿色的图形，将其选取，如图 3-10 所示，按组合键 Ctrl+7，建立剪切蒙版，效果如图 3-11 所示。

图 3-9　　图 3-10　　图 3-11

2. 绘制太阳图形

（1）选择“椭圆工具”，按住 Shift 键，绘制一个圆形，如图 3-12 所示。

（2）在“渐变”控制面板中的色带上设置两个渐变滑块，分别将渐变滑块的位置设置为 0%、100%，并从左至右依次输入两个渐变滑块的 C、M、Y、K 的值为“11”、“0”、“100”、“0”，“0”、“100”、“100”、“0”，其他选项设置如图 3-13 所示，图形被填充为渐变色，设置描边色为无，效果如图 3-14 所示。

图 3-12

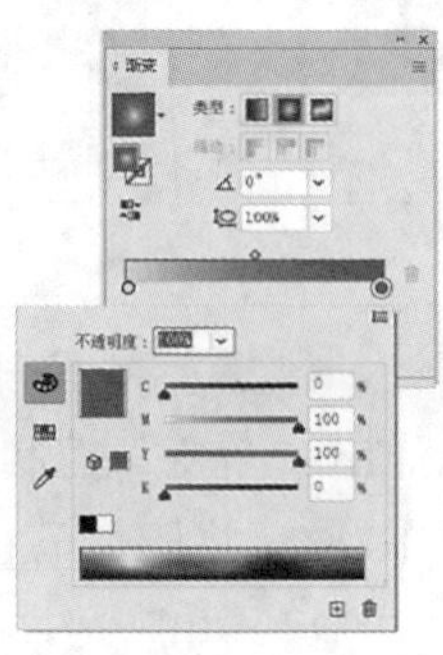

图 3-13

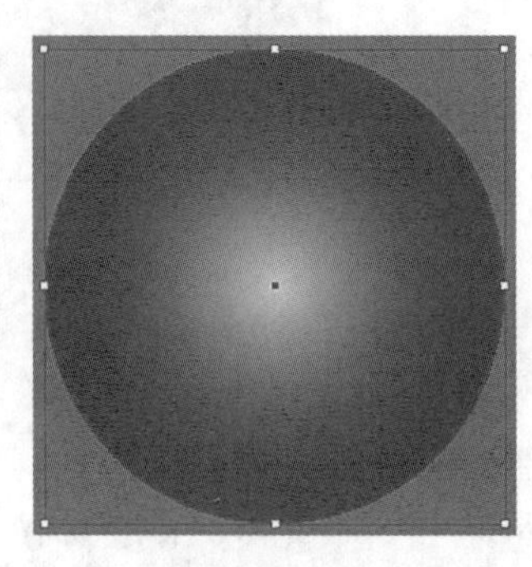
图 3-14

（3）选择“渐变工具” ，在圆形上由左上方至右下方拖曳鼠标，编辑状态如图 3–15 所示，松开鼠标左键，效果如图 3–16 所示。

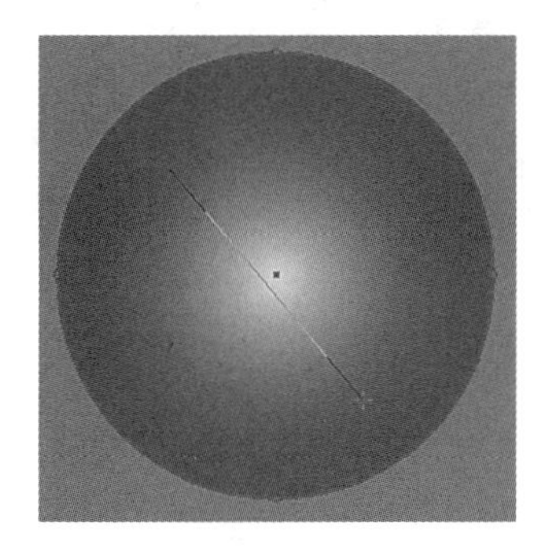
图 3–15

图 3–16

（4）选择“椭圆工具” ，绘制一个椭圆形，如图 3–17 所示。填充椭圆形为白色，并设置描边色为无，效果如图 3–18 所示。

（5）打开“透明度”控制面板，单击“制作蒙版”按钮后，单击可以编辑不透明蒙版的显示框，其他选项设置如图 3–19 所示。

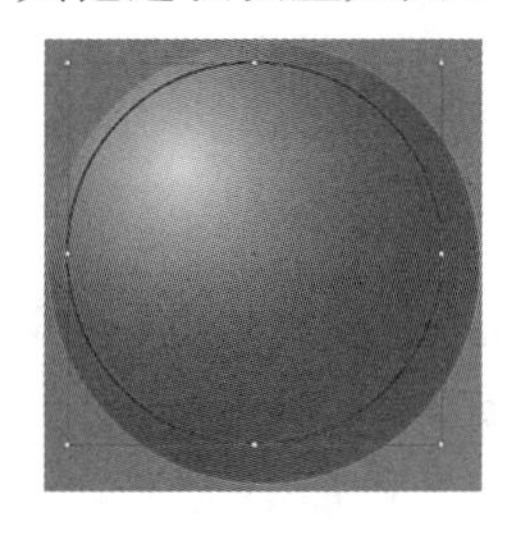
图 3–17

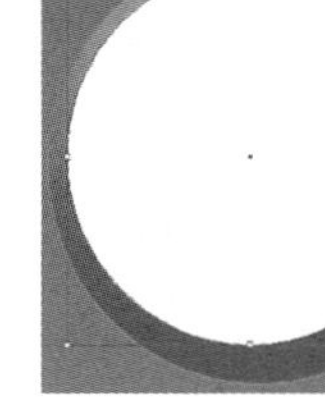
图 3–18

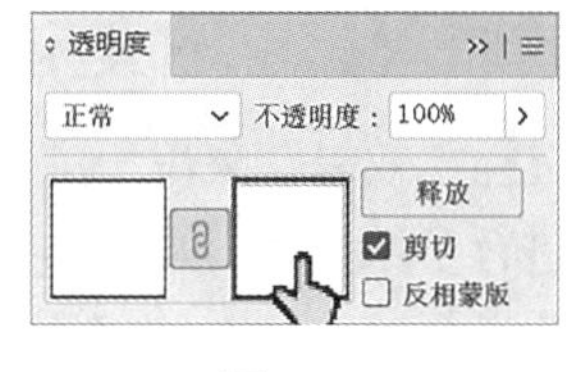

图 3–19

（6）选择“矩形工具” ，在椭圆形上绘制一个矩形，打开“渐变”控制面板，选中色带左侧的渐变滑块，将其设置为白色，选中色带右侧的渐变滑块，将其设置为黑色，并调整角度，其他选项设置如图 3–20 所示，建立半透明效果，如图 3–21 所示。

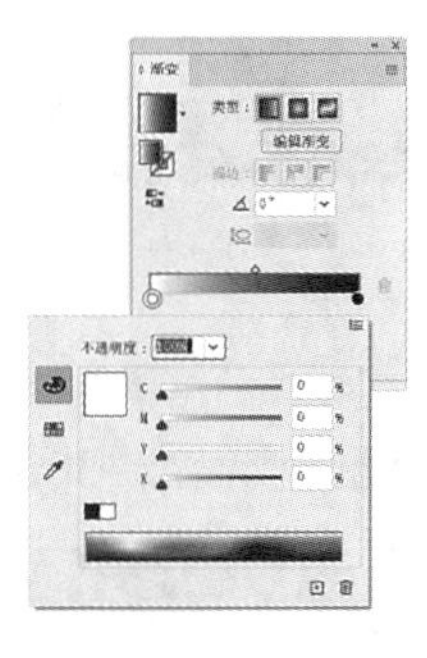

图 3–20

图 3–21

（7）在“透明度”控制面板中，单击可以停止编辑不透明蒙版的显示框，如图 3–22 所示，效果如图 3–23 所示。

（8）选择“选择工具” ，框选椭圆形和圆形，将其选取，按组合键 Ctrl+G，将其编组，效果如图 3–24 所示。

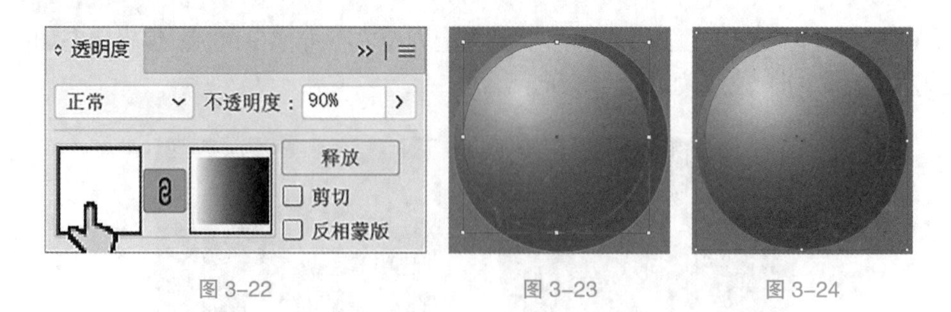

图 3-22　　图 3-23　　图 3-24

（9）选择“椭圆工具” ，按住 Shift 键，绘制一个圆形，如图 3-25 所示。输入图形填充色的 C、M、Y、K 的值为“13”“0”“83”“0”，填充图形，并设置图形描边色为无，效果如图 3-26 所示。

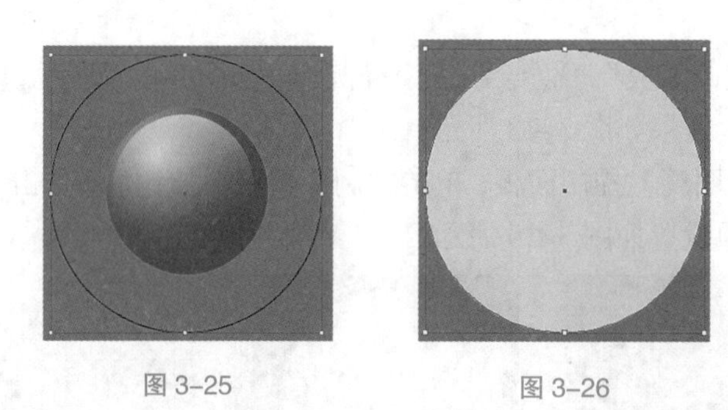

图 3-25　　图 3-26

（10）选择“效果”菜单→“模糊”→“高斯模糊”命令，弹出“高斯模糊”对话框，在对话框中进行参数设置，如图 3-27 所示，单击“确定”按钮，效果如图 3-28 所示。

（11）按组合键 Ctrl+[，将有模糊效果的圆形后移一层，效果如图 3-29 所示。

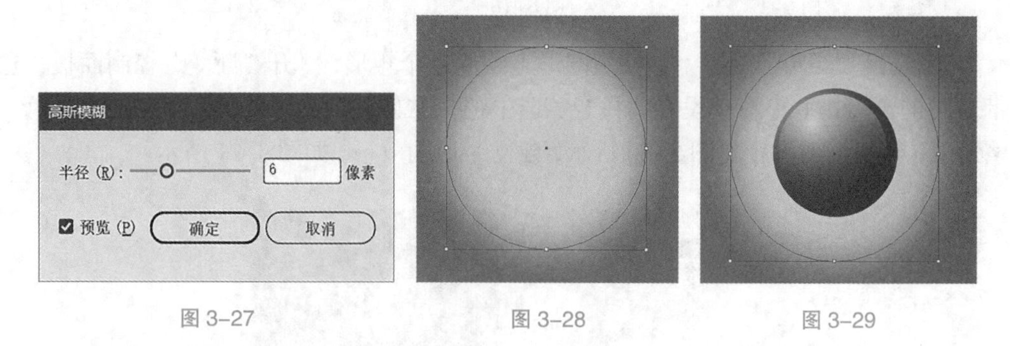

图 3-27　　图 3-28　　图 3-29

3. 绘制云彩图形

（1）选择“椭圆工具” ，分别绘制 4 个椭圆形，如图 3-30 所示。

图 3-30

（2）选择“选择工具”，按住 Shift 键，单击 4 个椭圆形，将其全部选取，如图 3-31 所示。选择“窗口”菜单→“路径查找器”命令，弹出“路径查找器”控制面板，单击“联集”按钮，如图 3-32 所示，从而生成新的对象，效果如图 3-33 所示。

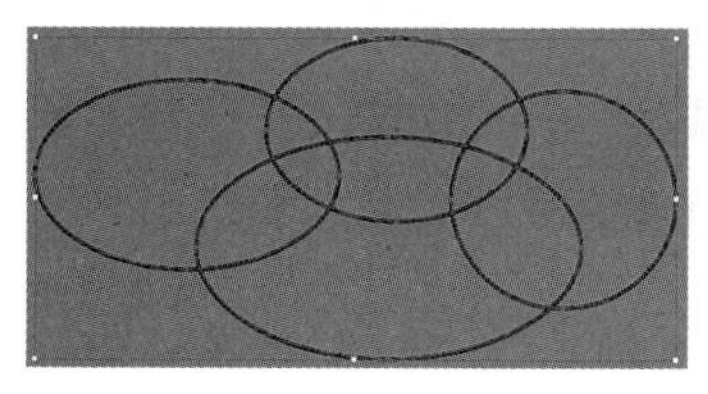
图 3-31

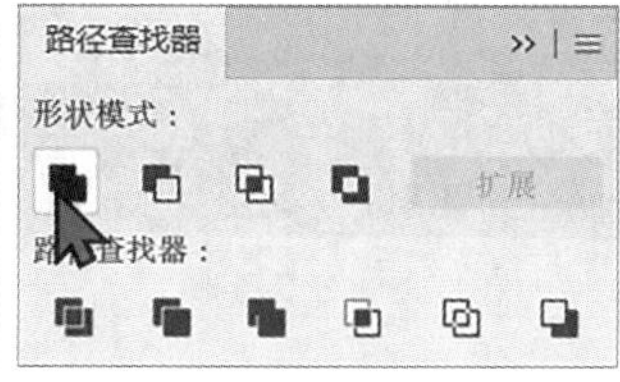

图 3-32

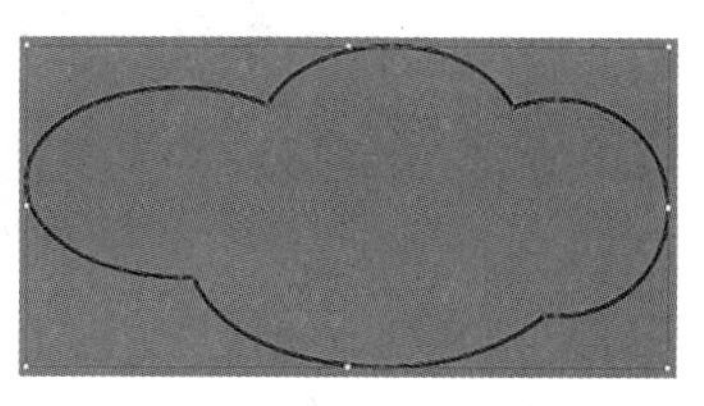
图 3-33

（3）输入图形填充色的 C、M、Y、K 的值为“62”“0”“0”“0”，填充图形，并设置图形描边色为无，如图 3-34 所示。依次按组合键 Ctrl+C 和 Ctrl+F，原位复制一个图形，按住组合键 Shift+Alt，光标移至复制图形的锚点处，拖曳光标，向内等比例缩小图形，填充图形为白色，效果如图 3-35 所示。

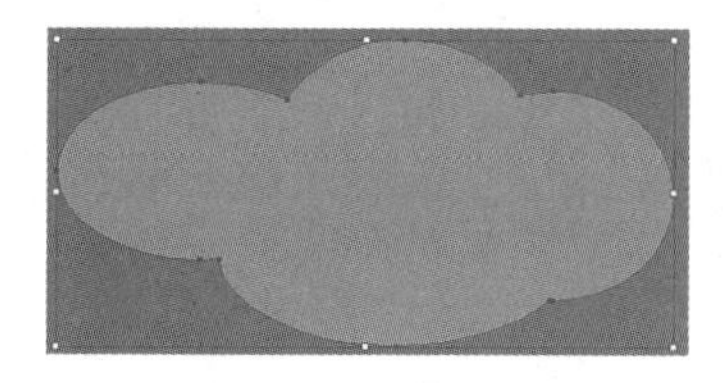
图 3-34

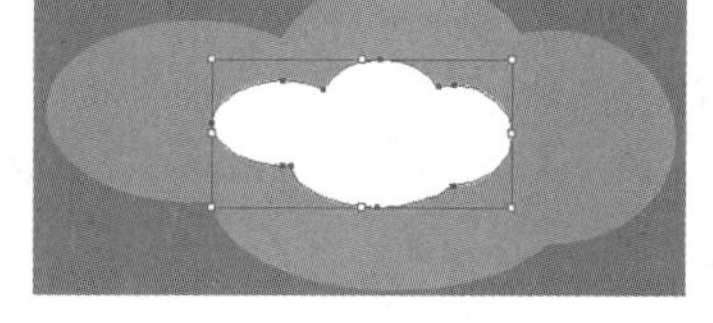
图 3-35

（4）选择“选择工具”，框选两个云彩图形，将其全部选取，如图 3-36 所示。在“透明度”控制面板中进行参数设置，如图 3-37 所示，效果如图 3-38 所示。

图 3-36

图 3-37

图 3-38

（5）双击“混合工具”，弹出“混合选项”对话框，在对话框中进行参数设置，如图 3-39 所示，单击“确定”按钮，分别在两个云彩图形上单击，效果如图 3-40 所示。

图 3-39

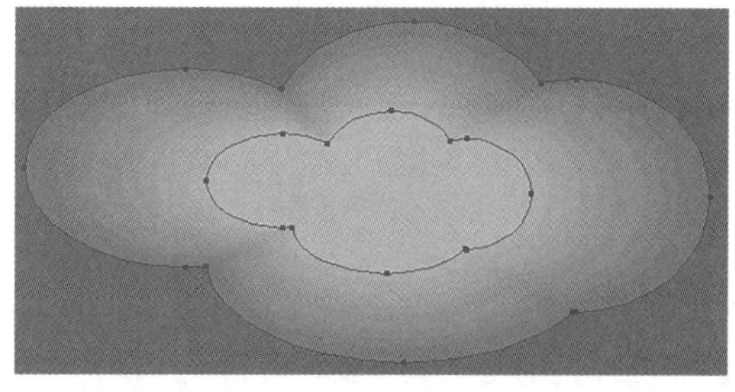
图 3-40

（6）依次按组合键 Ctrl+C 和 Ctrl+F，重复操作，原位复制多个图形，选择“选择工具”，分别拖曳图形到适当的位置并调整其大小，效果如图 3-41 所示。

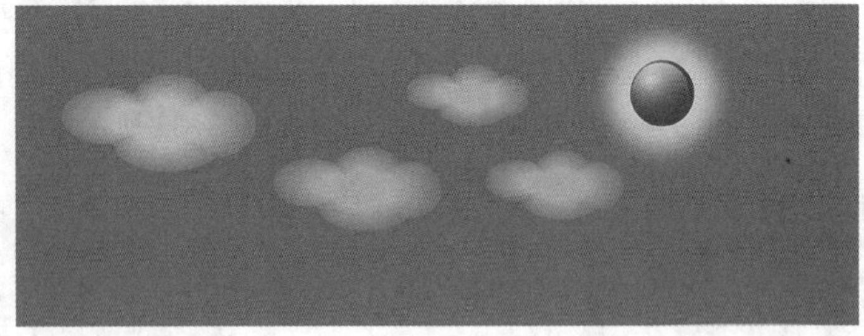

图 3-41

4. 添加房子图形

（1）选择“窗口”菜单→“符号库”→“徽标元素”命令，弹出“徽标元素”控制面板，选择需要的符号图形，如图 3-42 所示，拖曳符号图形到页面中并调整其大小，效果如图 3-43 所示。

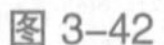

图 3-42

图 3-43

（2）双击“镜像工具”，弹出“镜像”对话框，在对话框中进行参数设置，如图 3-44 所示，单击“确定”按钮，效果如图 3-45 所示。

图 3-44

图 3-45

5. 绘制树图形

（1）选择“钢笔工具”，绘制一个图形，如图 3-46 所示。输入图形填充色的 C、M、Y、K 的值为“62”“60”“93”“18”，填充图形，并设置图形描边色为无，效果如图 3-47 所示。

（2）选择“椭圆工具”，按住 Shift 键，绘制一个圆形，如图 3-48 所示。

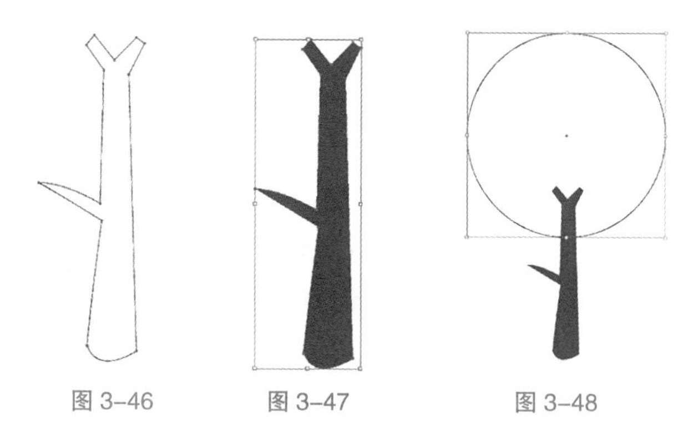

图 3-46　图 3-47　图 3-48

（3）在“渐变”控制面板中的色带上设置两个渐变滑块，分别将渐变滑块的位置设置为0%、100%，并从左至右依次输入两个渐变滑块的C、M、Y、K的值为“35”、“0”、“100”、“0”，“73”、“0”、“100”、“0”，其他选项设置如图 3-49 所示，图形被填充为渐变色，设置描边色为无，效果如图 3-50 所示。

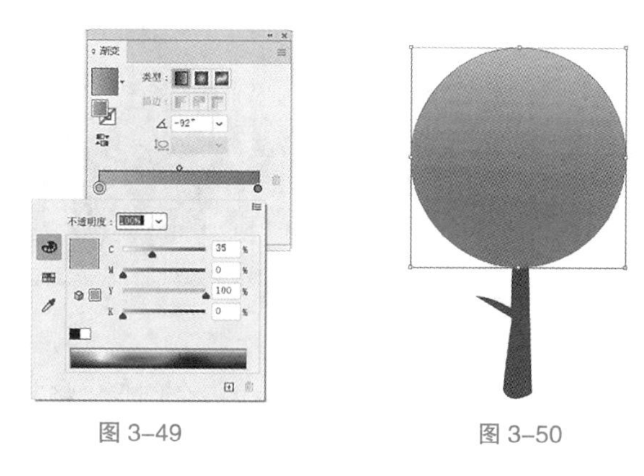

图 3-49　图 3-50

（4）选择“椭圆工具”，绘制一个椭圆形，如图 3-51 所示。输入图形填充色的 C、M、Y、K 的值为“60”“0”“100”“0”，填充图形，并设置图形描边色为无，效果如图 3-52 所示。

（5）选择“椭圆工具”，绘制一个椭圆形，如图 3-53 所示。填充椭圆形为白色，并设置描边色为无，效果如图 3-54 所示。

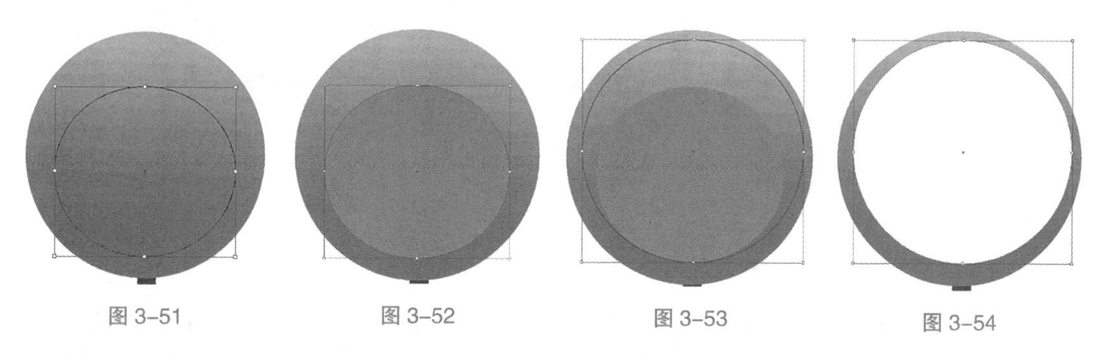

图 3-51　图 3-52　图 3-53　图 3-54

（6）打开“透明度”控制面板，单击“制作蒙版”按钮后，单击可以编辑不透明蒙版的显示框，其他选项设置如图 3-55 所示。

（7）选择“矩形工具”，在椭圆形上绘制一个矩形，打开“渐变”控制面板，选中色带左侧的渐变滑块，将其设置为白色，选中色带右侧的渐变滑块，将其设置为黑色，其他选项设置如图 3–56 所示，建立半透明效果，如图 3–57 所示。

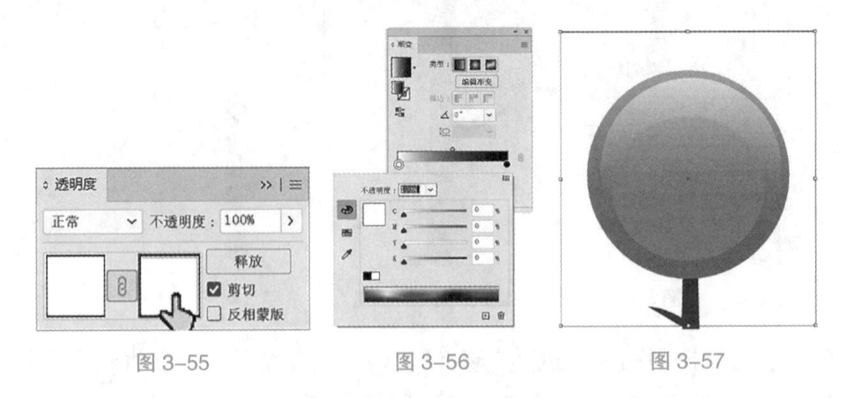

图 3–55　　图 3–56　　图 3–57

（8）在“透明度”控制面板中，单击可以停止编辑不透明蒙版的显示框，如图 3–58 所示，效果如图 3–59 所示。

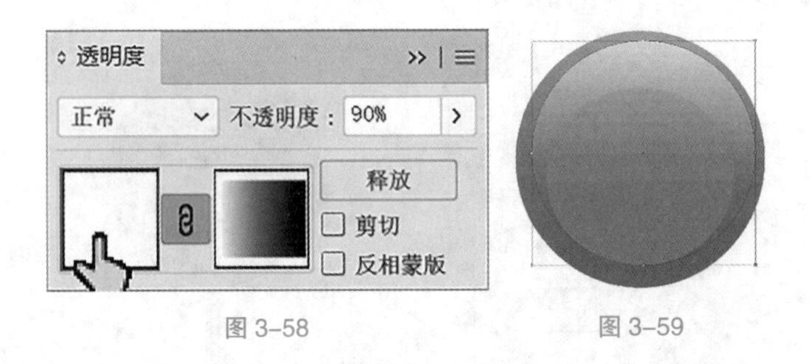

图 3–58　　图 3–59

（9）选择“选择工具”，框选两个椭圆形和一个圆形，将其全部选取，按组合键 Ctrl+G，将其编组，如图 3–60 所示。

（10）选择“椭圆工具”，绘制一个椭圆形，如图 3–61 所示。输入图形填充色的 C、M、Y、K 的值为“37”“0”“79”“0”，填充图形，并设置图形描边色为无，效果如图 3–62 所示。

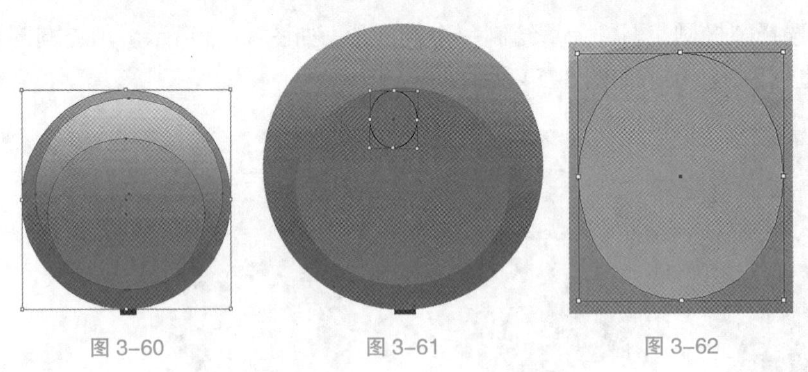

图 3–60　　图 3–61　　图 3–62

（11）依次按组合键 Ctrl+C 和 Ctrl+F，原位复制一个椭圆形，选择“选择工具”，拖曳椭圆形到适当的位置并调整其大小，输入图形填充色的 C、M、Y、K 的值为“61”“5”“84”“0”，填充图形，效果如图 3–63 所示。

（12）选择“选择工具”，选取步骤（10）和步骤（11）中绘制的两个椭圆形，按组合键 Ctrl+G，将其编组，效果如图 3–64 所示。

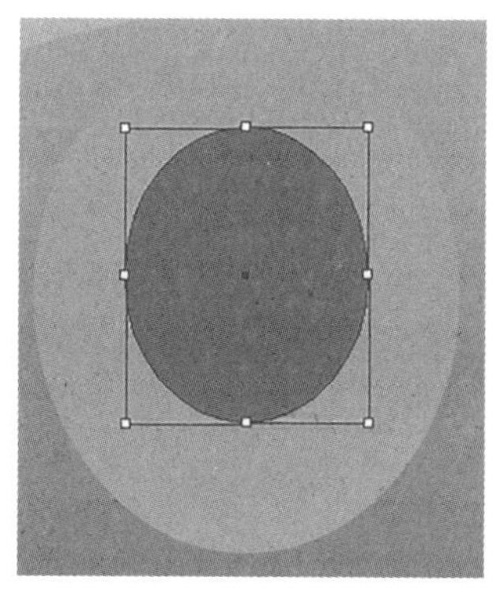

图 3-63

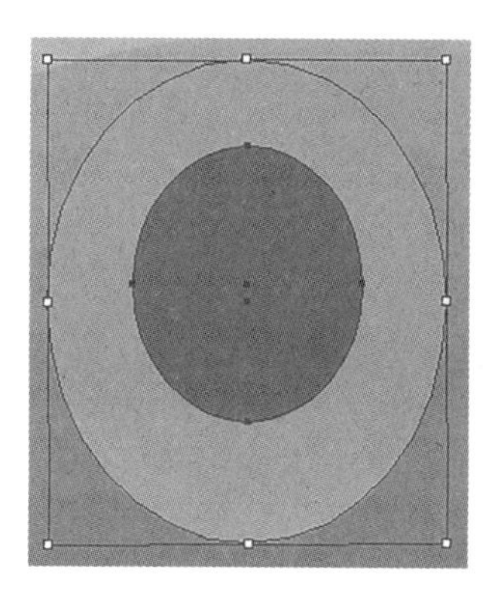

图 3-64

（13）在“透明度”控制面板中，进行参数设置，如图 3-65 所示，效果如图 3-66 所示。

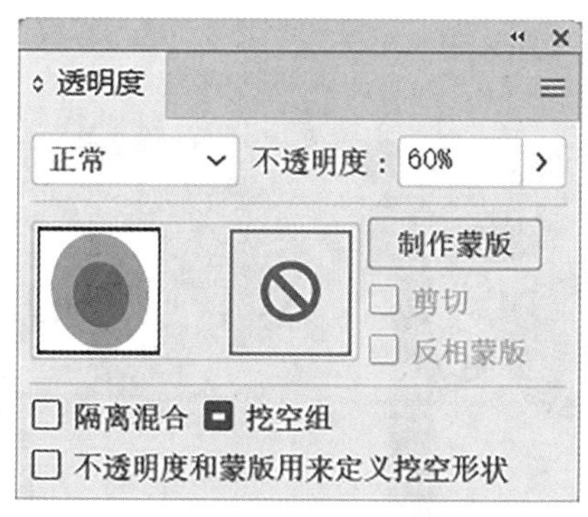

图 3-65

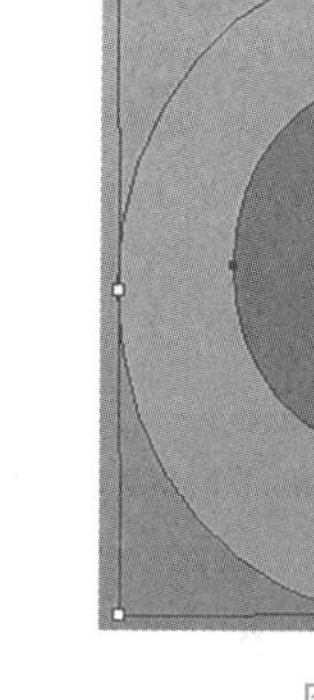

图 3-66

（14）双击“旋转工具”，弹出“旋转”对话框，在对话框中进行参数设置，如图 3-67 所示，单击“确定”按钮，效果如图 3-68 所示。

（15）依次按组合键 Ctrl+C 和 Ctrl+F，重复操作，原位复制多个图形，选择“选择工具”，分别拖曳图形到适当的位置，并旋转到适当的角度，调整大小，效果如图 3-69 所示。

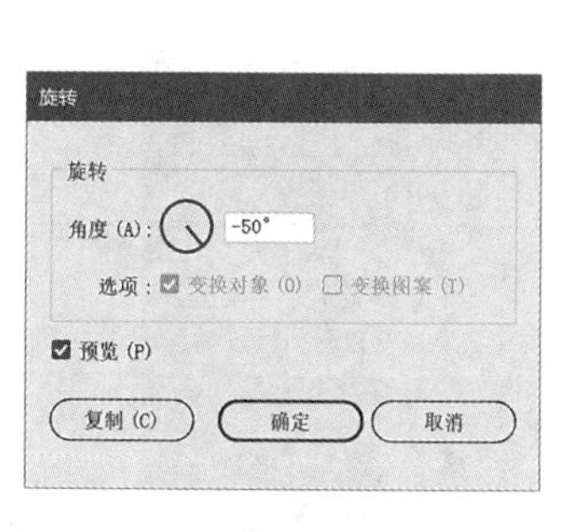

图 3-67

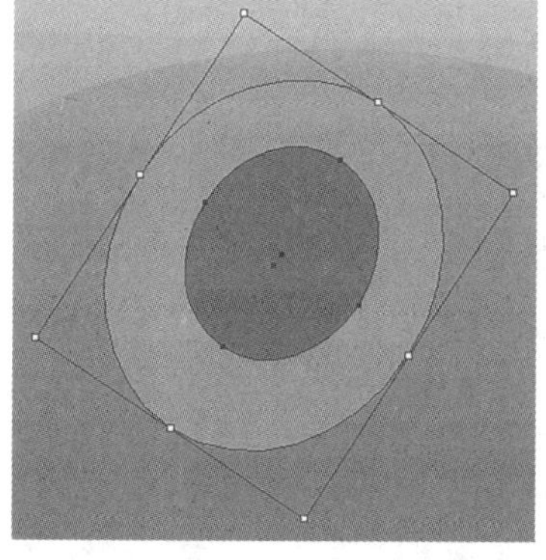

图 3-68

图 3-69

（16）选择“选择工具”，按住 Shift 键，单击绘制树图形过程中的椭圆形和圆形，将其全部选取，按组合键 Ctrl+G，将其编组，如图 3-70 所示。按组合键 Ctrl+Shift+[，将编组后的图形置于底层，效果如图 3-71 所示。

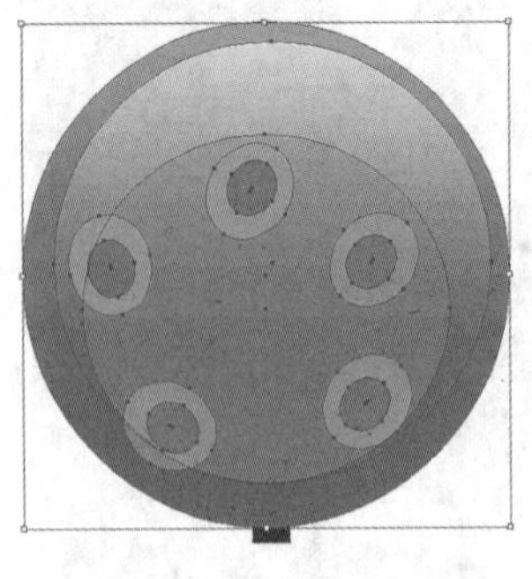
图 3-70

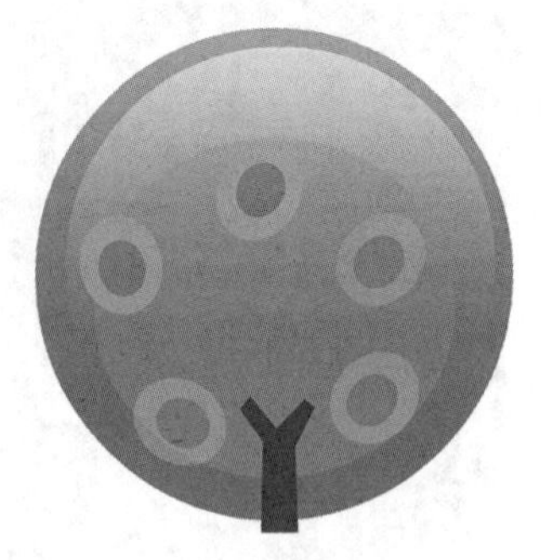
图 3-71

（17）依次按组合键 Ctrl+C 和 Ctrl+F，原位复制一个图形，如图 3-72 所示。选择“选择工具”，拖曳图形到适当的位置，调整其大小并旋转到适当的角度，效果如图 3-73 所示。

（18）依次按组合键 Ctrl+C 和 Ctrl+F，原位复制一个图形，选择“选择工具”，拖曳图形到适当的位置并调整其大小，效果如图 3-74 所示。

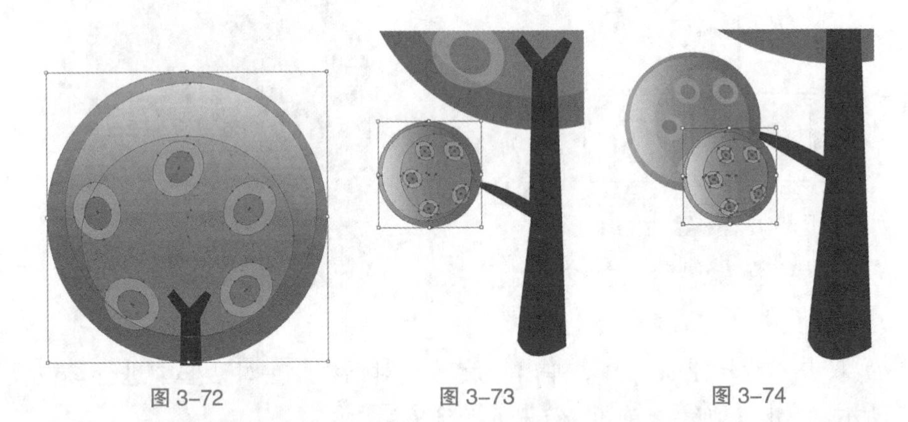
图 3-72　图 3-73　图 3-74

（19）选择“选择工具”，用框选的方法将树图形同时选取，按组合键 Ctrl+G，将其编组，如图 3-75 所示。拖曳图形到适当的位置并调整其大小，效果如图 3-76 所示。

（20）按住 Alt 键，单击树图形并拖曳鼠标左键，复制多个树图形，调整其大小，效果如图 3-77 所示。

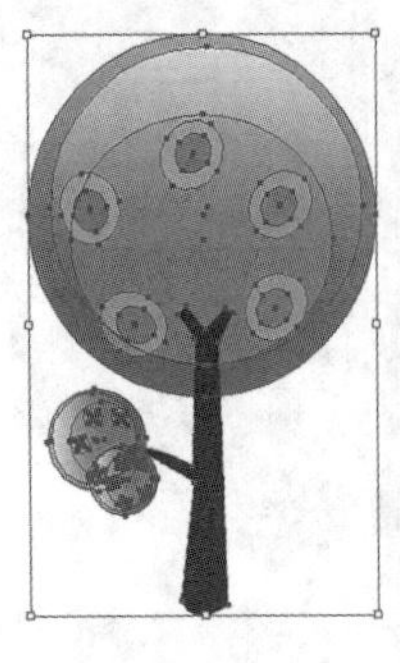
图 3-75

图 3-76

图 3-77

6. 绘制花图形

（1）选择“多边形工具”，在页面中单击，弹出“多边形”对话框，在对话框中进行参数设置，如图 3-78 所示，单击“确定”按钮，得到一个多边形，如图 3-79 所示。

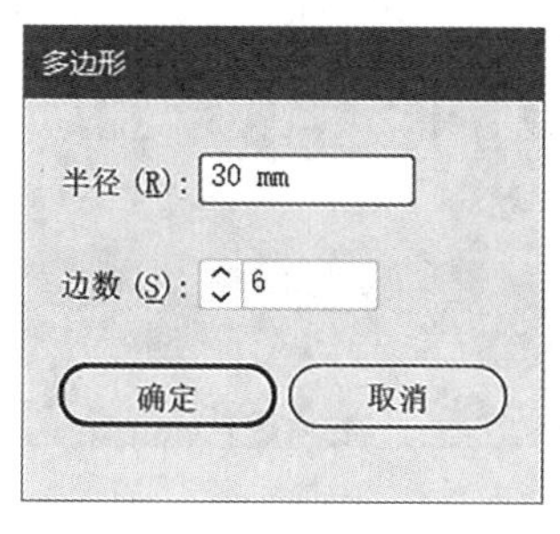

图 3-78

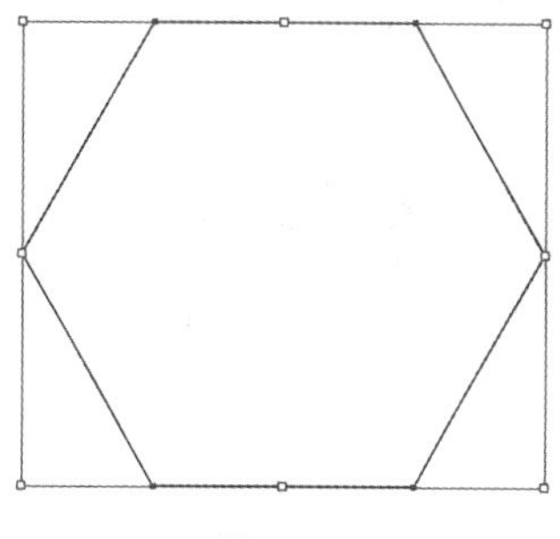

图 3-79

（2）选择“效果”菜单→“扭曲和变换”→“收缩和膨胀”命令，弹出“收缩和膨胀”对话框，在对话框中进行参数设置，如图 3-80 所示，单击“确定”按钮，效果如图 3-81 所示。

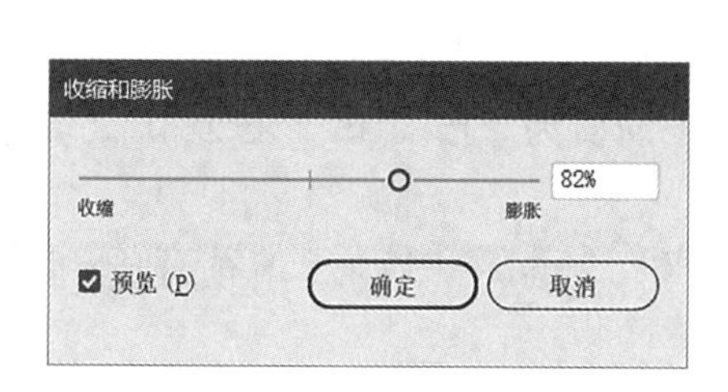

图 3-80

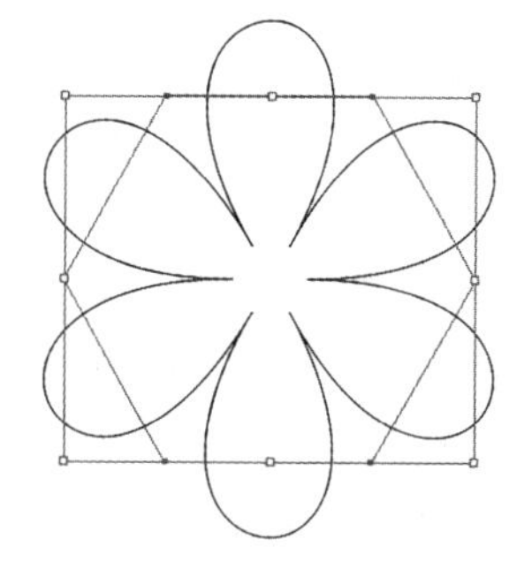

图 3-81

（3）输入图形填充色的 C、M、Y、K 的值为“0”“76”“54”“0”，填充图形，并设置图形描边色为无，效果如图 3-82 所示。

（4）选择“椭圆工具”，按住 Shift 键，绘制一个圆形，输入圆形填充色的 C、M、Y、K 的值为“8”“0”“84”“0”，填充圆形，并设置圆形描边色为无，效果如图 3-83 所示。

（5）选择“选择工具”，用框选的方法将花图形同时选取，按组合键 Ctrl+G，将其编组，如图 3-84 所示。拖曳花图形到适当的位置并调整其大小，效果如图 3-85 所示。

（6）选择“矩形工具”，按住 Shift 键，绘制一个正方形，如图 3-86 所示。

（7）选择“效果”菜单→“扭曲和变换”→“收缩和膨胀”命令，弹出“收缩和膨胀”对话框，在对话框中进行参数设置，如图 3-87 所示，单击“确定”按钮，效果如图 3-88 所示。

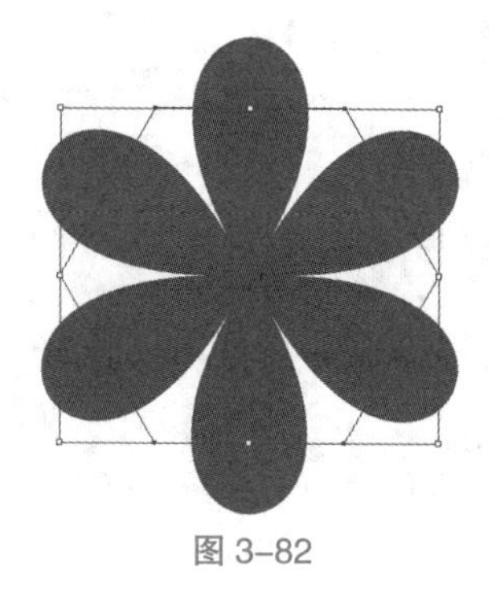

图 3-82

图 3-83

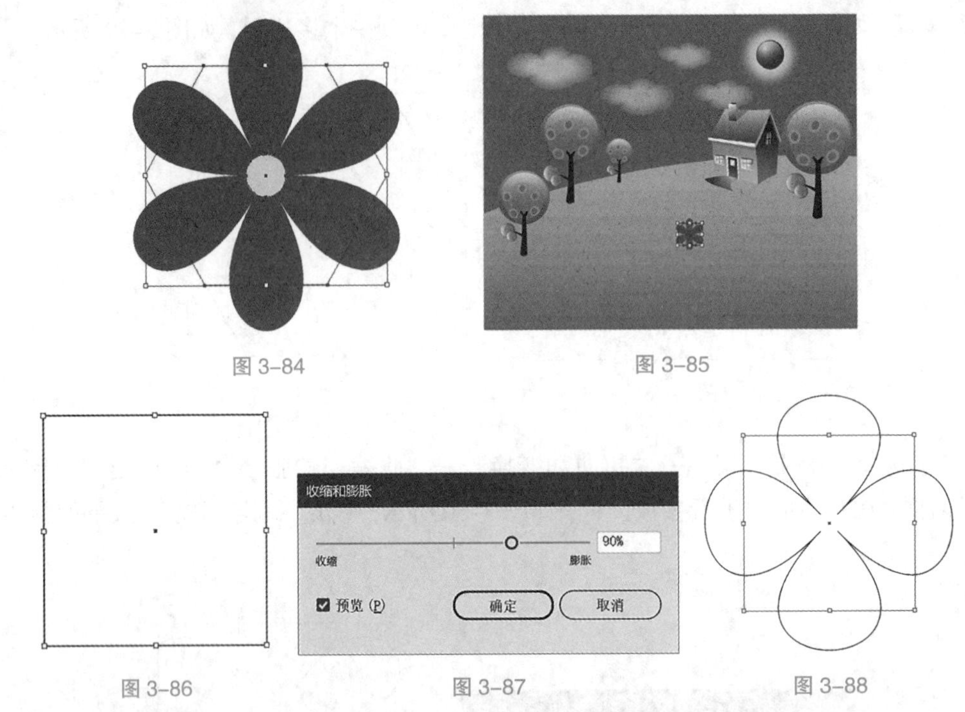

图 3-84 图 3-85

图 3-86 图 3-87 图 3-88

（8）输入图形填充色的 C、M、Y、K 的值为“15”“0”“85”“0”，填充图形，并设置图形描边色为无，效果如图 3-89 所示。

（9）选择“椭圆工具” ，按住 Shift 键，绘制一个圆形，填充圆形为白色，并设置描边色为无，效果如图 3-90 所示。

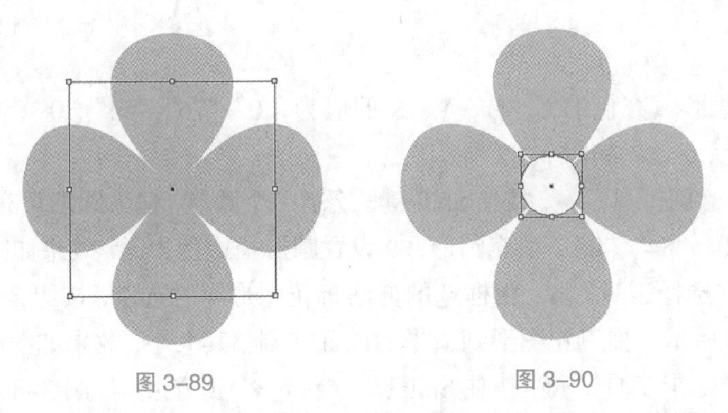

图 3-89 图 3-90

（10）选择“选择工具” ，用框选的方法将图 3-90 中的花图形同时选取，按组合键 Ctrl+G，将其编组，如图 3-91 所示。拖曳图形到适当的位置并调整其大小，效果如图 3-92 所示。

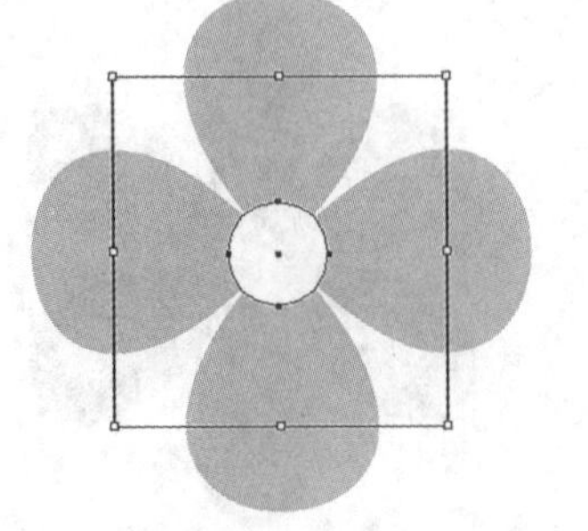

图 3-91 图 3-92

（11）选取花图形，分别复制并拖曳花图形到适当的位置，调整其大小并填充适当的颜色，效果如图 3-93 所示。

（12）风景插画绘制完成，效果如图 3-94 所示。

图 3-93

图 3-94

3.1.4 相关工具

1.“透明度”控制面板

透明度是 Illustrator CC 中对象的一个重要外观属性。Illustrator CC 的透明度设置可以使绘图页面上的对象呈现完全透明、半透明或不透明状态。在“透明度”控制面板中，可以给对象添加不透明度，还可以改变混合模式，从而制作出新的效果。

选择“窗口”菜单→“透明度”命令，其组合键为 Shift+Ctrl+F10，弹出“透明度”控制面板，如图 3-95 所示。单击控制面板右上方的图标≡，在弹出的菜单中选择“显示缩览图”命令，可以将“透明度”控制面板中的缩览图显示出来，如图 3-96 所示。在弹出的菜单中选择“显示选项”命令，可以将“透明度”控制面板中的选项显示出来，如图 3-97 所示。

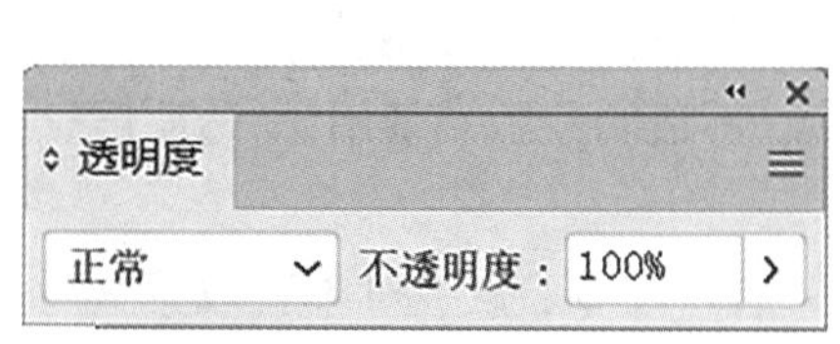

图 3-95

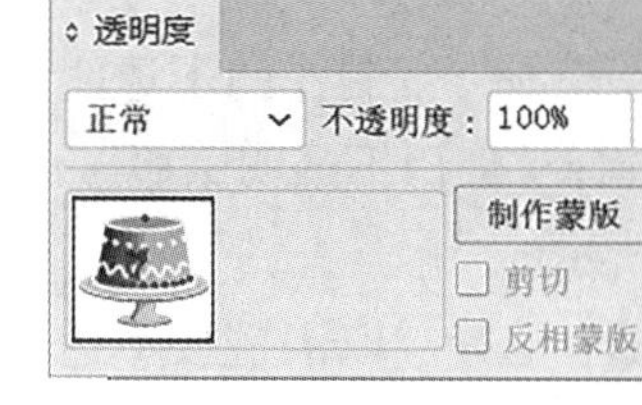

图 3-96

图 3-97

1）表面属性

在图 3-98 所示的“透明度”控制面板中，当前选中对象的缩略图出现在其中。当“不透明度”选项设置为不同的数值时，效果如图 3-99 所示（默认状态下，对象是完全不透明的）。

图 3-98

不透明度值为 0 时　　不透明度值为 50 时　　不透明度值为 100 时

图 3-99

“隔离混合”选项：可以使不透明度设置只影响当前组合或图层中的其他对象。

“挖空组”选项：可以使不透明度设置不影响当前组合或图层中的其他对象，但背景对象仍然受影响。

“不透明度和蒙版用来定义挖空形状”选项：可以使用不透明度蒙版来定义对象的不透明度所产生的效果。

选中“图层”控制面板中要改变不透明度的图层，单击图层，将其定义为目标图层，在“透明度”控制面板的“不透明度”选项中调整不透明度的数值，此时的调整会影响到整个图层的不透明度，包括此图层中已有的对象和将来绘制的任何对象。

2）菜单命令

单击“透明度”控制面板右上方的图标☰，弹出菜单，如图 3-100 所示。

“建立不透明蒙版”命令可以将蒙版的不透明度设置应用到它所覆盖的所有对象中。

在绘图页面中选中对象，如图 3-101 所示，选择“建立不透明蒙版”命令并选中不透明蒙版，绘制相应图形，“透明度”控制面板的显示如图 3-102 所示，制作不透明蒙版的效果如图 3-103 所示。

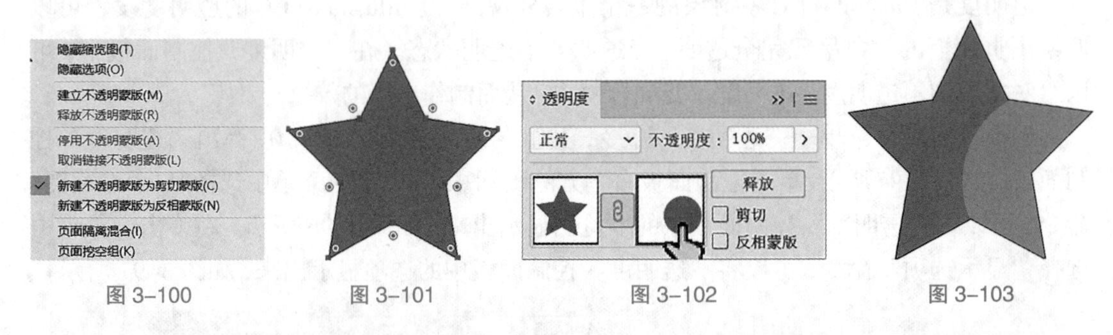

图 3-100　　图 3-101　　图 3-102　　图 3-103

选择“释放不透明蒙版”命令，制作的不透明蒙版将被释放，对象恢复原来的效果。选中制作的不透明蒙版，选择“停用不透明蒙版”命令，不透明蒙版被禁用，“透明度”控制面板的变化如图 3-104 所示。

选中制作的不透明蒙版，选择“取消链接不透明蒙版”命令，蒙版对象和被蒙版对象之间的链接关系被取消。“透明度”控制面板中，蒙版对象和被蒙版对象缩略图之间的“指示不透明蒙版链接到图稿”按钮转换为“单击可将不透明度蒙版链接到图稿”按钮，如图 3-105 所示。

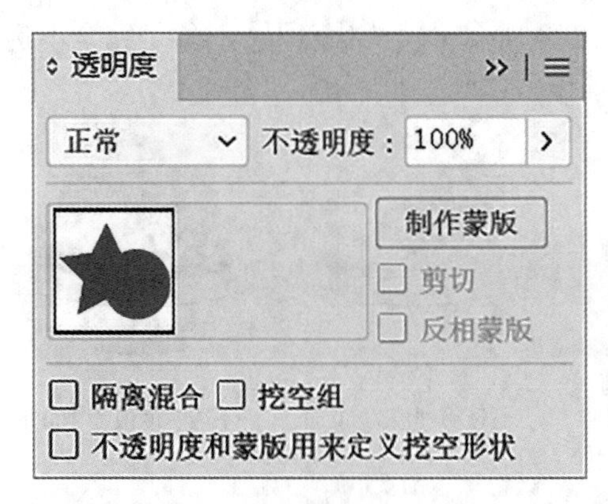

图 3-104

图 3-105

选中制作的不透明蒙版，勾选“透明度”控制面板中的“剪切”复选框，如图 3–106 所示，不透明蒙版的变化效果如图 3–107 所示。勾选“透明度”控制面板中的“反相蒙版”复选框，如图 3–108 所示，不透明蒙版的变化效果如图 3–109 所示。

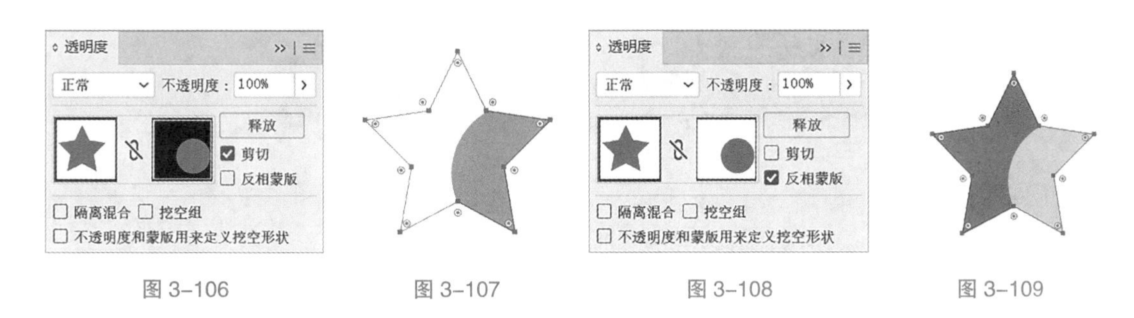

图 3–106　　图 3–107　　图 3–108　　图 3–109

3）混合模式

在“透明度”控制面板中提供了 16 种混合模式，如图 3–110 所示。打开一幅图像，如图 3–111 所示，分别选择不同的混合模式，可以观察到图像的不同变化，效果如图 3–112 所示。

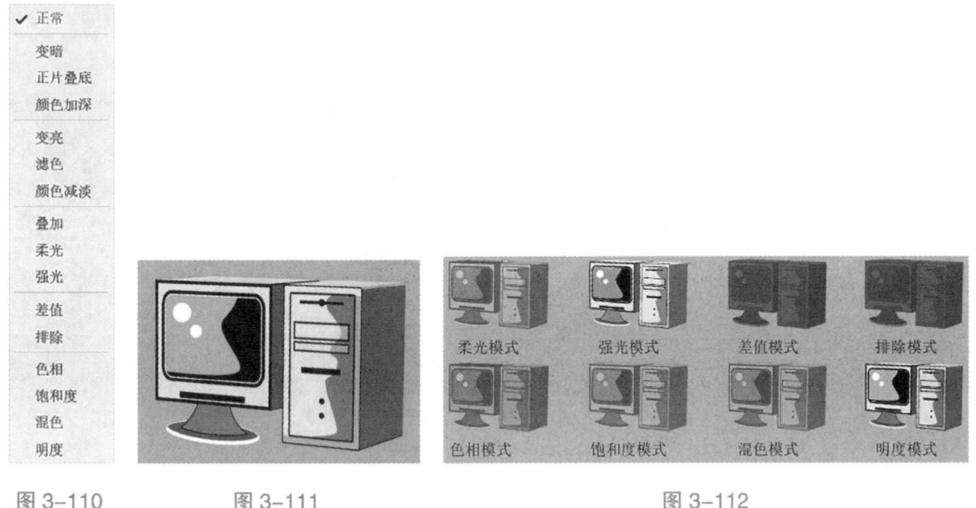

图 3–110　　图 3–111　　图 3–112

2. 符号

符号是一种能存储在“符号”控制面板中，并且在一个插图中可以重复使用的对象。Illustrator CC 提供了“符号”控制面板，专门用来创建、存储和编辑符号。

当需要在一个插图中多次制作同样的对象，并需要对对象进行多次类似的编辑操作时，可以使用符号来完成。这样，可以极大提高效率。例如，在一个网站设计中多次应用到一个按钮的图样，这时将这个按钮的图样定义为符号范例，可以对按钮符号进行重复使用。利用符号体系工具组中的相应工具可以对符号范例进行各种编辑操作。默认设置下的“符号”控制面板如图 3–113 所示。

在插图中如果应用了符号集合，那么当使用“选择工具”选取符号范例时，把整个符号集合同时选中，此时被选中的符号集合只能被移动，而不能被编辑。图 3–114 所示为应用到插图中的符号范例与符号集合。

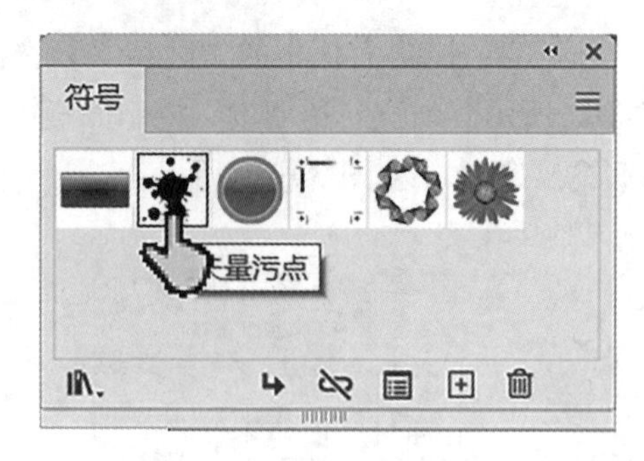

图 3–113

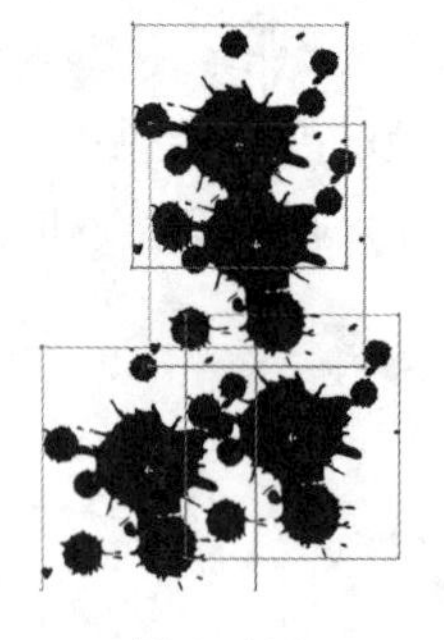

图 3–114

提示：

在 Illustrator CC 中的各种对象，如普通的图形、文本对象、复合路径、渐变网格等均可以被定义为符号。

1）“符号”控制面板

“符号”控制面板具有创建、编辑和存储符号的功能。单击控制面板右上方的图标≡，弹出菜单，如图 3–115 所示。

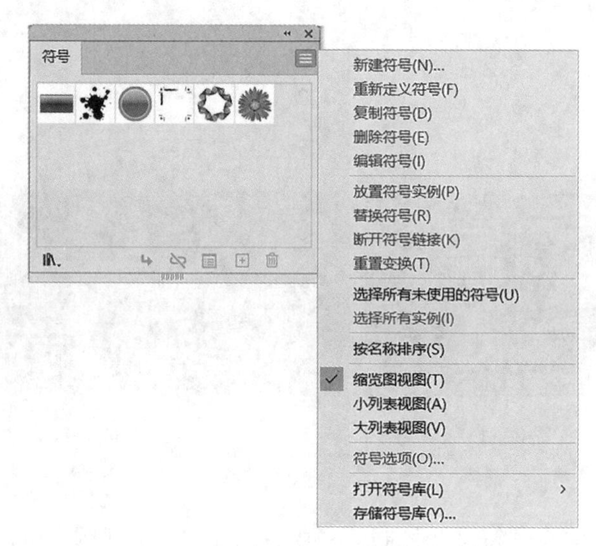

图 3–115

在“符号”控制面板底部有以下 6 个按钮。

“符号库菜单”按钮：包括了多种符合库，可以选择调用。

“置入符号实例”按钮：可以将当前选中的一个符号范例放置在页面的中心。

“断开符号链接”按钮：可以将添加到插图中的符号范例与“符号”控制面板断开链接。

“符号选项”按钮：单击该按钮可以打开“符号选项”对话框，进行设置。

“新建符号”按钮：单击该按钮可以将选中的要定义为符号的对象添加到“符号”控制面板中作为符号。

“删除符号”按钮 ：单击该按钮可以删除“符号”控制面板中被选中的符号。

2）创建符号

单击“新建符号”按钮 可以将选中的要定义为符号的对象添加到“符号”控制面板中作为符号。

将选中的对象直接拖曳到“符号”控制面板中也可以创建符号，如图 3–116 所示。

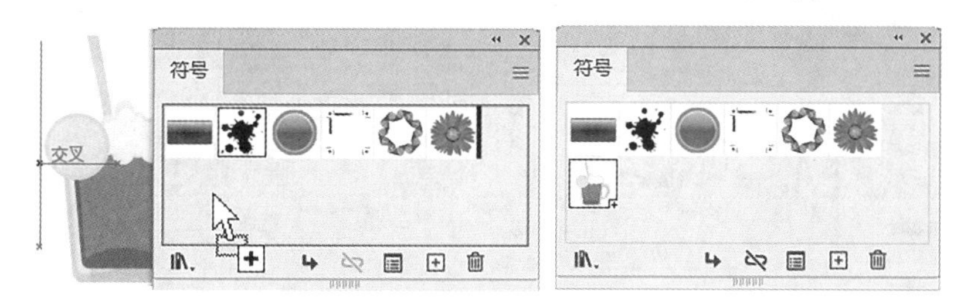

图 3–116

3）应用符号

在“符号”控制面板中选中需要的符号，直接将其拖曳到当前插图中，得到一个符号范例，如图 3–117 所示。

选择“符号喷枪工具” 可以同时创建多个符号范例，并且可以将它们作为一个符号集合。

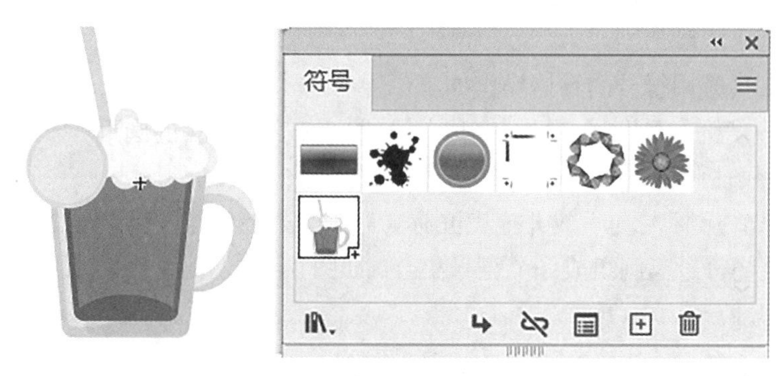

图 3–117

4）符号工具

Illustrator CC 工具箱的符号工具组中提供了 8 个符号工具，展开的符号工具组如图 3–118 所示。

“符号喷枪工具” ：创建符号集合，可以将“符号”控制面板中的符号对象应用到插图中。

“符号移位器工具” ：移动符号范例。

“符号紧缩器工具” ：对符号范例进行缩紧变形。

“符号缩放器工具” ：对符号范例进行放大操作；按住 Alt 键，可以对符号范例进行缩小操作。

“符号旋转器工具” ：对符号范例进行旋转操作。

“符号着色器工具” ：使用当前颜色为符号范例填色。

“符号滤色器工具” ：增大符号范例的透明度；按住 Alt 键，可以减小符号范例的透明度。

“符号样式器工具”：将当前样式应用到符号范例中。

设置符号工具的属性，可双击任意一个符号工具将弹出“符号工具选项”对话框，如图 3-119 所示。

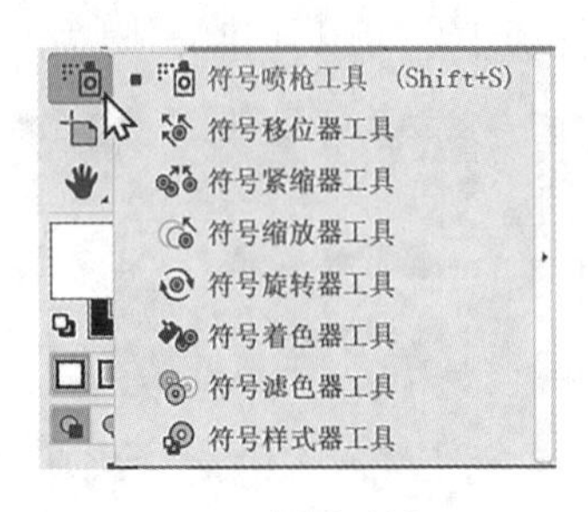

图 3-118

图 3-119

“直径”选项：设置笔刷直径数值。这里的笔刷指的是选取符号工具后光标的形状。

“强度”选项：设定拖曳鼠标时，符号范例随鼠标变化的速度，数值越大，被操作的符号范例变化越快。

“符号组密度”选项：设定符号集合中包含符号范例的密度，数值越大，符号集合所包含的符号范例的数目就越多。

“显示画笔大小和强度”复选框：勾选该复选框，在使用符号工具时可以看到笔刷，不勾选该复选框则隐藏笔刷。

使用符号工具应用符号的具体操作如下。

选择“符号喷枪工具”，光标变成一个中间有喷壶形状的圆形，如图 3-120 所示。在“符号”控制面板中选取一种需要的符号对象，如图 3-121 所示。

在页面上按住鼠标左键不放并拖曳光标，“符号喷枪工具”沿着拖曳的轨迹喷射出多个符号范例，这些符号范例组成一个符号集合，如图 3-122 所示。

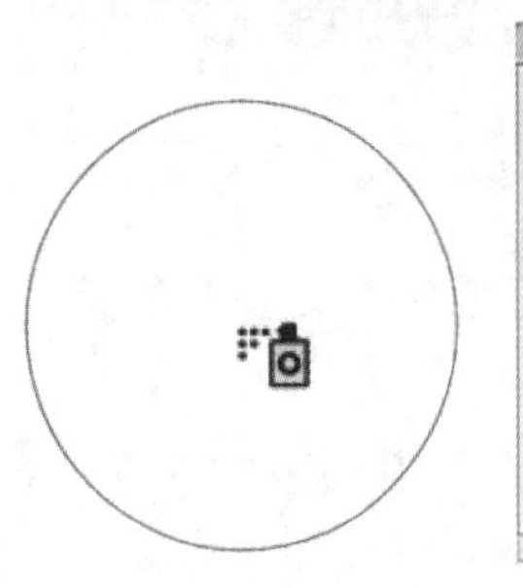

图 3-120

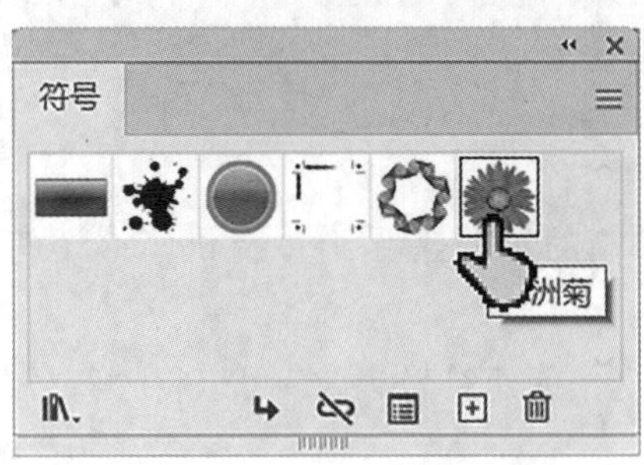

图 3-121

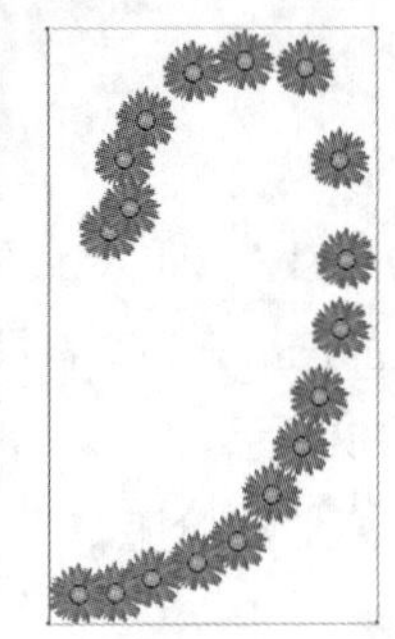

图 3-122

使用“选择工具”选中符号集合，再选择“符号移位器工具”，将光标移到要移动的符号范例上按住鼠标左键不放并拖曳光标，在光标经过的区域中的符号范例随光标移动，如图 3-123 所示。

使用“选择工具”选中符号集合，选择“符号紧缩器工具”，将光标移到要紧缩的符号范例上，按住鼠标左键不放并拖曳光标，符号范例被紧缩，如图 3-124 所示。

使用“选择工具”选中符号集合，选择“符号缩放器工具”，将光标移到要调整的符号范例上，按住鼠标左键不放并拖曳光标，在光标经过的区域中的符号范例变大，如图 3-125 所示；按住 Alt 键，则可缩小符号范例。

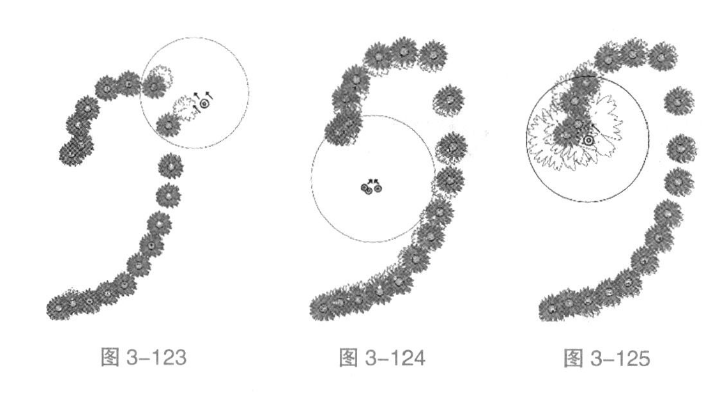

图 3-123　　图 3-124　　图 3-125

使用“选择工具”▶选中符号集合，选择“符号旋转器工具”，将光标移到要旋转的符号范例上，按住鼠标左键不放并拖曳光标，在光标经过的区域中的符号范例发生旋转，如图 3-126 所示。

在“色板”控制面板或“颜色”控制面板中设定一种颜色作为当前色，使用“选择工具”▶选中符号集合，选择“符号着色器工具”，将光标移到要填充颜色的符号范例上，按住鼠标左键不放并拖曳光标，在光标经过的区域中的符号范例被填充上当前色，如图 3-127 所示。

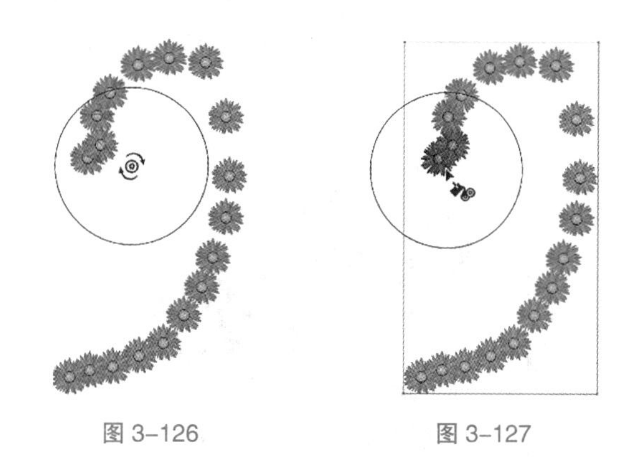

图 3-126　　图 3-127

使用“选择工具”▶选中符号集合，选择“符号滤色器工具”，将光标移到要改变透明度的符号范例上，按住鼠标左键不放并拖曳光标，在光标经过的区域中的符号范例的透明度增大，如图 3-128 所示；按住 Alt 键，可以减小符号范例的透明度。

使用“选择工具”▶选中符号集合，选择“符号样式器工具”，选择“窗口”菜单→“图形样式”命令，在“图形样式”控制面板中选中一种样式，将光标移到要改变样式的符号范例上，按住鼠标左键不放并拖曳光标，在光标经过的区域中的符号范例被改变样式，如图 3-129 所示。

使用“选择工具”▶选中符号集合，选择“符号喷枪工具”，按住 Alt 键，在要删除的符号范例上按住鼠标左键不放并拖曳光标，在光标经过的区域中的符号范例被删除，如图 3-130 所示。

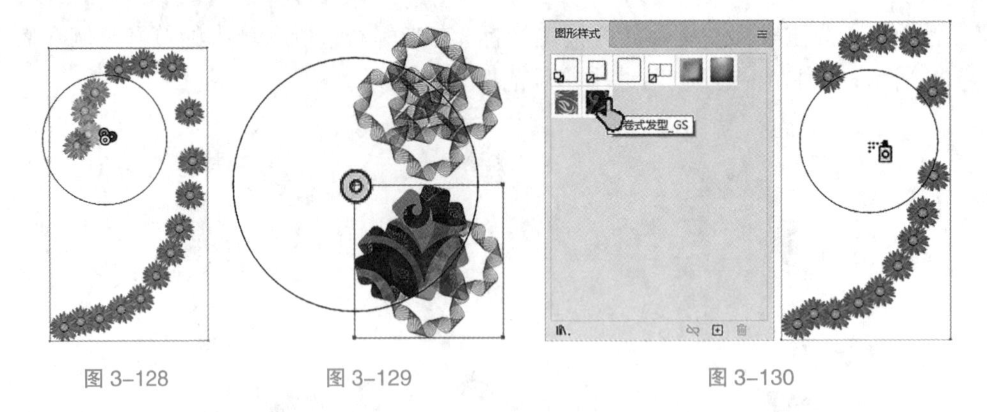

图 3–128　　图 3–129　　图 3–130

3. 编组

使用“编组”命令，可以将多个对象组合在一起使其成为一个对象。使用“选择工具”，选取要编组的对象，编组之后，单击任何一个对象，其他对象都会被一起选取。

1）创建组合

选取要编组的对象，如图 3–131 所示，选择“对象”菜单→“编组”命令（组合键为 Ctrl+G），将选取的对象组合，组合后的对象，选择其中的任何一个对象，其他的对象也会被同时选取，如图 3–132 所示。

将多个对象组合后，其外观并没有变化，当对任何一个对象进行编辑时，其他对象也随之产生相应的变化。如果需要单独编辑组合中的个别对象，而不改变其他对象的状态，可以应用“编组选择工具”进行选取。选择“编组选择工具”，单击要移动的对象并按住鼠标左键不放，拖曳对象到合适的位置，效果如图 3–133 所示，其他的对象并没有变化。

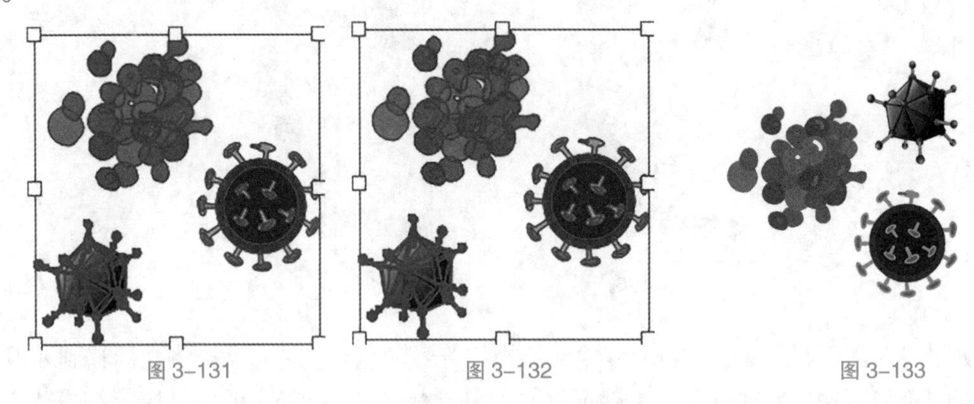

图 3–131　　图 3–132　　图 3–133

“编组”命令还可以将几个不同的组合进行进一步的组合，或在组合与对象之间进行进一步的组合。在几个组合之间进行组合时，原来的组合并没有消失，它与新得到的组合是嵌套的关系。组合不同图层上的对象，组合后所有的对象将自动移动到最上边对象的图层中，并形成组合。

2）取消组合

选取要取消组合的对象，如图 3–134 所示。选择“对象”菜单→“取消编组”命令（组合键为 Shift+Ctrl+G），对象取消组合。取消组合后的对象，可通过单击选取任意一个对象，如图 3–135 所示。

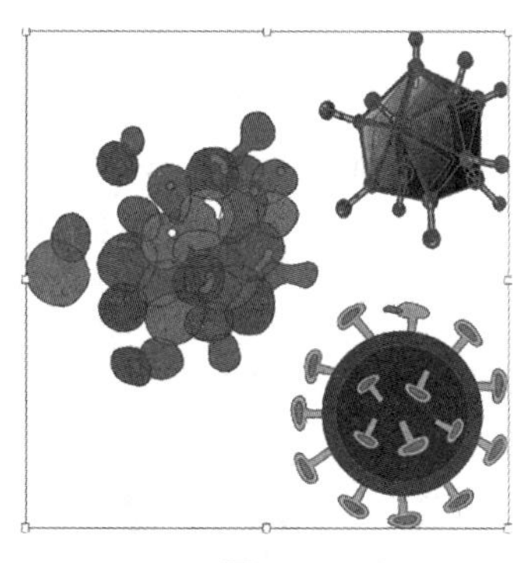

图 3-134

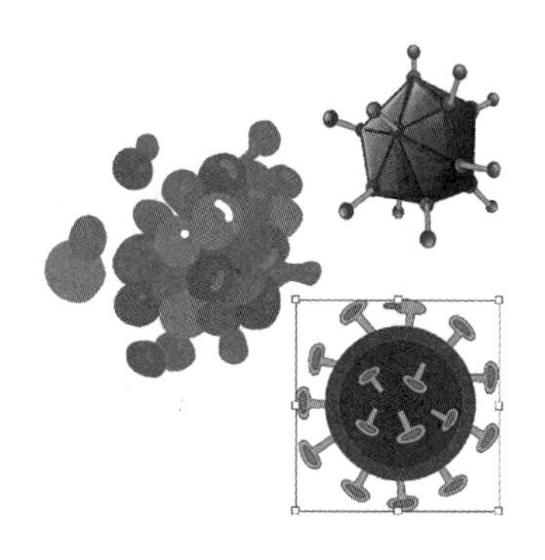
图 3-135

进行一次“取消编组”命令只能取消一层组合，例如，两个组合使用“编组”命令得到一个新的组合，应用“取消编组”命令取消这个新组合后，得到两个原始的组合。

3.1.5　实战演练——制作生日蛋糕插画

使用“矩形工具”“椭圆工具”绘制背景，使用“符号”控制面板添加“庆祝”符号，使用“文字工具”添加祝福文字。最终效果如图 3-136 所示。

图 3-136

视频 3-2

 3.2 绘制丰收的田野插画

3.2.1　案例分析

本案例绘制的是丰收的田野插画，插画中描绘的是一片丰收的田野，有成熟的南瓜、可爱的小蜗牛等，以拟人化手法表现出丰收的喜悦。

3.2.2 设计理念

使用太阳、天空、群山和土地烘托出自然风景的优美，使用夸张的大南瓜展现出丰收的喜悦和可爱轻松的氛围，使用在农场中常见的各种动物和植物展现出生机勃勃、多彩多姿的农场生活场景。画面中的造型可爱活泼，颜色丰富饱满。最终效果如图 3–137 所示。

图 3–137

3.2.3 操作步骤

视频 3–3

1. 制作底图

（1）打开“Ch03”→“素材”→“绘制丰收的田野插画”→“01”、“02”文件，进入“02”文件页面，按 Ctrl+A 组合键，将所有图形选取，按 Ctrl+C 组合键，复制图形。打开“01”文件，按 Ctrl+V 组合键，将图形粘贴到页面中，并拖曳到适当的位置，调整大小，效果如图 3–138 所示。选择“矩形工具” ，绘制一个与页面大小相等的矩形，将其置于最顶层，如图 3–139 所示。

图 3–138

图 3–139

（2）选择“选择工具” ，框选图形，将其全部选取，按 Ctrl+7 组合键，建立剪切蒙版，效果如图 3–140 所示。

图 3-140

（3）选择“椭圆工具” ，绘制一个椭圆形，输入填充色的 C、M、Y、K 的值分别为“7”“61”“92”“0”，填充图形，并设置描边色为无。

（4）选择“钢笔工具” ，绘制多个图形。选择“选择工具” ，按住 Shift 键的同时，单击“钢笔工具”绘制的图形，将其全部选取，输入填充色的 C、M、Y、K 的值分别为“37”“80”“100”“2”，填充图形，并设置描边色为无，效果如图 3-141 所示。

（5）选择“椭圆工具” ，绘制一个椭圆形，输入填充色的 C、M、Y、K 的值分别为“45”“88”“100”“14”，填充图形，并设置描边色为无，效果如图 3-142 所示。选择“钢笔工具” ，绘制一个图形，填充和椭圆形相同的颜色，效果如图 3-143 所示。

图 3-141

图 3-142

图 3-143

2. 添加自然符号

（1）选择“钢笔工具” ，按住 Shift 键的同时，绘制出一条直线段，设置描边色为白色，效果如图 3-144 所示。选择“窗口”菜单→“符号库”→“自然”命令，弹出“自然”控制面板，选择需要的符号，如图 3-145 所示，拖曳符号到适当的位置并调整其大小，效果如图 3-146 所示。

图 3-144

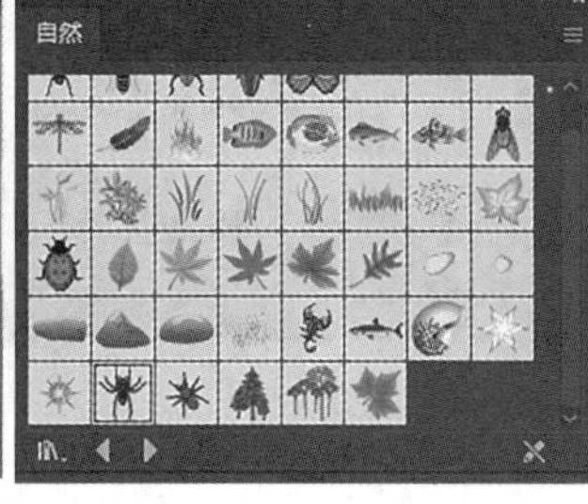

图 3-145

图 3-146

（2）选择“窗口”菜单→“符号库”→“提基”命令，弹出“提基”控制面板，选择需要的符号，如图3-147所示，拖曳符号到适当的位置并调整其大小，效果如图3-148所示。

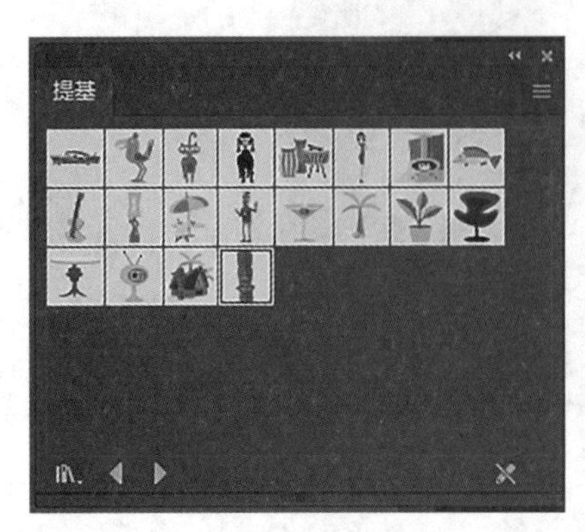

图 3-147

图 3-148

（3）在“提基”控制面板中，选择需要的符号，如图 3-149 所示，拖曳符号到适当的位置并调整其大小，效果如图 3-150 所示。

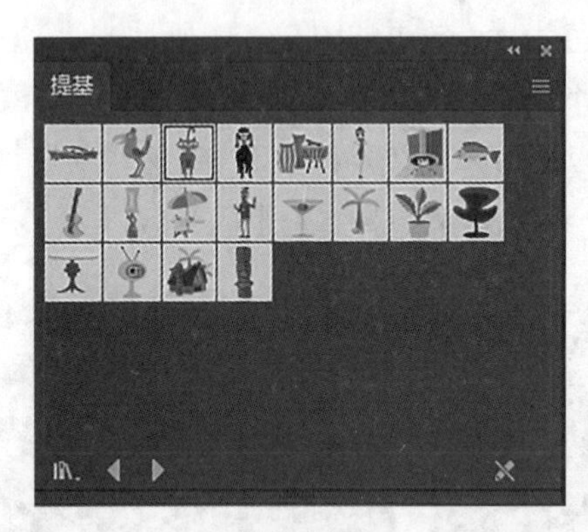

图 3-149

图 3-150

（4）打开“Ch03”→“素材”→“绘制丰收的田野插画”→“03”文件，按 Ctrl+A 组合键，将所有图形选取，按 Ctrl+C 组合键，复制图形。进入“01”文件的页面中，按 Ctrl+V 组合键，将图形粘贴到页面中，并拖曳到适当的位置，如图 3-151 所示。

图 3-151

（5）选择“矩形工具” ，绘制一个矩形，效果如图 3-152 所示。框选图形，将其全部选取，按 Ctrl+7 组合键，建立剪切蒙版，效果如图 3–153 所示。

图 3–152

图 3–153

（6）选择“窗口”菜单→“符号库”→“自然”命令，弹出“自然”控制面板，选择需要的符号，如图 3–154 所示，拖曳符号到合适的位置，调整其大小，效果如图 3–155 所示。

（7）选择“选择工具”▶，选取草丛符号，同时按住 Alt 键并拖曳符号，复制符号，调整其大小且拖曳符号到适当的位置，效果如图 3–156 所示。

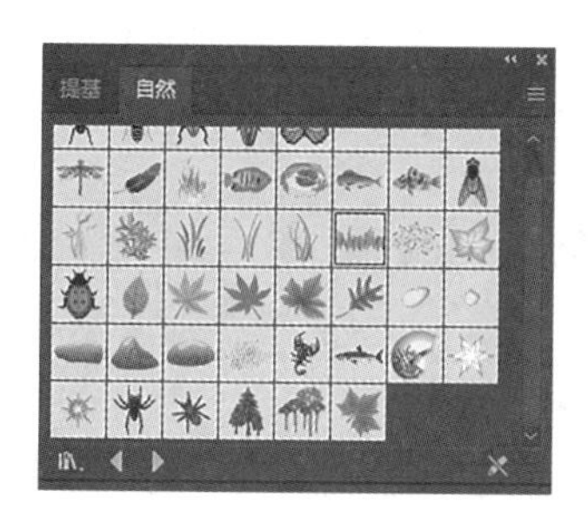

图 3–154

图 3–155

图 3–156

（8）选择“窗口”菜单→“符号库”→“自然”命令，弹出“自然”控制面板，选择需要的符号，如图 3–157 所示，拖曳符号到适当的位置，调整其大小，效果如图 3–158 所示。

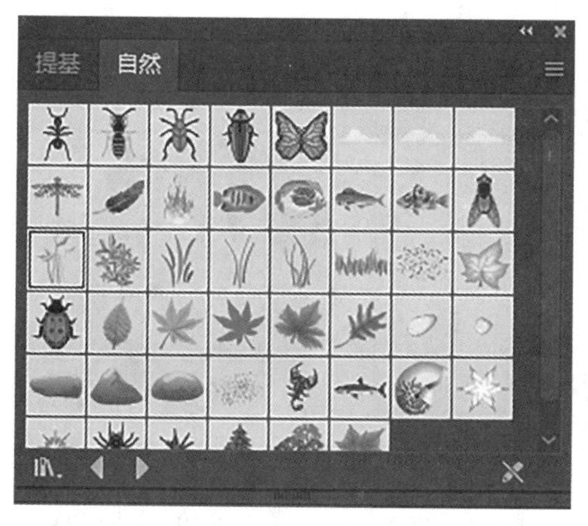

图 3–157

图 3–158

3. 绘制太阳和蜗牛

（1）选择“椭圆工具” ，按住 Shift 键的同时，绘制一个圆形，输入填充色的 C、M、Y、K 的值分别为“5”“17”“87”“0”，填充图形，设置描边色为无，效果如图 3-159 所示。双击“晶格化工具” ，弹出“晶格化工具选项”对话框，数值设置如图 3-160 所示，在圆形中心处长按，效果如图 3-161 所示。

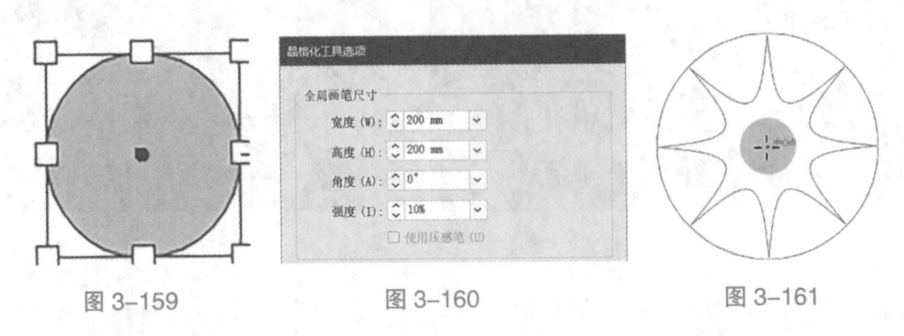

图 3-159　　图 3-160　　图 3-161

（2）双击“晶格化工具” ，弹出“晶格化工具选项”对话框，数值设置如图 3-162 所示，在圆形中心处长按，效果如图 3-163 所示。选择“椭圆工具” ，按住 Shift 键的同时，绘制一个圆形，如图 3-164 所示，输入填充色的 C、M、Y、K 的值分别为“4”“1”“43”“0”，填充图形，设置描边颜色为无，效果如图 3-165 所示。

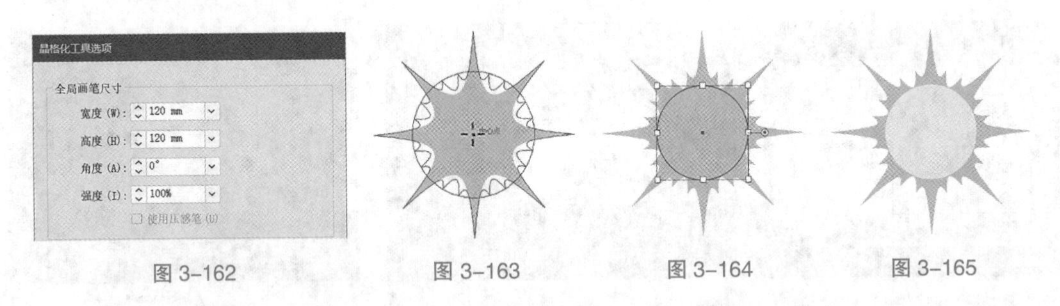

图 3-162　　图 3-163　　图 3-164　　图 3-165

（3）选择“选择工具” ，用框选的方法将太阳图形同时选取，按 Ctrl+G 组合键，将其编组，拖曳太阳图形到适当的位置，如图 3-166 所示。选择“椭圆工具” ，按住 Shift 键的同时，绘制一个圆形，如图 3-167 所示，输入填充色的 C、M、Y、K 的值分别为“57”“51”“100”“5”，填充图形，设置描边色为无，效果如图 3-168 所示。

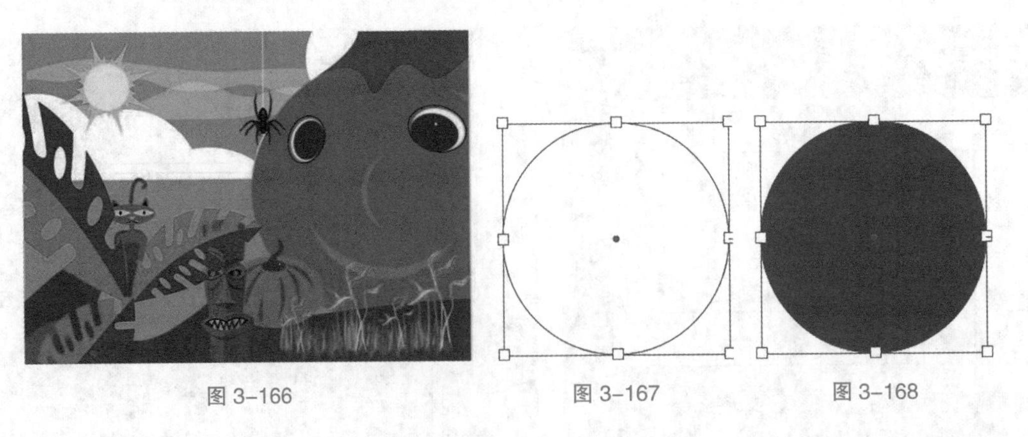

图 3-166　　图 3-167　　图 3-168

（4）选择“螺旋线工具” ，绘制出螺旋线，输入描边色的 C、M、Y、K 的值均为“0”，填充螺旋线描边，在工具属性栏中将“描边粗细”选项设置为 1 pt，效果如图 3-169 所示。

（5）选择“钢笔工具”，绘制一个图形，如图 3-170 所示，输入填充色的 C、M、Y、K 的值分别为“65”“81”“100”“55”，填充图形，并设置描边色为无，效果如图 3-171 所示。

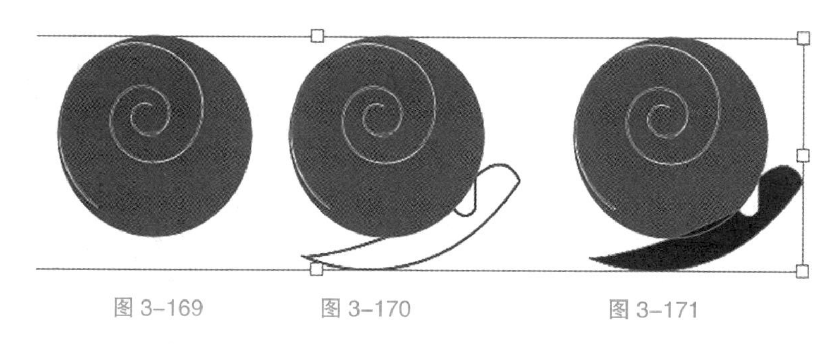

图 3-169　图 3-170　图 3-171

（6）选择“矩形工具”，绘制一个矩形并旋转其角度，填充和步骤（5）中的图形相同的颜色，设置描边色为无，效果如图 3-172 所示。选择“椭圆工具”，按住 Shift 键的同时，绘制一个圆形，填充和矩形相同的颜色，效果如图 3-173 所示。

（7）选择“选择工具”，用框选的方法将矩形和圆形同时选取，按住 Alt 键的同时，拖曳图形到适当的位置，复制图形并将其旋转，效果如图 3-174 所示。选择“选择工具”，用框选的方法将蜗牛图形同时选取，按 Ctrl+G 组合键，将其编组，拖曳到适当的位置并调整大小，丰收的田野插画绘制完成，如图 3-175 所示。

图 3-172　图 3-173　图 3-174　图 3-175

3.2.4 相关工具

1. 绘制直线段

1）拖曳鼠标绘制直线段

选择“直线段工具”，在页面中需要的位置单击并按住鼠标左键不放，拖曳光标到需要的位置，释放鼠标左键，绘制出一条任意角度的直线段，效果如图 3-176 所示。

选择“直线段工具”，按住 Shift 键，在页面中需要的位置单击并按住鼠标左键不放，拖曳光标到需要的位置，释放鼠标左键，绘制出水平、垂直或 45° 角及其整数倍角度的直线段，效果如图 3-177 所示。

选择“直线段工具”，按住 Alt 键，在页面中需要的位置单击并按住鼠标左键不放，拖曳光标到需要的位置，释放鼠标左键，绘制出以鼠标单击点为中心的直线段（由单击点向两边延伸）。

选择“直线段工具”，按住 ~ 键，在页面中需要的位置单击并按住鼠标左键不放，拖曳光标到需要的位置，释放鼠标左键，绘制出多条直线段（系统自动设置），效果如图 3–178 所示。

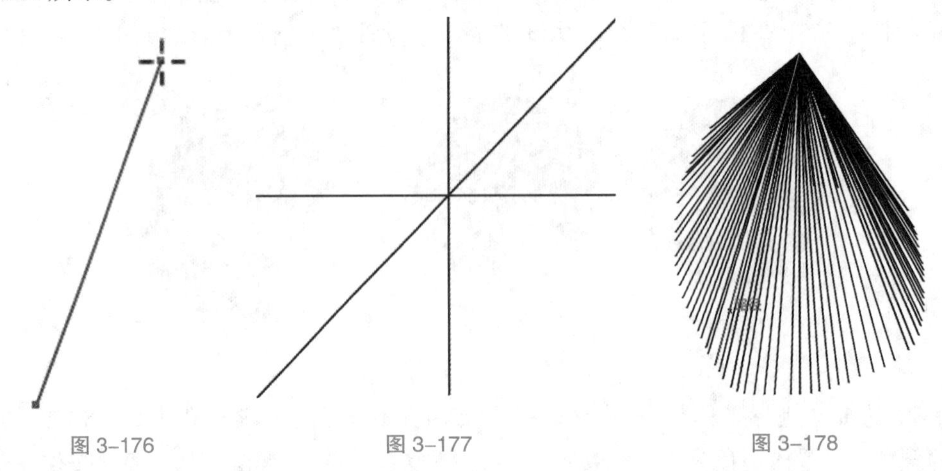

图 3–176　　图 3–177　　图 3–178

2）精确绘制直线段

选择“直线段工具” ，在页面中需要的位置单击，或双击“直线段工具” ，都将弹出“直线段工具选项”对话框，如图 3–179 所示。在对话框中，“长度”选项可以设置直线段的长度，“角度”选项可以设置直线段的倾斜度，勾选“线段填色”复选框可以填充直线段组成的图形颜色，对话框的设置如图 3–180 所示。设置完成后，单击“确定”按钮，得到如图 3–181 所示的直线段。

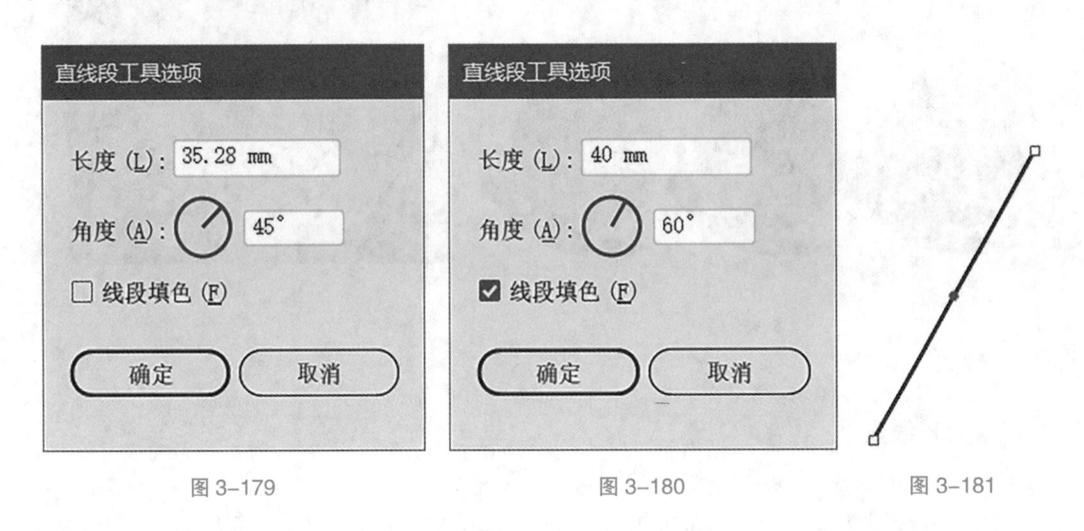

图 3–179　　图 3–180　　图 3–181

2. 剪切蒙版

将一个对象制作为蒙版后，对象的内部变得完全透明，这样就可以显示下面的被蒙版对象，同时也可以遮挡住不需要显示或打印的部分。

1）制作图像蒙版

（1）使用“建立”命令制作图像蒙版。

选择“文件”菜单→“置入”命令，在弹出的“置入”对话框中选择图像文件，如图 3–182 所示，单击“置入”按钮，图像出现在页面中，选择“椭圆工具” ，在图像上绘制一个椭圆形作为蒙版，如图 3–183 所示。

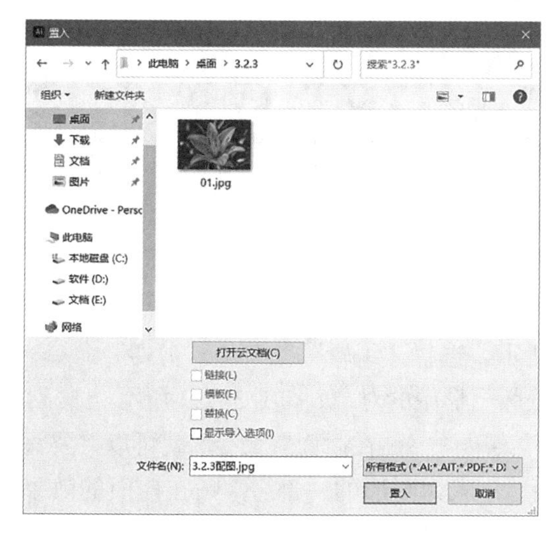

图 3-182

图 3-183

使用“选择工具”，同时选中图像和椭圆形，如图 3-184 所示（作为蒙版的图形必须在图像的上面）。选择“对象”菜单→“剪切蒙版”→“建立”命令（组合键为 Ctrl+7），制作出蒙版效果，如图 3-185 所示。

图 3-184　　图 3-185

（2）使用鼠标右键的弹出式命令制作图像蒙版。

使用“选择工具”，选中图像和椭圆形，在选中的对象上单击鼠标右键，在弹出的菜单中选择“建立剪切蒙版”命令，制作出蒙版效果。

（3）使用“图层”控制面板中的命令制作图像蒙版。

使用“选择工具”，选中图像和椭圆形，单击“图层”控制面板右上方的图标，在弹出的菜单中选择“建立剪切蒙版”命令，制作出蒙版效果。

2）查看蒙版

使用“选择工具”，选中蒙版图像，如图 3-186 所示。单击“图层”控制面板右上方的图标，在弹出的菜单中选择“定位对象”命令，“图层”控制面板如图 3-187 所示，可以在“图层”控制面板中查看蒙版状态，也可以编辑蒙版。

3）锁定蒙版

使用“选择工具”，选中需要锁定的蒙版图像，如图 3-188 所示。选择“对象”菜单→“锁定”→“所选对象”命令，可以锁定蒙版图像，效果如图 3-189 所示。

图 3-186　　图 3-187　　图 3-188　　图 3-189

4）添加对象到蒙版

选中要添加到蒙版的对象，如图 3-190 所示。选择“编辑”菜单→“剪切”命令，剪切该对象。使用“直接选择工具”，选中被蒙版图形中的对象，如图 3-191 所示。选择“编辑”菜单→“贴在前面”命令或选择“编辑”菜单→“贴在后面”命令，就可以将要添加的对象粘贴到相应的蒙版图形的前面或后面，并成为图形的一部分，贴在前面的效果如图 3-192 所示。

图 3-190　　图 3-191　　图 3-192

5）删除被蒙版的对象

选中被蒙版的对象，选择“编辑”菜单→“清除”命令或按 Delete 键，即可删除被蒙版的对象；也可以在“图层”控制面板中选中被蒙版对象所在图层，再单击“图层”控制面板底部的“删除所选图层”按钮，删除被蒙版的对象。

3.“风格化”效果组

“风格化”效果组可以增强对象的外观效果，选择“效果”菜单→“风格化”命令，如图 3-193 所示。

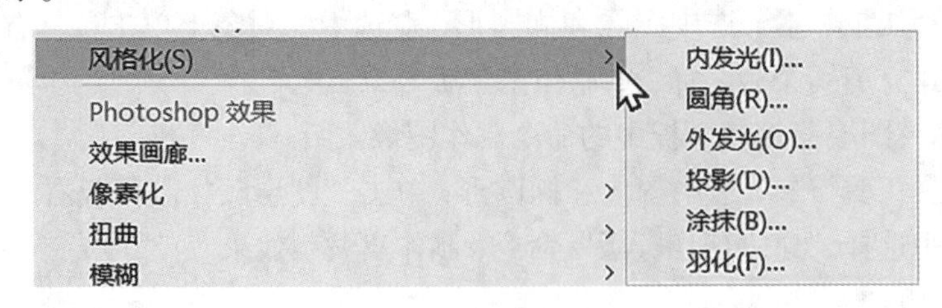

图 3-193

1）“内发光”命令

“内发光”命令可以在对象的内部创建发光的外观效果。选中要添加内发光效果的对象，如图 3-194 所示，选择“效果”菜单→“风格化”→“内发光”命令，在弹出的“内发光”对话框中设置数值，如图 3-195 所示，单击“确定”按钮，对象的内发光效果如图 3-196 所示。

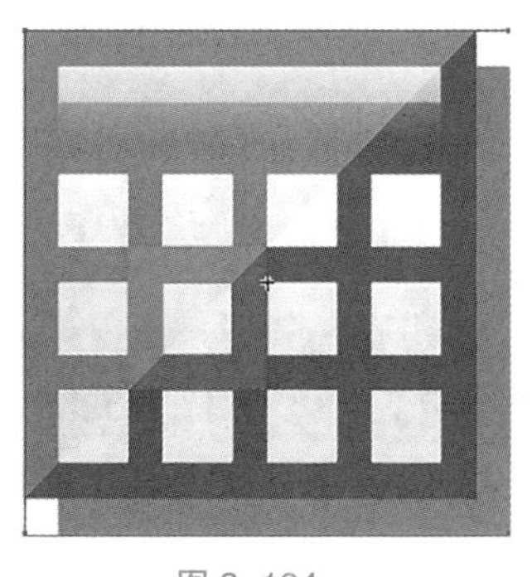

图 3-194

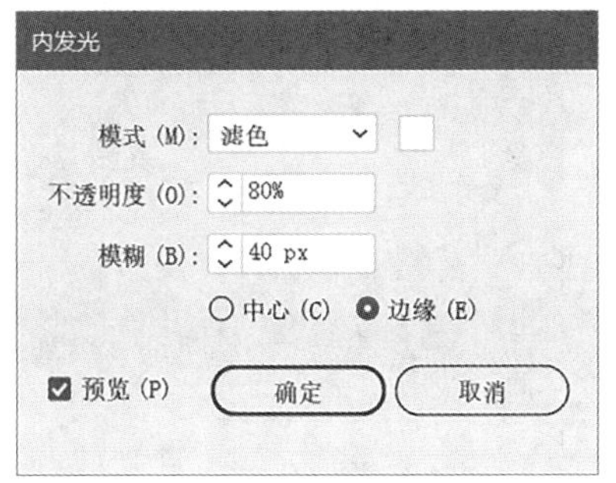

图 3-195

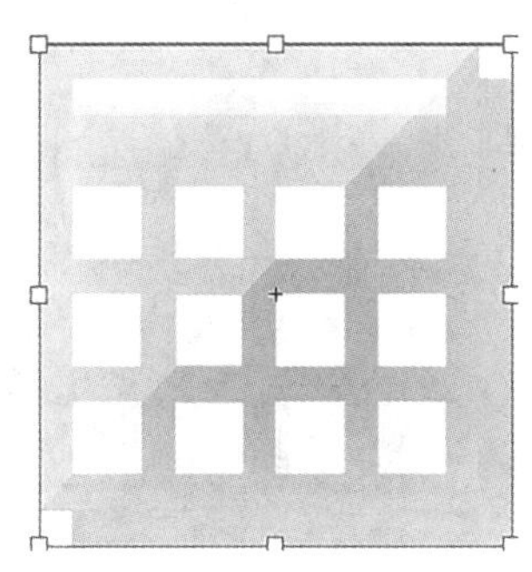

图 3-196

2）“圆角”命令

“圆角”命令可以为对象添加圆角效果。选中要添加圆角效果的对象，如图 3-197 所示，选择“效果”菜单→“风格化”→“圆角”命令，在弹出的“圆角”对话框中设置数值，如图 3-198 所示，单击“确定”按钮，对象的圆角效果如图 3-199 所示。

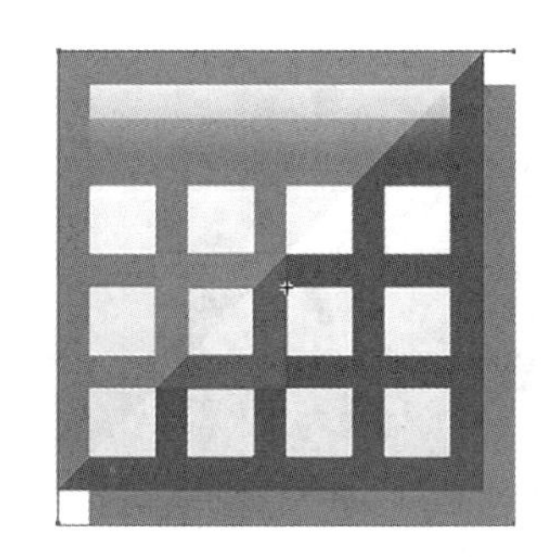

图 3-197

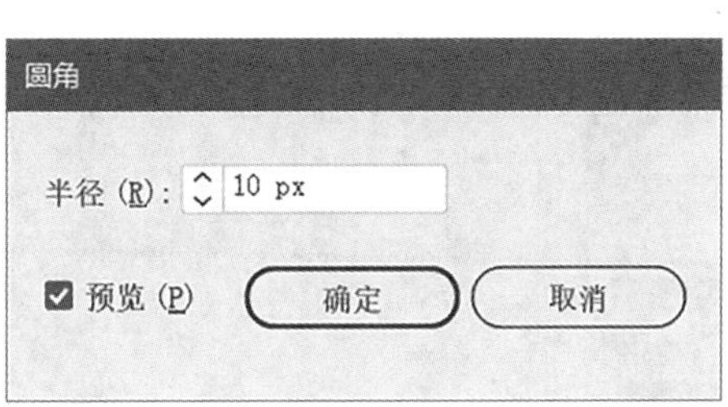

图 3-198

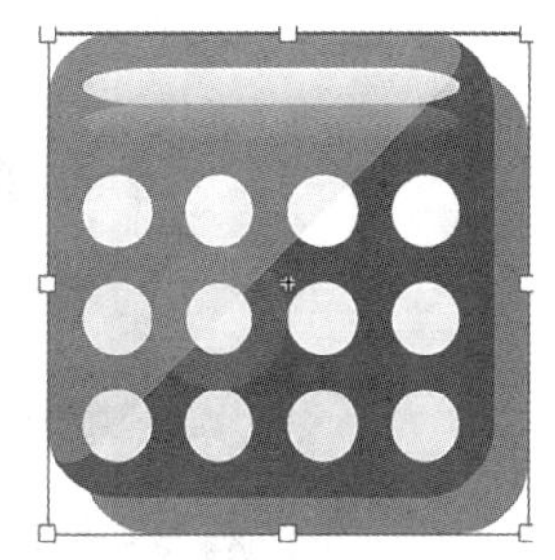

图 3-199

3）“外发光”命令

“外发光”命令可以在对象的外部创建发光的外观效果。选中要添加外发光效果的对象，如图 3-200 所示，选择“效果”菜单→“风格化”→“外发光”命令，在弹出的“外发光”对话框中设置数值，如图 3-201 所示，单击“确定”按钮，对象的外发光效果如图 3-202 所示。

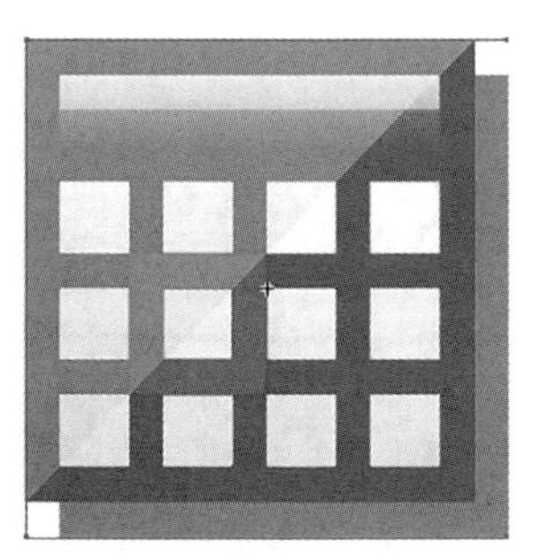

图 3-200

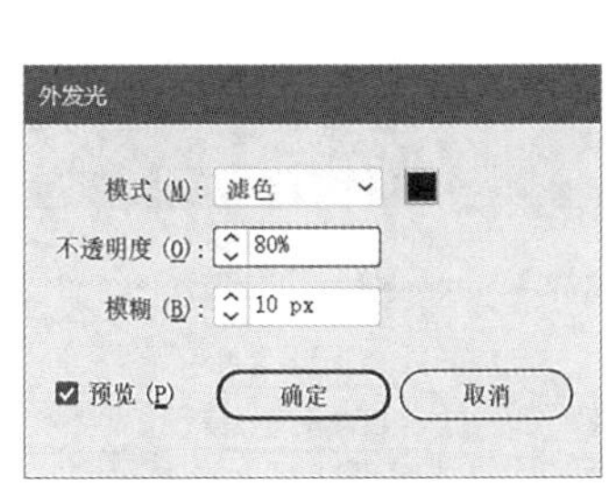

图 3-201

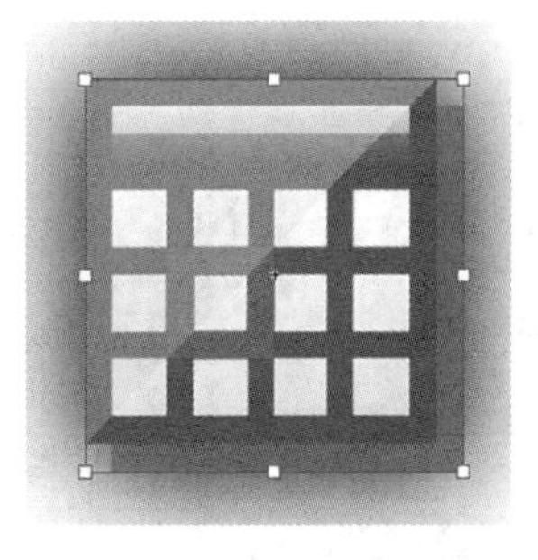

图 3-202

4）“投影”命令

“投影”命令可以为对象添加投影。选中要添加投影的对象，如图 3-203 所示，选择“效果”菜单→“风格化”→“投影”命令，在弹出的“投影”对话框中设置数值，如图 3-204 所示，单击“确定”按钮，对象的投影效果如图 3-205 所示。

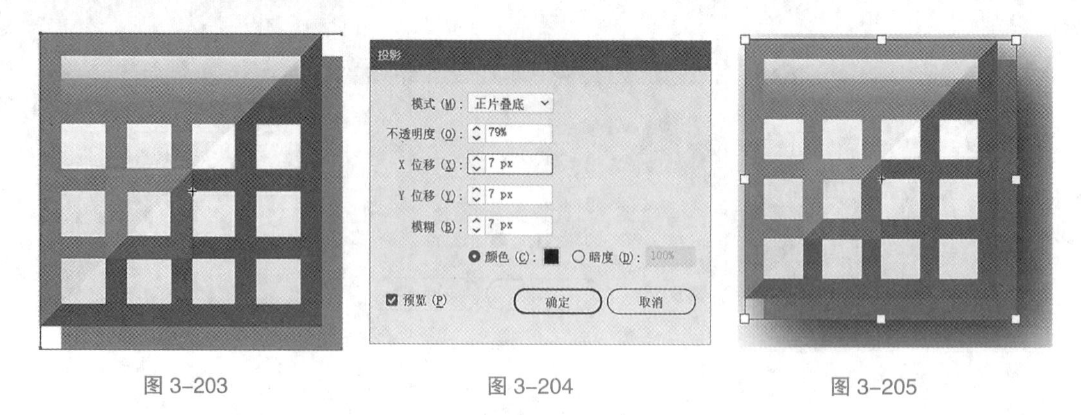

图 3-203　　图 3-204　　图 3-205

5）“涂抹”命令

选中要添加涂抹效果的对象，如图 3-206 所示，选择“效果”菜单→“风格化”→“涂抹”命令，在弹出的“涂抹选项”对话框中设置数值，如图 3-207 所示，单击“确定”按钮，对象的涂抹效果如图 3-208 所示。

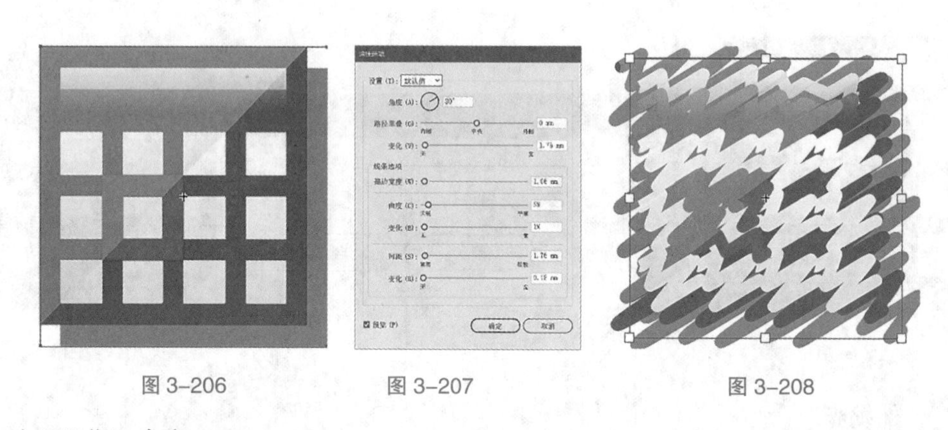

图 3-206　　图 3-207　　图 3-208

6）“羽化”命令

“羽化”命令可以将对象的边缘从实心颜色逐渐过渡为无色。选中要羽化的对象，如图 3-209 所示，选择“效果”菜单→“风格化”→“羽化”命令，在弹出的“羽化”对话框中设置数值，如图 3-210 所示，单击“确定”按钮，对象的羽化效果如图 3-211 所示。

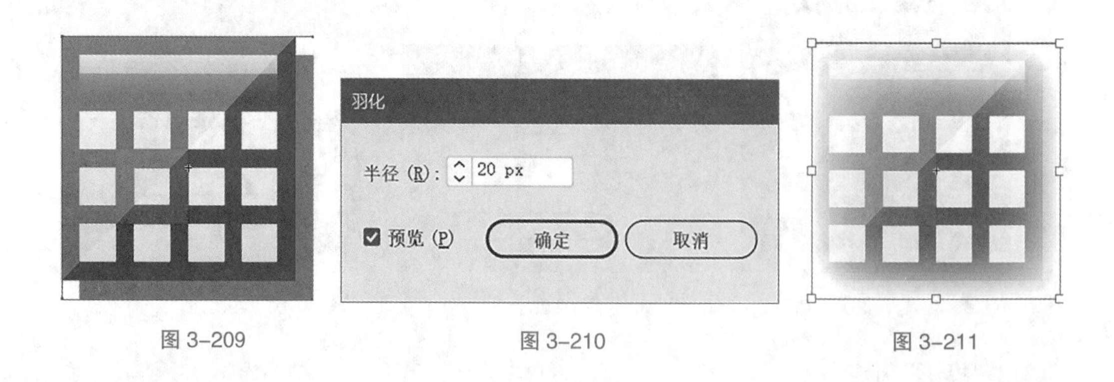

图 3-209　　图 3-210　　图 3-211

3.2.5　实战演练——绘制旅行风景插画

使用“钢笔工具”“渐变工具”绘制底图，使用“透明度”控制面板制作曲线段的透明效果，使用“投影”命令为图形添加投影，使用“符号库”命令添加装饰图形。最终效果如图 3–212 所示。

视频 3–4

图 3–212

3.3 综合演练——制作春天插画

3.3.1 案例分析

本案例是绘制春天插画，插画的要求是基于对春天的认识和了解，表现出一个充满希望、生机勃勃，让人神清气爽的春天。

3.3.2 设计理念

淡蓝色的天空中，飞满了星星般的透明泡泡，轻盈而又舒展，也让这个春天变得恬静。几只翩翩起舞的蜻蜓及绚丽多彩的花儿，让人感受到生命的跳动，舒适又暖心。

3.3.3 知识要点

使用“钢笔工具”、“椭圆工具”和“渐变工具”绘制天空、树和房子，使用“符号库”中的“自然”命令添加蜻蜓装饰图形，使用“椭圆工具”绘制太阳图形，并利用“效果”菜单中的“外发光”命令添加模糊效果。最终效果如图 3–213 所示。

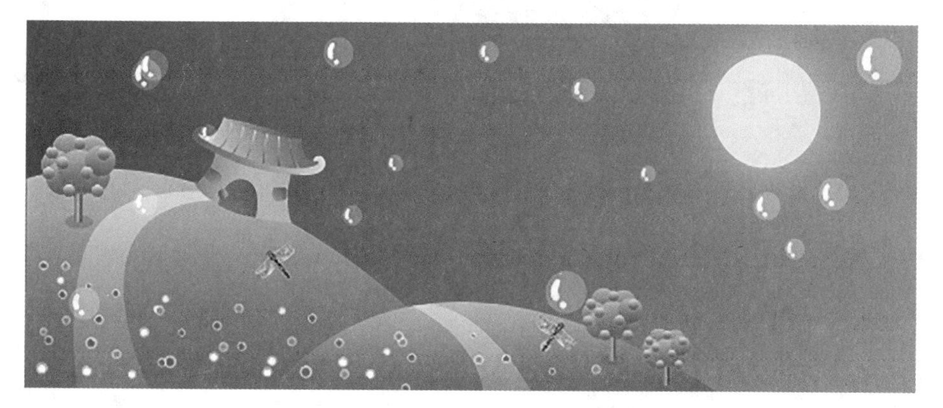

视频 3–5（a）

视频 3–5（b）

图 3–213

3.4 综合演练——绘制夏日沙滩插画

3.4.1 案例分析

本案例是为旅游杂志绘制的栏目插画，栏目的主题是夏日沙滩，设计要求插画的绘制要贴合主题，展示出热闹、美丽的沙滩景象，从形象、色彩、构图和形式感等方面表现出强烈的视觉效果，使主题更加突出明确。

3.4.2 设计理念

青蓝色的海水和白色的浪花展现出柔和、浪漫、可爱的景象，与浅黄色的海滩一起，给人舒适、宁静的感觉。色彩缤纷的海上用品不规则地分布在沙滩上和海水中，营造出热闹、活跃的气氛，形成动静结合的画面。绿色的植物带给人一股清凉、舒爽的感觉，能让人身心放松，从而使人产生向往之情。

3.4.3 知识要点

使用“多边形工具”、“直线段工具”和“旋转工具”绘制伞图形，使用“收缩和膨胀”命令制作伞弧度，使用“路径查找器”控制面板和“镜像工具”制作帆板，使用“透明度”控制面板制作投影效果。最终效果如图 3-214 所示。

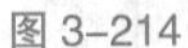
图 3-214

视频 3-6

项目4

书籍装帧设计

精美的书籍装帧设计可以使读者享受到阅读的愉悦。书籍装帧整体设计所考虑的内容包括开本设计、封面设计、版本设计、使用材料等。本项目以多个类别的书籍封面为例，介绍书籍封面的设计方法和制作技巧。

课堂学习目标

- 掌握书籍封面的设计思路和过程。
- 掌握制作书籍封面的相关工具。
- 掌握书籍封面的制作方法和技巧。

4.1 制作建筑艺术书籍封面

4.1.1 案例分析

本案例制作的是一本建筑艺术书籍封面，书中的内容为建筑艺术博览全集；要通过对书名的设计和对文字、图片的合理编排，表现出全面、新颖和实用的特点。

4.1.2 设计理念

白色与蓝色搭配的背景给人一种明快、舒适的感觉，与宣传的主题相呼应；经过艺术化处理的书名，醒目突出，增加画面的艺术感，让人一目了然；图形设计和文字设计在丰富画面的同时，让人充满了对建筑艺术的向往。最终效果如图 4-1 所示。

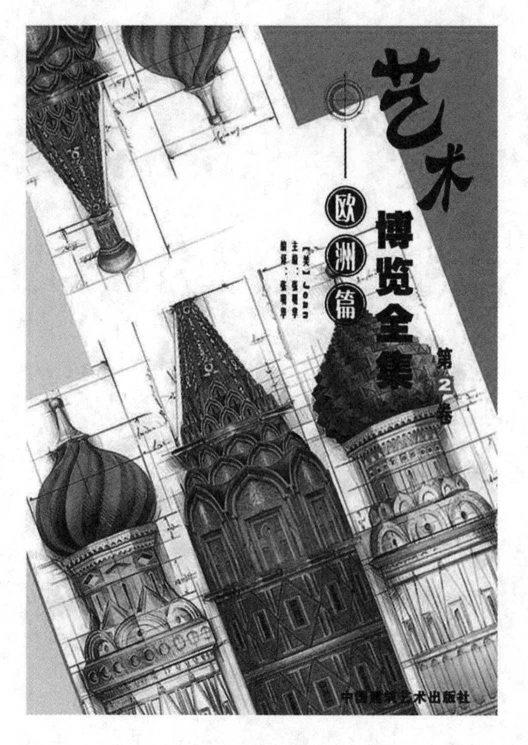

视频 4-1

图 4-1

4.1.3 操作步骤

1. 制作背景

（1）按 Ctrl+N 组合键，弹出“新建文件”对话框，新建一个 A4 文档，如图 4–2 所示，按 Enter 键，文档尺寸显示为设置的大小。选择“矩形工具”，绘制一个与页面大小相等的矩形，如图 4–3 所示。

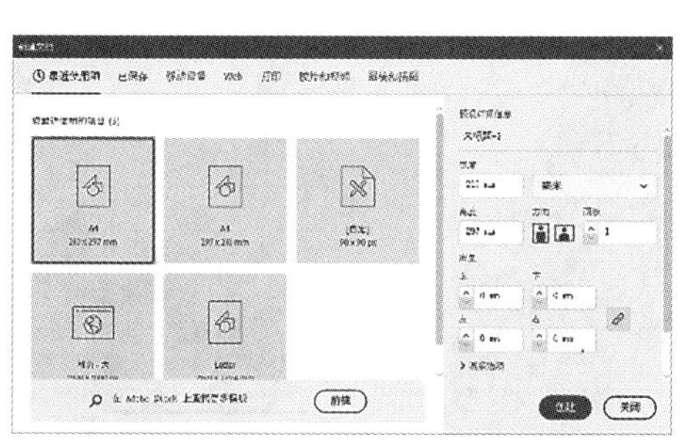

图 4–2

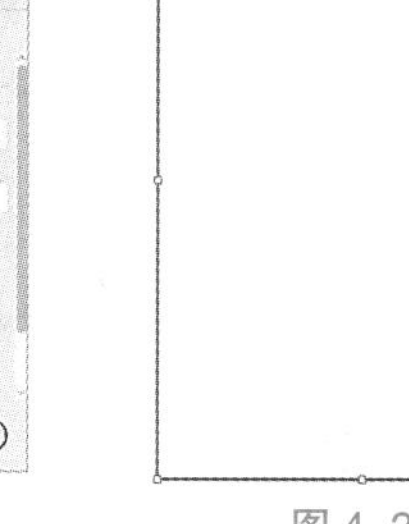

图 4–3

（2）选择“选择工具”，输入图形填充色的 C、M、Y、K 的值为“68”“0”“32”“0”，填充图形，设置描边颜色为无，如图 4–4 所示。选择“文件”菜单→“置入”命令，弹出“置入”对话框，选择“Ch04”→“素材”→“制作建筑艺术书籍封面”→“01”文件，单击“置入”按钮，在工具属性栏中单击“嵌入”按钮，拖曳图片到适当的位置调整大小，并进行旋转，如图 4–5 所示。

图 4–4

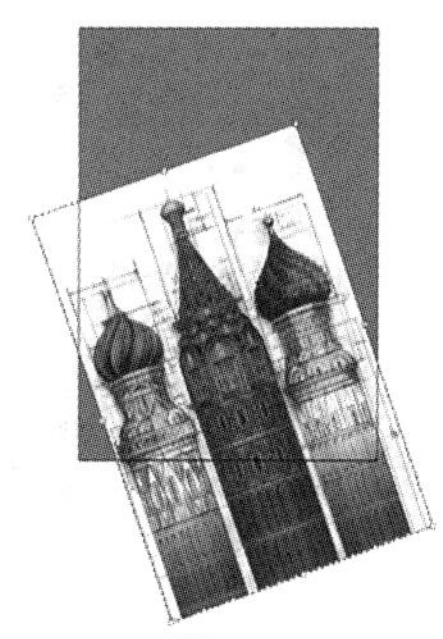

图 4–5

（3）选择“选择工具”，按住 Alt 键，单击选中图片并拖曳到适当的位置，复制一张图片，如图 4–6 所示。双击“旋转工具”，弹出“旋转”对话框，在对话框中进行设置，如图 4–7 所示，单击“确定”按钮，图片效果如图 4–8 所示。

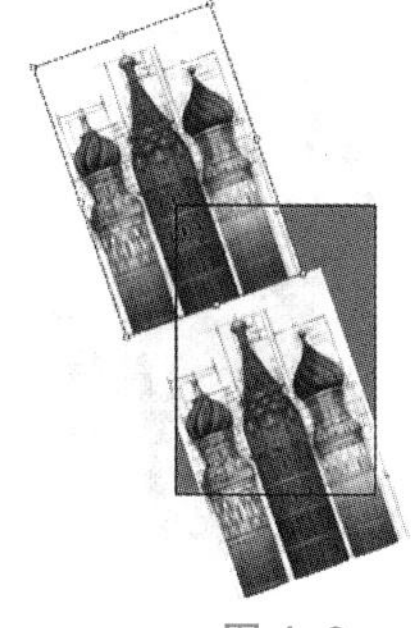

图 4–6

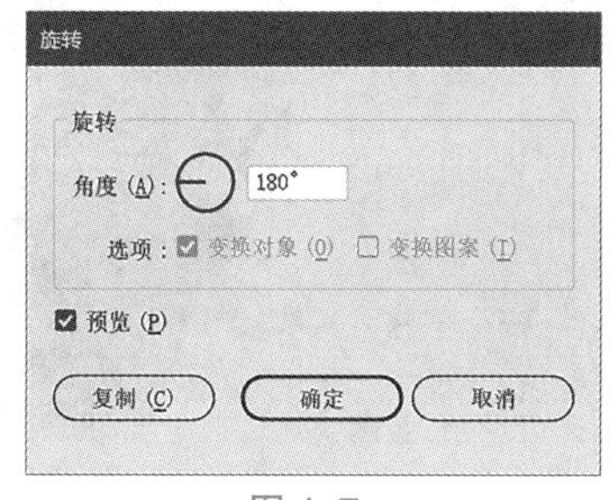

图 4–7

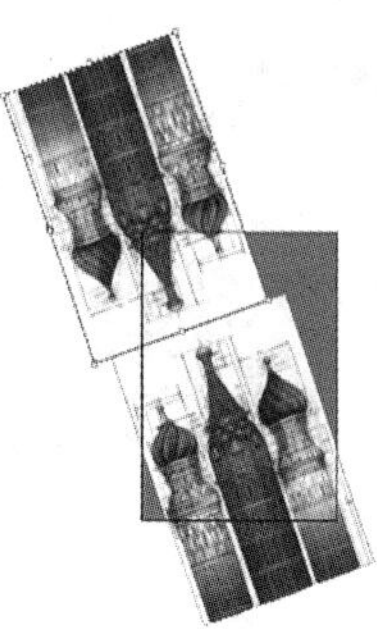

图 4–8

（4）选择“矩形工具”，在适当的位置绘制两个矩形，分别输入图形填充色的 C、M、Y、K 的值为“4”“3”“92”“0”，填充图形，设置描边颜色为无，如图 4–9 所示。选择“选择工具”，选取页面中的图片和黄色矩形，按 Ctrl+Shift+[组合键，将其置于底层，如图 4–10 所示。

（5）框选页面中的所有图形，将其全部选取，按 Ctrl+7 组合键，建立剪切蒙版，效果如图 4–11 所示。

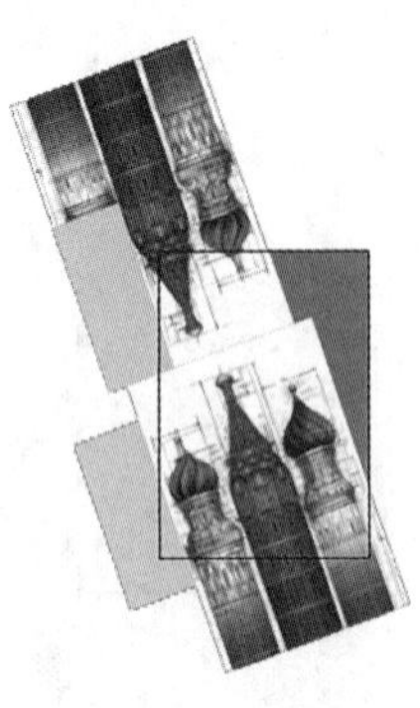

图 4–9

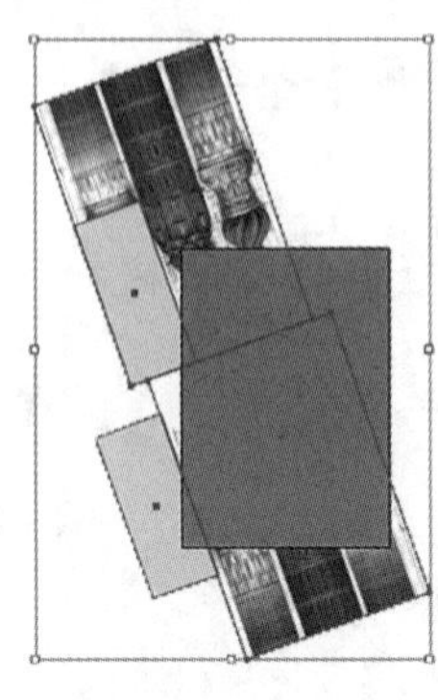

图 4–10

图 4–11

2. 添加装饰图形和文字

（1）选择“文字工具”，在适当的位置单击，输入所需要的文字，选择“选择工具”，在工具属性栏中选择合适的字体并设置文字大小，效果如图 4–12 所示。

图 4–12

（2）选择“选择工具”，选取文字“艺”，选择“效果”菜单→“风格化”→“外发光”命令，弹出“外发光”对话框，将外发光颜色设为白色，各参数设置如图 4–13 所示，单击“确定”按钮，效果如图 4–14 所示。使用相同的方法将文字“术”添加外发光效果，如图 4–15 所示。

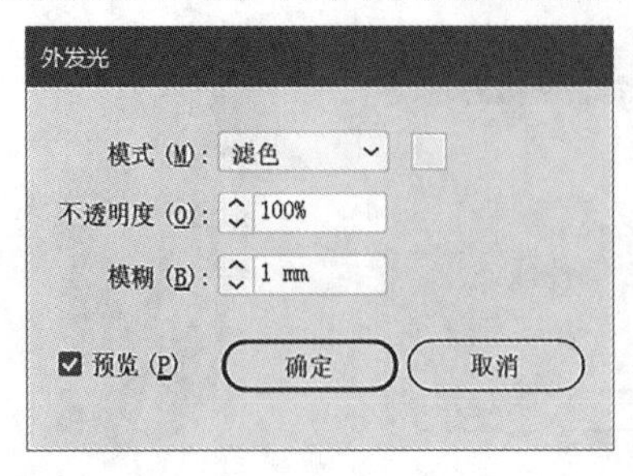

图 4–13

图 4–14

图 4–15

（3）选择“椭圆工具”，按住 Shift 键，在适当的位置绘制一个圆形，设置填充色为无，设置描边色为黑色，在工具属性栏中设置“描边粗细”为 2 pt，效果如图 4–16 所示。选择“椭圆工具”，按住 Shift 键，在适当的位置绘制一个圆形，设置填充色为黑色，设置描边颜色为无，如图 4–17 所示。

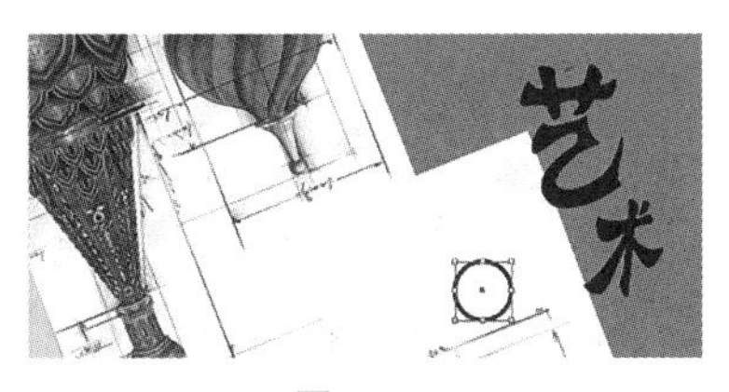

图 4–16

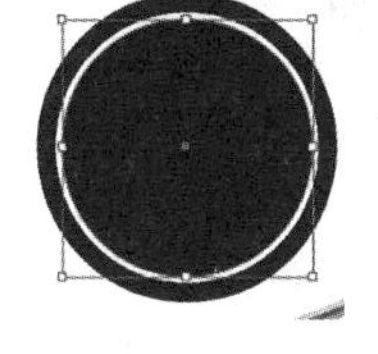

图 4–17

（4）选择“选择工具”，按住 Shift 键，单击两个圆形，将其全部选取，按 Ctrl+G 组合键编组，依次按 Ctrl+C 和 Ctrl+F 组合键，操作两次，原位复制两个图形，选择“选择工具”，分别拖曳图形到适当的位置，如图 4–18 所示。选择“直排文字工具”，在适当的位置输入所需要的文字，选择“选择工具”，在工具属性栏中选择合适的字体并设置文字大小，按住 Alt+↑ 方向键，调整文字的间距，并填充文字为白色，效果如图 4–19 所示。

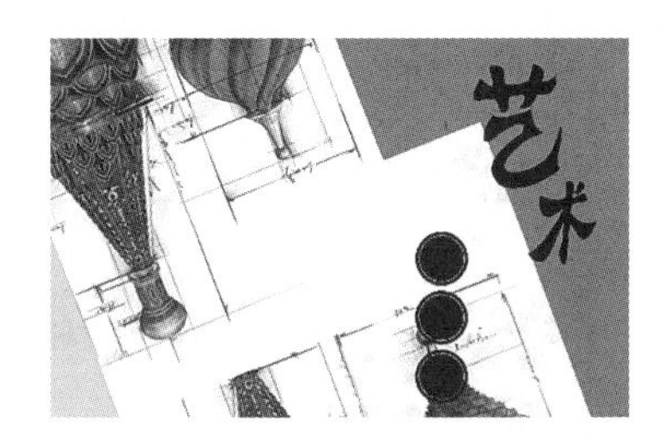

图 4–18

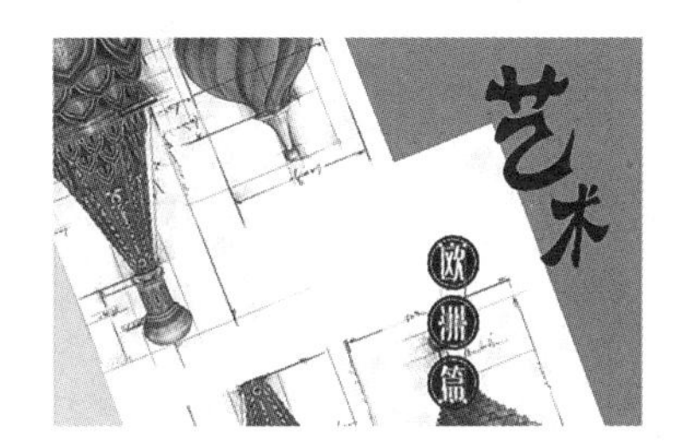

图 4–19

（5）选择“直线段工具”，按住 Shift 键，在适当的位置绘制一条直线段，设置描边色为黑色，在工具属性栏中设置“描边粗细”为 2 pt，效果如图 4–20 所示。选择“窗口”菜单→“符号库”→“徽标元素”命令，弹出“徽标元素”控制面板，选择需要的符号，如图 4–21 所示，拖曳到适当的位置并调整大小，如图 4–22 所示。

图 4–20　　图 4–21　　图 4–22

（6）选择“直排文字工具”，在适当的位置输入所需要的文字，选择“选择工具”，在工具属性栏中选择合适的字体并设置文字大小，效果如图 4–23 所示。选择“直排文字工具”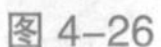，在适当的位置输入所需要的文字，选择“选择工具”，在工具属性栏中选择合适的字体并设置文字大小，调整文字的间距，效果如图 4-24 所示。选择“文字工具”，在适当的位置输入所需要的文字，选择“选择工具”，在工具属性栏中选择合适的字体并设置文字大小，填充文字颜色为白色，效果如图 4-25 所示。

图 4-23

图 4-24

图 4-25

（7）选择“矩形工具”，在适当的位置绘制一个矩形，输入矩形填充色的 C、M、Y、K 的值为“0”“81”“100”“0”，填充矩形，设置描边颜色为无，如图 4-26 所示。按 Ctrl+[组合键，将此矩形后移一层，如图 4-27 所示。

图 4-26

图 4-27

（8）选择“直排文字工具”，在适当的位置输入所需要的文字，选择“选择工具”，在工具属性栏中选择合适的字体并设置文字大小，效果如图 4-28 所示。选择“文字工具”，在适当的位置输入所需要的文字，选择“选择工具”，在工具属性栏中选择合适的字体并设置文字大小，文字的效果如图 4-29 所示。建筑艺术书籍封面制作完成，效果如图 4-30 所示。

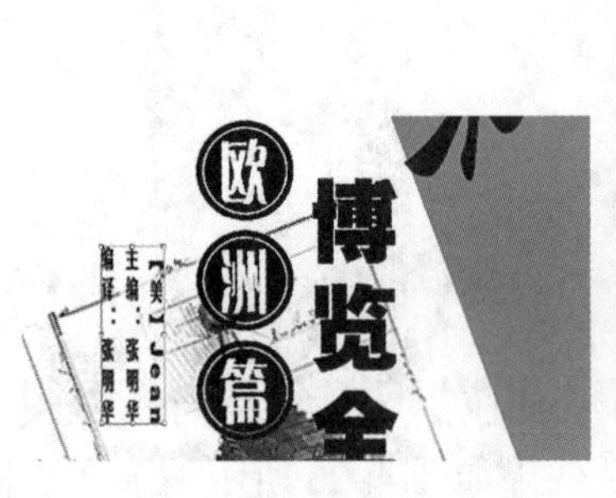

图 4-28

图 4-29

图 4-30

4.1.4 相关工具

1. 对象的顺序

选择“对象”菜单→“排列”命令，其子菜单包括 5 个命令：置于顶层、前移一层、后移一层、置于底层和发送至当前图层。使用这些命令可以改变图形对象的排序。对象间堆叠的效果如图 4–31 所示。

图 4–31

选中要排序的对象，用鼠标右键单击页面，在弹出的快捷菜单中选择“排列”命令，还可以应用组合键来对对象进行排序。

1）置于顶层

置于顶层，即将选取的图像移到其他图像的最前面。选取要移动的图像，如图 4–32 所示。用鼠标右键单击页面，弹出快捷菜单，在“排列”子菜单中选择“置于顶层”命令，图像排到顶层，效果如图 4–33 所示。

2）前移一层

前移一层，即将选取的图像向前移过一个图像。选取要移动的图像，如图 4–34 所示。用鼠标右键单击页面，弹出快捷菜单，在“排列”子菜单中选择“前移一层”命令，图像向前移一层，效果如图 4–35 所示。

图 4–32

图 4–33

图 4–34

图 4–35

3）后移一层

后移一层，即将选取的图像向后移过一个图像。选取要移动的图像，如图 4–36 所示。用鼠标右键单击页面，弹出快捷菜单，在“排列”子菜单中选择“后移一层”命令，图像向后移一层，效果如图 4–37 所示。

4）置于底层

置于底层，即将选取的图像移到其他图像的最后面。选取要移动的图像，如图 4–38 所示。用鼠标右键单击页面，弹出快捷菜单，在“排列”子菜单中选择“置于底层”命令，图像排到最后面，效果如图 4–39 所示。

图 4-36　　图 4-37　　图 4-38　　图 4-39

5）发送至当前图层

选择“图层”控制面板，在“图层 1”上新建“图层 2”，如图 4-40 所示。选取要发送到当前图层的向日葵图像，如图4-41所示，这时“图层1”变为当前图层，如图4-42所示。

图 4-40　　图 4-41　　图 4-42

单击“图层 2”，使“图层 2”成为当前图层，如图 4-43 所示。用鼠标右键单击页面，弹出快捷菜单，在“排列”子菜单中选择“发送至当前图层”命令，向日葵图像被发送到当前图层，即“图层 2”中，页面效果如图 4-44 所示，“图层”控制面板如图 4-45 所示。

图 4-43　　图 4-44　　图 4-45

2. 文本工具的使用

利用“文字工具”T和“直排文字工具”↓T可以直接输入沿水平方向和竖直方向排列的文本。

1）输入点文本

选择“文字工具”T或“直排文字工具”↓T，出现插入文本光标，在绘图页面中单击，可输入文本，如图 4-46 所示。

结束文字的输入后，单击“选择工具”▶即可选中所输入的文字，这时文字周围将出现一个选择框，文本上的细线是文字基线的位置，效果如图 4–47 所示。

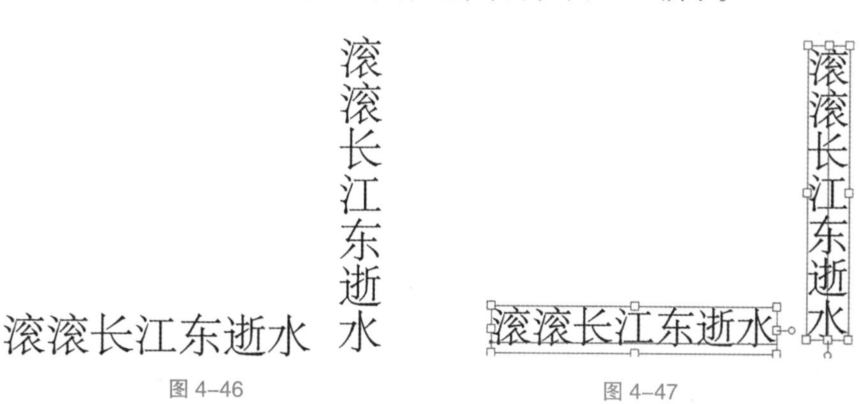

图 4–46　　　　图 4–47

> **提示：**
>
> 当输入文本需要换行时，按 Enter 键开始新的一行。

2）输入文本框

使用“文字工具” T 或“直排文字工具” ↓T 可以绘制一个文本框，然后在文本框中输入文字。

选择“文字工具” T 或“直排文字工具” ↓T，在页面中需要输入文字的位置单击并按住鼠标左键拖曳，如图 4–48 所示。当绘制的文本框的大小符合需要时，释放鼠标，页面上会出现一个矩形文本框。可以在矩形文本框中输入文字，输入的文字将在文本框内排列，如图 4–49 所示。当输入的文字到矩形文本框的边界时，文字将自动换行。在直排文本框内输入文字后的效果如图 4–50 所示。

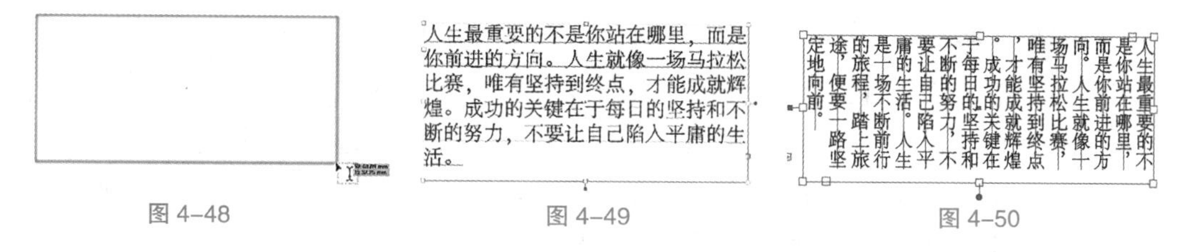

图 4–48　　　　图 4–49　　　　图 4–50

3. 字体和字号的设置

按 Ctrl+T 组合键，弹出“字符”控制面板，在“设置字体系列”选项的下拉列表中选择一种字体即可将该字体应用到选中的文字上，各种字体的效果如图 4–51 所示。

Illustrator　　Illustrator　　Illustrator
方正粗黑宋简体　　方正琥珀简体　　汉仪彩云简体

Illustrator　　Illustrator　　Illustrator
Allegro BT　　Arial Black Italic　　Bolt Bold BT

图 4–51

Illustrator CC 提供的每种字体都有一定的字形，如常规、加粗和斜体等，字体的具体选择因字而定。

设置字体的具体操作如下。

选中部分文本，如图 4–52 所示。选择“窗口”菜单→“文字”→“字符”命令，弹出“字符”控制面板，从“设置字体系列”选项的下拉列表中选择一种字体，如图 4–53 所示；或选择“文字”菜单→“字体”命令，在列出的字体中进行选择，更改文本字体后的效果如图 4–54 所示。

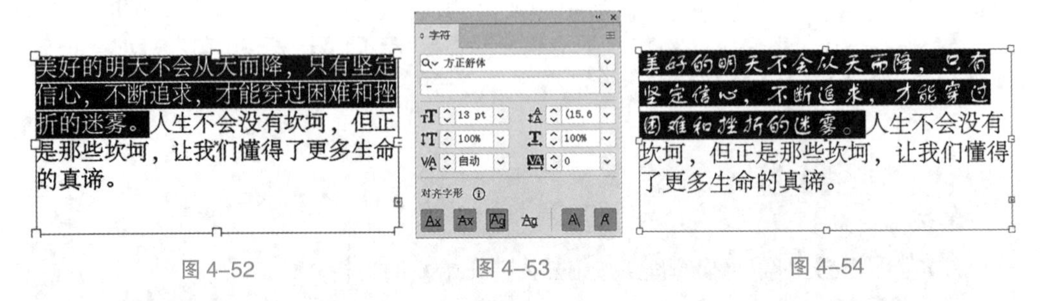

图 4–52　　图 4–53　　图 4–54

选中文本，如图 4–55 所示。单击工具属性栏中“字体大小”选项 13 pt 数值框后的按钮，在弹出的下拉列表中可以选择合适的字体大小。也可以通过单击数值框左侧的上、下微调按钮来调整字体大小。文本字体大小为 11 pt 时，效果如图 4–56 所示。

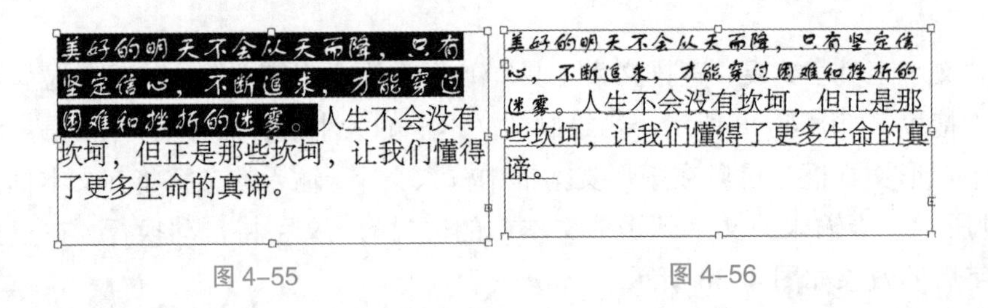

图 4–55　　图 4–56

4. 字距的调整

当需要调整字符之间的距离时，可使用“字符”控制面板中的两个选项，即“设置两个字符间的字距微调”选项和“设置所选字符的字距调整”选项。“设置两个字符间的字距微调”选项用来控制两个字符之间的距离。“设置所选字符的字距调整”选项可使两个或更多个被选择的字符之间保持相同的距离。

选中要设定字距的字符，在“字符”控制面板中的“设置两个字符间的字距微调”选项的下拉列表中选择“自动”选项，这时程序就会以最合适的参数值设置字符间的距离。

提示：

在“特殊字距”选项的数值框中输入 0 时，将关闭自动调整文字距离的功能。

“设置两个字符间的字距微调”选项只有在两个字符之间插入光标时才能进行设置。将光标插入需要调整间距的两个字符之间，如图 4–57 所示。在“设置两个字符间的字距微调”选项VA的数值框中输入所需要的数值，就可以调整两个字符之间的距离。设置数值为 350，按 Enter 键确认，字距效果如图 4–58 所示；设置数值为 –350，按 Enter 键确认，字距效果如图 4–59 所示。

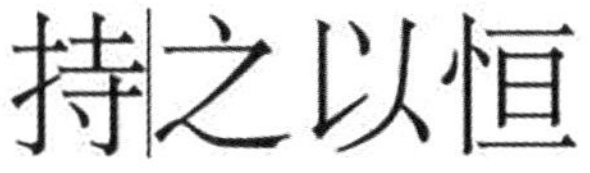

持之以恒　持 之以恒　持之以恒

图 4–57 　　图 4–58 　　图 4–59

“设置所选字符的字距调整”选项VA可以同时调整多个字符之间的距离。选中整个文本对象，如图 4–60 所示，在“设置所选字符的字距调整”选项VA的数值框中输入所需要的数值，可以调整文本字符间的距离。设置数值为 200，按 Enter 键确认，字距效果如图 4–61 所示；设置数值为 –200，按 Enter 键确认，字距效果如图 4–62 所示。

持之以恒　持 之 以 恒　持之以恒

图 4–60 　　图 4–61 　　图 4–62

5. 路径文字工具的使用

使用“路径文字工具”和“直排路径文字工具”，可以在创建文本时，让文本沿着一个开放或闭合路径的边缘进行水平或垂直方向上的排列，路径可以是规则的，也可以是不规则的。如果使用这两种工具，原来的路径将不再具有填色或描边的属性。

1）沿路径创建水平方向上的文本

使用“钢笔工具”，在页面上绘制一个任意形状的开放路径，如图 4–63 所示。使用“路径文字工具”，在绘制好的路径上单击，路径转换为文本路径，文本插入点位于文本路径的左侧，如图 4–64 所示。

图 4–63　　图 4–64

在光标处输入所需要的文字，文字将会沿着路径排列，文字的基线与路径是平行的，效果如图 4–65 所示。

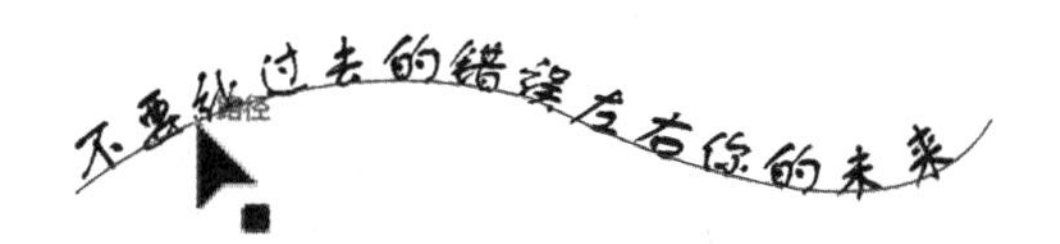

图 4–65

2）沿路径创建垂直方向上的文本

使用“钢笔工具”，在页面上绘制一个任意形状的开放路径，使用“直排路径文字工具”在绘制好的路径上单击，路径转换为文本路径，文本插入点位于文本路径的左侧，如图 4–66 所示。在光标处输入所需要的文字，文字将会沿着路径排列，文字的基线与路径是相互垂直的，效果如图 4–67 所示。

图 4–66　　图 4–67

3）编辑路径文本

如果对创建的路径文本不满意，可以对其进行编辑。

选择“选择工具”或“直接选择工具”，双击要编辑的路径文本。这时在文本开始处会出现一个 I 形的符号，如图 4–68 所示。

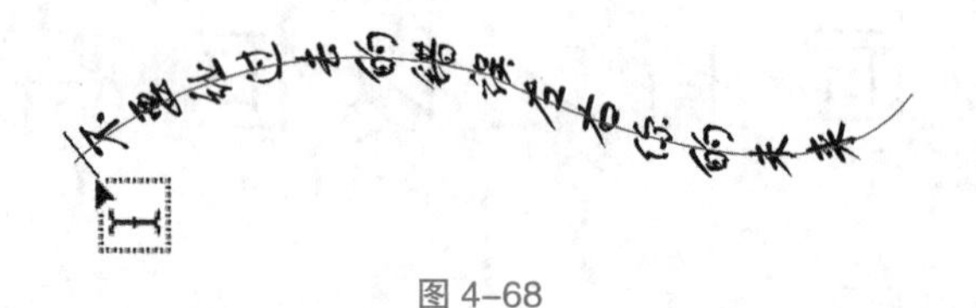

图 4–68

路径文本中的起点标记、中心标记、终点标记如图 4–69 所示。拖曳起点标记，可沿路径移动文本，效果如图 4–70 所示。还可以按住中心标记，向上或向下拖曳，文本会翻转方向，效果如图 4–71 所示。

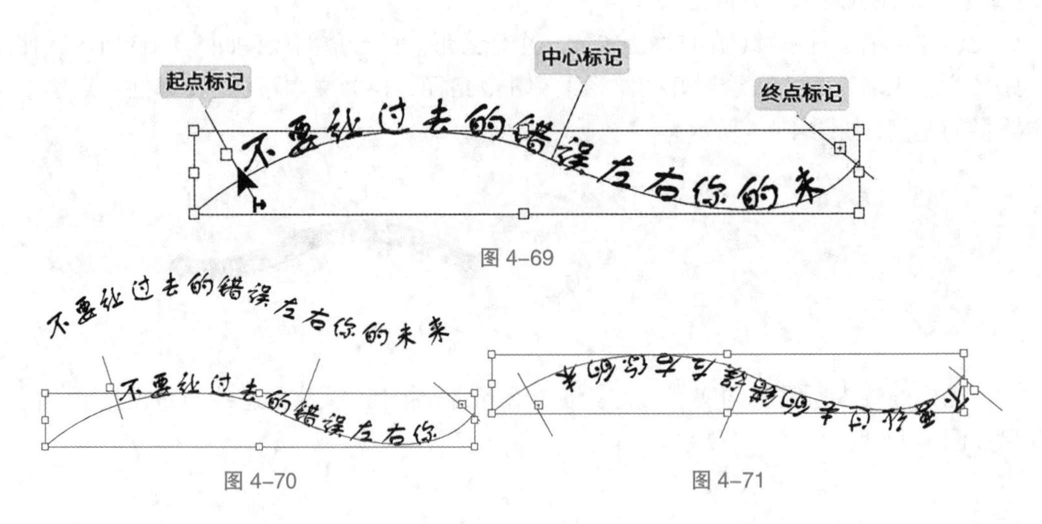

图 4–69

图 4–70　　图 4–71

6. 将文本转化为轮廓

选中文本，选择“文字”菜单→“创建轮廓”命令（组合键为 Shift+Ctrl+O），创建文本轮廓，如图 4–72 所示。文本转化为轮廓后，可以对文本进行渐变填充，效果如图 4–73 所示，还可以对文本应用滤镜，效果如图 4–74 所示。

春光明媚　春光明媚　春光明媚

图 4–72 　　图 4–73 　　图 4–74

文本转化为轮廓后，将不再具有文本的一些属性，这就需要在文本转化成轮廓之前先按需要调整文本的字体大小等。将文本转化为轮廓时，会把文本块中的文本全部转化为轮廓，不能只转化单个字符，要想转化单个字符为轮廓时，可以创建只包括该字符的文本，然后再进行转化。

4.1.5 实战演练——制作美食书籍封面

使用“钢笔工具”、“置入”命令和“建立剪切蒙版”命令制作背景图；使用“文字工具”、“复制”和“粘贴”命令、“描边”控制面板添加并编辑标题文字；使用“文本工具”添加介绍性文字和出版信息。最终效果如图 4–75 所示。

视频 4–2

图 4–75

4.2 制作折纸书籍封面

4.2.1 案例分析

手工制作的兴起源于人们对儿时的怀念和对美好生活的向往，随着人们生活水平的不断提高和对精神文化生活的要求越来越高，手工制作相关的周边产业正日益繁荣。本案例是制作折纸书籍封面，设计要求体现手工制作的乐趣。

4.2.2 设计理念

在制作过程中，封面使用带有底纹的可爱甜美的粉红色图形作为书籍的背景，封面的中间是表达书籍主题的图形和文字，四周是已经制作完成的动物折纸，书籍名称的文字设计使用蓝底白边，并且文字上下交错，整个封面设计中，图片和文字的排列以及色彩搭配可爱并富有童趣。最终效果如图 4–76 所示。

视频 4–3

图 4–76

4.2.3 操作步骤

1. 添加和编辑书名

（1）按 Ctrl+O 组合键，打开“Ch04”→“素材”→“制作折纸书籍封面”→“01”文件，如图 4–77 所示。

（2）选择“文字工具” T，在页面中输入文字，选择“选择工具” ▶，在工具属性栏中选择合适的字体并设置适当的文字大小，输入文字填充色的 C、M、Y、K 的值为“82”“46”“5”“0”，填充文字，效果如图 4–78 所示。

图 4–77

图 4–78

（3）按 Shift+Ctrl+O 组合键，创建文字轮廓。设置文字描边色为白色，选择“窗口”菜单→“描边”命令，在弹出的“描边”控制面板中单击“使描边外侧对齐”按钮 ，其他选项的设置如图 4–79 所示，文字效果如图 4–80 所示。

图 4–79

图 4–80

（4）选择“效果”菜单→“风格化”→“投影”命令，在弹出的“投影”对话框中进行设置，如图4-81所示，单击“确定”按钮，效果如图4-82所示。

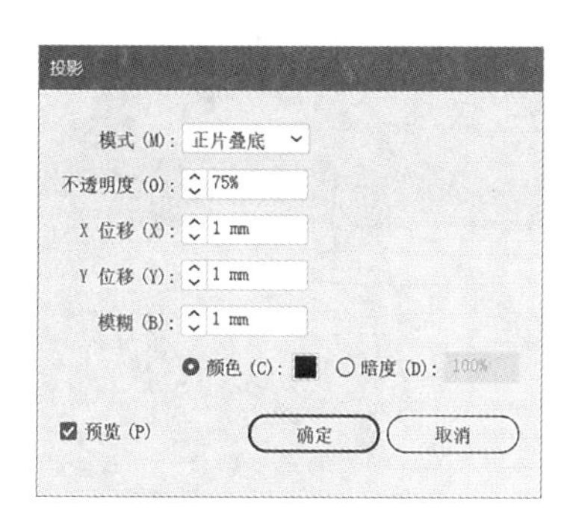

图4-81

图4-82

（5）选择“选择工具”▶，选择文字，按Ctrl+Shift+G组合键，取消编组，分别调整各个文字的位置和角度，效果如图4-83所示。

（6）选择“文字工具”T.，在适当的位置单击插入光标，如图4-84所示。选择“文字”菜单→“字形”命令，在弹出的“字形”控制面板中按需要进行设置并选择需要的字形，如图4-85所示。双击需要的字形插入页面中，输入字形填充色的C、M、Y、K的值为“100”“0”“0”“0”，填充字形，效果如图4-86所示。

图4-83

图4-84

图4-85

图4-86

2. 添加文字和装饰图形

（1）选择“文字工具”T.，在页面中输入文字，选择“选择工具”▶，在工具属性栏中选择合适的字体并设置适当的文字大小，输入文字填充颜色的C、M、Y、K的值为“100”“0”“0”“0”，填充文字，效果如图4-87所示。

（2）按Ctrl+T组合键，弹出“字符”控制面板，各选项的设置如图4-88所示，文字效果如图 4–89 所示。选择“文字工具”T，选中文字“132”，输入文字填充颜色的 C、M、Y、K 的值为“55”“0”“100”“0”，填充文字，效果如图 4–90 所示。

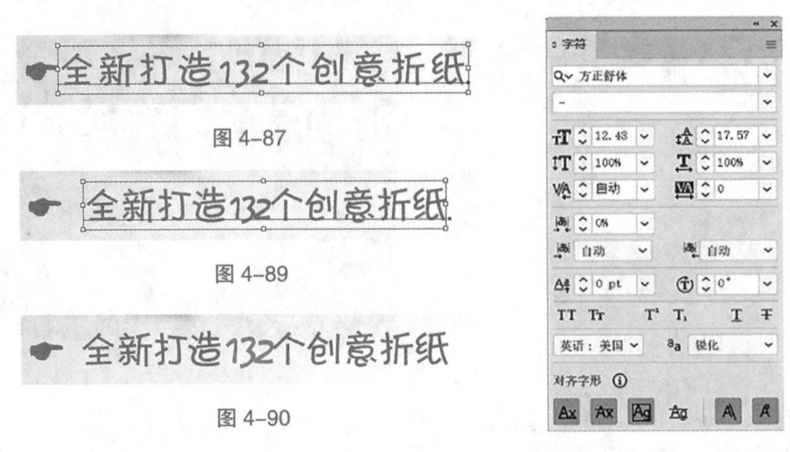

图 4–87

图 4–89

图 4–90

图 4–88

（3）选择“选择工具”▶，选择文字，将文字旋转到适当的角度，效果如图 4–91 所示。使用相同方法制作其他文字，效果如图 4–92 所示。

图 4–91

图 4–92

（4）选择“文字工具”T，在页面中输入文字，选择“选择工具”▶，在工具属性栏中选择合适的字体并设置适当的文字大小，填充文字为黑色，效果如图 4–93 所示。按 Ctrl+T 组合键，弹出“字符”控制面板，各选项的设置如图 4–94 所示，文字效果如图 4–95 所示。

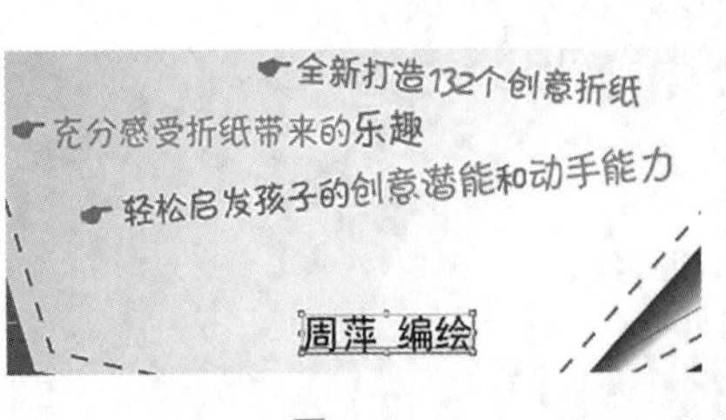

图 4–93

图 4–94

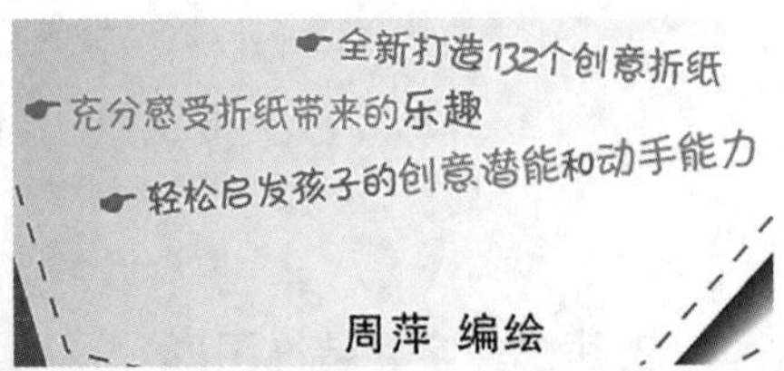

图 4–95

（5）选择“星形工具”☆，在页面中单击，弹出“星形”对话框，在对话框中进行设置，如图 4–96 所示，单击“确定”按钮，得到一个星形，输入星形填充色的 C、M、Y、K 的值为“0”“0”“100”“0”，填充星形，选择“窗口”菜单→“描边”命令，在弹出的“描边”控制面板中，单击“使描边居中对齐”按钮，其他选项的设置如图 4–97 所示，星形效果如图 4–98 所示。

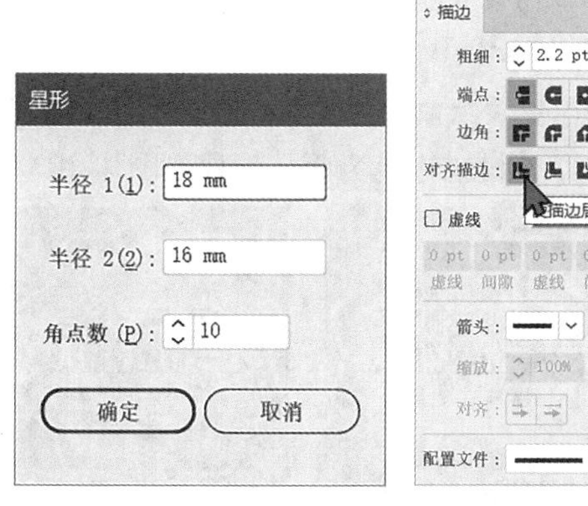

图 4–96　　图 4–97　　图 4–98

（6）选择“效果”菜单→“风格化”→“圆角”命令，在弹出的“圆角”对话框中进行设置，如图 4–99 所示，单击“确定”按钮，效果如图 4–100 所示。

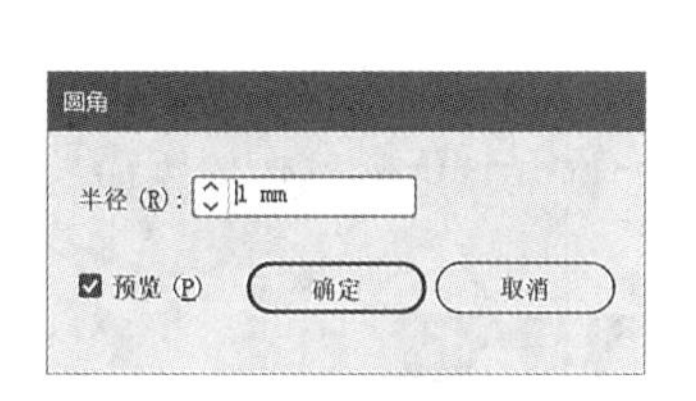

图 4–99　　图 4–100

（7）按 Ctrl+C 组合键，复制星形，按 Ctrl+F 组合键，将复制的星形原位粘贴，等比例缩小位于上层的星形，输入星形填充色的 C、M、Y、K 的值为“0”“54”“100”“0”，填充星形，并取消星形描边色，如图 4–101 所示。使用相同方法再复制一个星形，输入星形填充色的 C、M、Y、K 的值为“0”“0”“100”“0”，填充星形，效果如图 4–102 所示。

（8）选择“选择工具”，选取全部星形，选择“对象”菜单→“混合”→“建立”命令，生成混合，效果如图 4–103 所示。

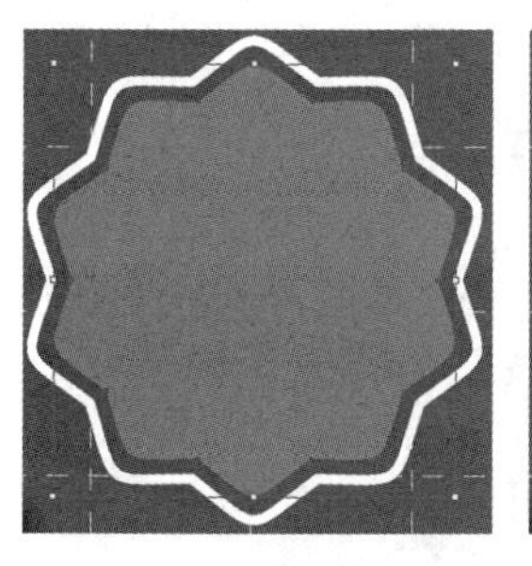

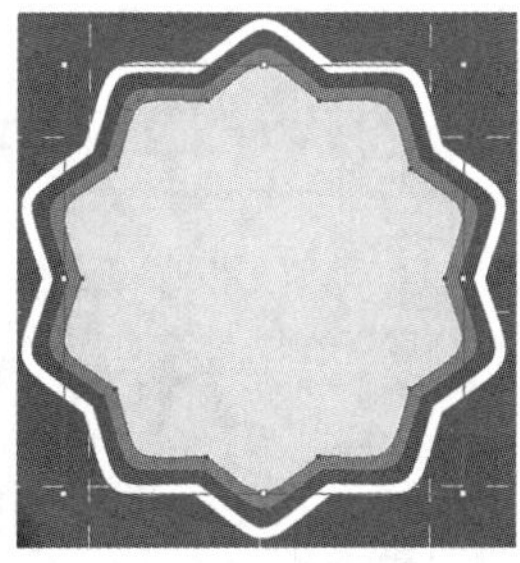

图 4–101　　图 4–102　　图 4–103

（9）选择“文字工具”，在页面中输入文字，选择“选择工具”，在工具属性栏中选择合适的字体并设置适当的文字大小，填充文字为黑色，效果如图 4–104 所示。

（10）选择“文字工具”，在页面中输入文字，选择“选择工具”，在工具属性栏中选择合适的字体并设置适当的文字大小，填充文字为白色，并设描边色为黑色，填充描边，效果如图 4–105 所示。

（11）选择“文字工具” ，在页面中输入文字，选择“选择工具” ，在工具属性栏中选择合适的字体并设置适当的文字大小，填充文字为黑色，效果如图 4–106 所示。

（12）选择“星形工具” ，在页面中的适当位置绘制多个星形，输入星形填充色的 C、M、Y、K 的值为“82”“51”“0”“0”，填充星形，并设描边色为无。效果如图 4–107 所示。

图 4–104

图 4–105

图 4–106

图 4–107

3. 添加和编辑宣传信息

（1）选择“椭圆工具” ，按住 Shift 键的同时，单击并拖曳鼠标左键，在页面适当的位置绘制一个圆形，输入圆形填充色的 C、M、Y、K 的值为“82”“51”“0”“0”，填充圆形，并设置描边色为无。效果如图 4–108 所示。

（2）选择“选择工具” ，按住 Alt+Shift 组合键的同时，水平向右拖曳圆形到适当的位置，复制出一个圆形，效果如图 4–109 所示，按 Ctrl+D 组合键，按需要再复制两个圆形，效果如图 4–110 所示。

图 4–108

图 4–109

图 4–110

（3）选择“文字工具” ，在页面中输入文字，选择“选择工具” ，在工具属性栏中选择合适的字体并设置适当的文字大小，填充文字为白色，效果如图 4–111 所示。按 Ctrl+T 组合键，弹出“字符”控制面板，各选项的设置如图 4–112 所示，文字效果如图 4–113 所示。

好书推荐

图 4–111

图 4–112

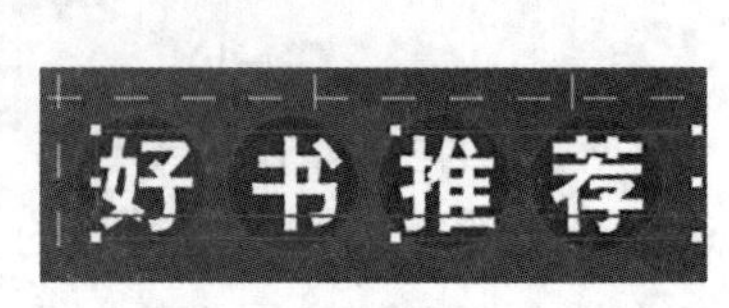

图 4–113

（4）选择“文字工具”，在页面中输入文字，选择“选择工具”，在工具属性栏中选择合适的字体并设置适当的文字大小，填充文字为白色，效果如图 4–114 所示。按 Ctrl+T 组合键，弹出“字符”控制面板，各选项的设置如图 4–115 所示，文字效果如图 4–116 所示。

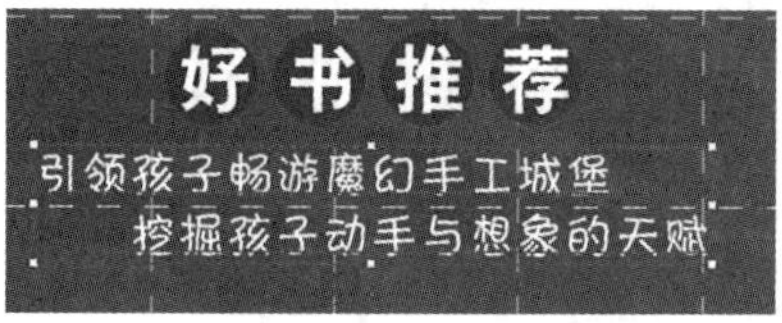

图 4–114

图 4–115

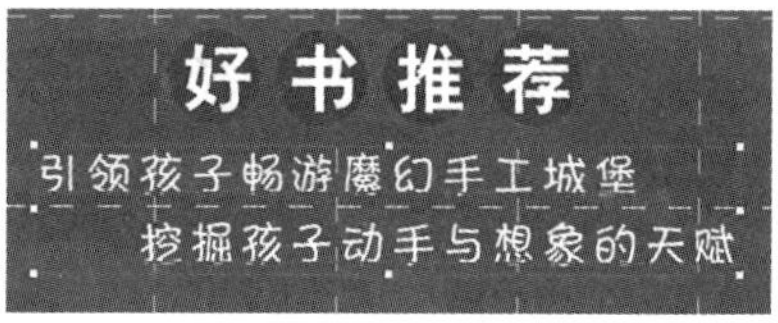

图 4–116

（5）选择“效果”菜单→“变形”→“旗形”命令，在弹出的“变形选项”对话框中进行设置，如图 4–117 所示，单击“确定”按钮，效果如图 4–118 所示。

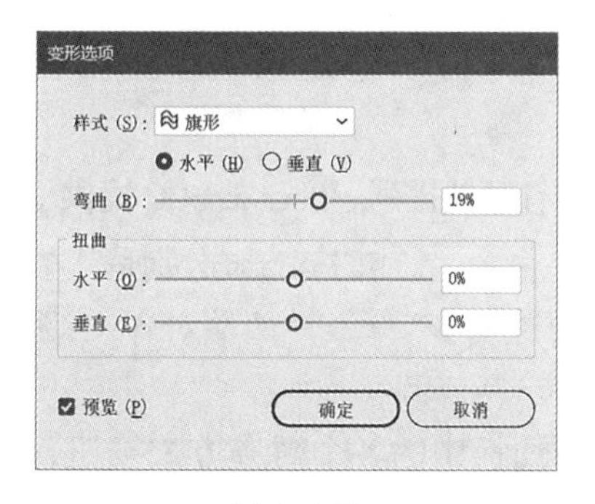

图 4–117

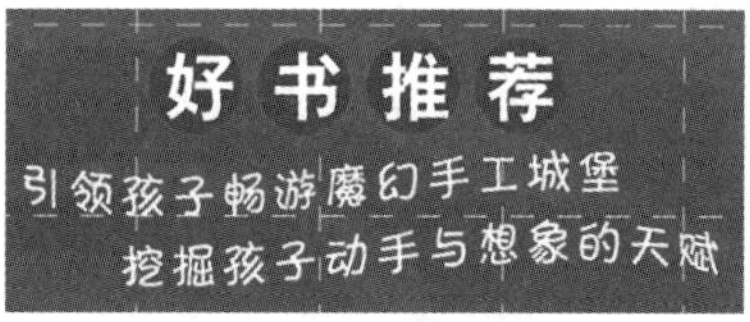

图 4–118

（6）按 Ctrl+O 组合键，打开“Ch04”→“素材”→“制作折纸书籍封面”→“02”文件。按 Ctrl+A 组合键，将所有图形同时选取，按 Ctrl+C 组合键，复制图形；选择正在编辑的页面，按 Ctrl+V 组合键，将复制的图形粘贴到此页面中，并拖曳到适当的位置，效果如图 4–119 所示。折纸书籍封面制作完成。

图 4–119

4.2.4 相关工具

1. 置入图片

在 Illustrator CC 中，要使用外部图片，需要将其置入文档中。

选择“文件”菜单→“置入”命令，弹出“置入”对话框，在对话框中选择需要的文件，如图 4–120 所示。若直接单击“置入”按钮，将图片置入页面中，图片是链接状态，如图 4–121 所示。若取消勾选“链接”复选框，将图片置入页面中，图片是嵌入状态，如图 4–122 所示。

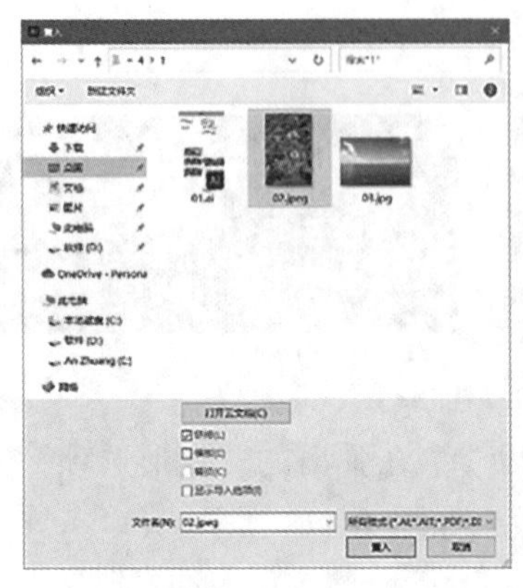

图 4–120

图 4–121

图 4–122

2. 文本对齐

文本对齐指所有的文字在段落中按一定的标准有序地排列。Illustrator CC 提供了 7 种文本对齐的方式，选择“窗口”菜单→“文字”→“段落”命令，文本对齐方式分别是“左对齐”、“居中对齐”、“右对齐”、“两端对齐，末行左对齐”、“两端对齐，末行居中对齐”、“两端对齐，末行右对齐”和“全部两端对齐”。

选中要对齐的段落文本，单击“段落”控制面板中的各个对齐方式按钮，应用不同对齐方式的段落文本效果如图 4–123 所示。

左对齐

居中对齐

右对齐

两端对齐，末行左对齐

两端对齐，末行居中对齐

图 4–123

两端对齐，末行右对齐

全部两端对齐

续图 4–123

3. 插入字形

选择“文字工具” T，在需要插入字形的位置单击插入光标，如图 4–124 所示。选择“文字”菜单→“字形”命令，弹出“字形”控制面板，选取需要的字形，如图 4–125 所示。双击字形，将其插入文本中，效果如图 4–126 所示。

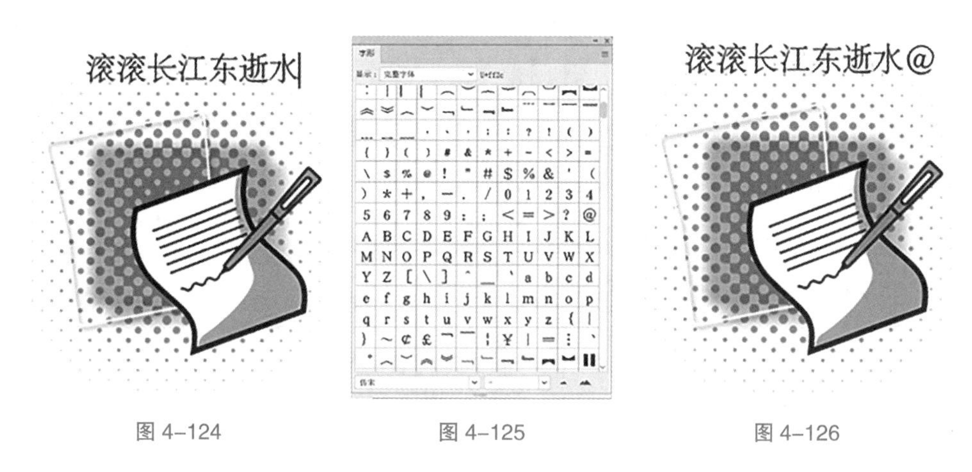

图 4–124　　图 4–125　　图 4–126

4. 区域文本工具的使用

在 Illustrator CC 中，还可以创建任意形状的文本对象。

绘制一个填充颜色的图形对象，如图 4–127 所示。选择“文字工具” T或“区域文字工具” T，当光标移动到图形对象的边框上时，光标变成 I 样式，如图 4–128 所示，在图形对象上单击，图形对象的填色和描边属性消失，图形对象转换为文本路径，并且在文本路径内出现一个闪烁的插入光标。

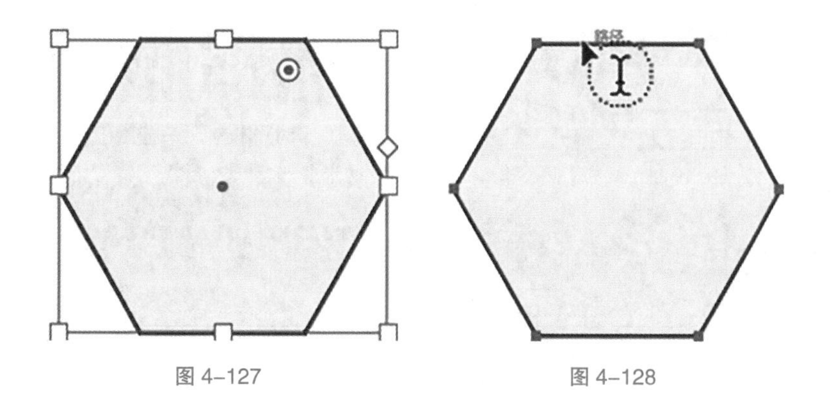

图 4–127　　图 4–128

在插入光标处输入文字，输入的文本会按水平方向在该文本路径内排列。如果输入的文字超出了文本路径所能容纳的范围，将出现文本溢出的现象，这时文本路径的右下角会出现一个带有红色加号的小正方形标志⊞，效果如图 4–129 所示。

使用“选择工具”▶选中文本路径，拖曳文本路径周围的控制点来调整文本路径的大小，直至显示所有的文字，效果如图 4–130 所示。

使用“直排文字工具”↓T或“直排区域文字工具”↓T也可以进行上述操作，不同的是，使用“直排文字工具”↓T或“直排区域文字工具”↓T在文本路径中创建的是竖排的文字，如图 4–131 所示。

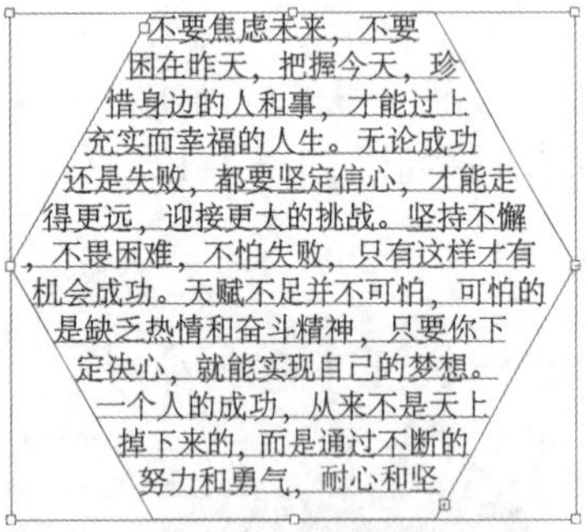

不要焦虑未来，不要困在昨天，把握今天，珍惜身边的人和事，才能过上充实而幸福的人生。无论成功还是失败，都要坚定信心，才能走得更远，迎接更大的挑战。坚持不懈，不畏困难，不怕失败，只有这样才有机会成功。天赋不足并不可怕，可怕的是缺乏热情和奋斗精神，只要你下定决心，就能实现自己的梦想。一个人的成功，从来不是天上掉下来的，而是通过不断的努力和勇气，耐心和坚

图 4–129

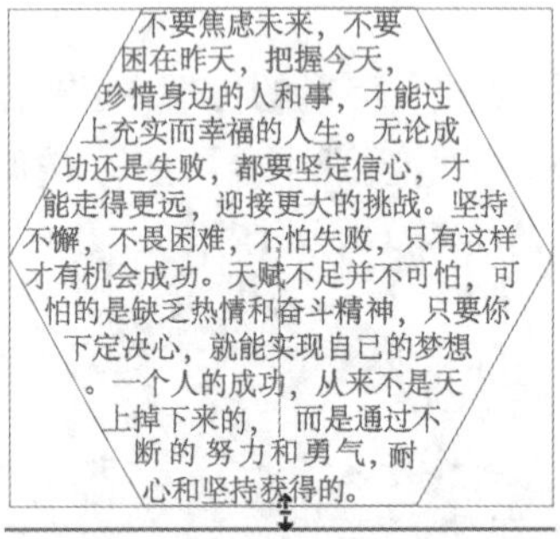

不要焦虑未来，不要困在昨天，把握今天，珍惜身边的人和事，才能过上充实而幸福的人生。无论成功还是失败，都要坚定信心，才能走得更远，迎接更大的挑战。坚持不懈，不畏困难，不怕失败，只有这样才有机会成功。天赋不足并不可怕，可怕的是缺乏热情和奋斗精神，只要你下定决心，就能实现自己的梦想。一个人的成功，从来不是天上掉下来的，而是通过不断的努力和勇气，耐心和坚持获得的。

图 4–130

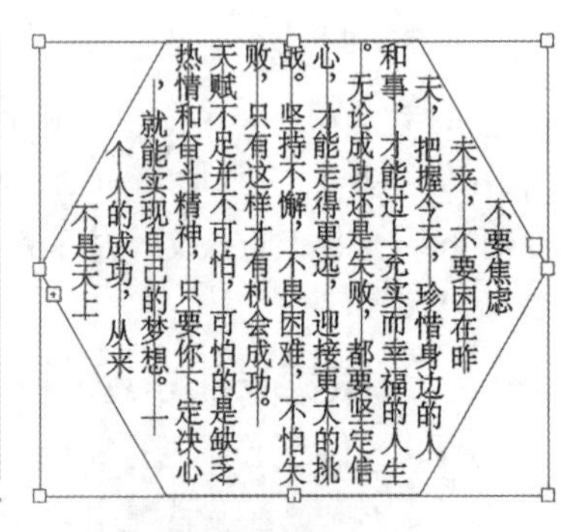

图 4–131

4.2.5 实战演练——制作旅游书籍封面

使用“矩形工具”和“建立剪切蒙版”命令制作背景；使用“文字工具”、“字符”控制面板和“矩形工具”添加并编辑封底文字；使用“置入”命令置入需要的多张图片，使用“投影”命令添加投影效果。最终效果如图 4–132所示 。

图 4–132

视频 4–4

4.3 综合演练——制作旅游摄影书籍封面

4.3.1 案例分析

旅游摄影，指在旅游过程中进行的摄影，也就是用摄影记录旅行的过程，记录旅途中的风光，以及旅途中所发生的不寻常的事、见到的不寻常的人。本案例是制作旅游摄影书籍封面，设计要求突出主题，展现书籍特色。

4.3.2 设计理念

在设计过程中，使用自然舒适的淡黄色作为图书封面背景色，拉近与人之间的距离，达到宣传的目的。清晰醒目的标题和其他文字告诉读者书籍特色以及适用群体，让人觉得很贴心。使用各类不同的图形与路灯结合，丰富了画面，整体设计符合现代年轻人轻生活的生活理念。

4.3.3 知识要点

使用“外发光”命令为图形添加发光效果；使用“文字工具”添加标题及相关信息；使用“字形”命令插入需要的字形；使用“钢笔工具”“区域文字工具”制作区域文字效果。最终效果如图 4–133 所示。

图 4–133

视频 4–5

4.4 综合演练——制作文学书籍封面

4.4.1 案例分析

本案例是一本介绍说话技巧的书籍封面设计，书名是“天啊！难道这就是谎话？！”，书的内容是介绍如何正确运用说话技巧使生活和工作更加得心应手。在设计上要通过对书名的设计和其他图形的编排，制作出醒目且不失活泼的封面。

4.4.2 设计理念

在设计过程中，首先使用卡通形象作为封面背景，体现封面的活泼感。黄色的图形位于封面中心，强化了视觉冲击效果，同时突出书名。书名的不规则排列和颜色变化，使书籍的主题更加醒目突出，使读者一目了然。卡通形象的添加使整个设计生动活泼而不呆板，增加了学习的乐趣，让读者有学习的欲望。

4.4.3 知识要点

使用“透明度”控制面板、“镜像”工具和“复制”命令制作背景图案；使用“钢笔工具”、“混合工具”和“透明度”控制面板制作装饰曲线；使用“文字工具”添加书籍名称和介绍性文字；使用“符号”控制面板添加需要的符号图形。最终效果如图 4-134 所示。

图 4-134

视频
4-6（a）

视频
4-6（b）

项目5

宣传单设计

宣传单最主要的作用是对产品进行宣传，并力求在最短的时间内吸引消费者消费。所以，在设计中一定要从实际出发，站在消费者的角度上进行设计，不要华而不实、喧宾夺主，要将最具有吸引力的产品信息放在容易看到的位置，适当使用一些夸张手法。本项目以各种不同主题的宣传单为例，讲解宣传单的设计方法和制作技巧。

课堂学习目标

- 掌握宣传单的设计思路和过程。
- 掌握制作宣传单的相关工具。
- 掌握宣传单的制作方法和技巧。

5.1 制作教育类宣传单

5.1.1 案例分析

本案例是为幼儿园制作广告宣传单，要求设计将优质的幼儿教学特色充分展现出来，并将宣传的内容在画面中突出显示。

5.1.2 设计理念

在设计过程中，宣传单的背景用竖向的条纹，增加了画面的规律性，画面中的文字排列整齐、清晰直观，简单可爱的插画围绕标题，丰富了画面，增强了宣传单的观赏性。宣传单整体体现了幼儿教育活泼轻松的风格，给人以条理清晰、主次分明的印象。最终效果如图 5-1 所示。

视频 5-1

图 5-1

5.1.3 操作步骤

1. 制作底图

（1）按 Ctrl+N 组合键，新建一个文档，设置其宽度为 210 mm，高度为 210 mm，取向为竖向，颜色模式为 CMYK。选择“矩形工具”，绘制一个与页面大小相等的矩形，输入图形填充色的 C、M、Y、K 的值为“78”“30”“2”“0”，填充图形，设置描边色为无，并按 F2 键将该对象锁定。

（2）再绘制一个矩形，输入图形填充色的 C、M、Y、K 的值为“0”“0”“0”“0”，填充图形，并设置描边色为无，如图 5-2 所示。选择“窗口”菜单→“透明度”命令，调出“透明度”控制面板，设置不透明度为 7%，如图 5-3 所示，选择“选择工具”，按住 Alt+Shift 组合键的同时，水平向右拖曳矩形到适当的位置，复制矩形，效果如图 5-4 所示。

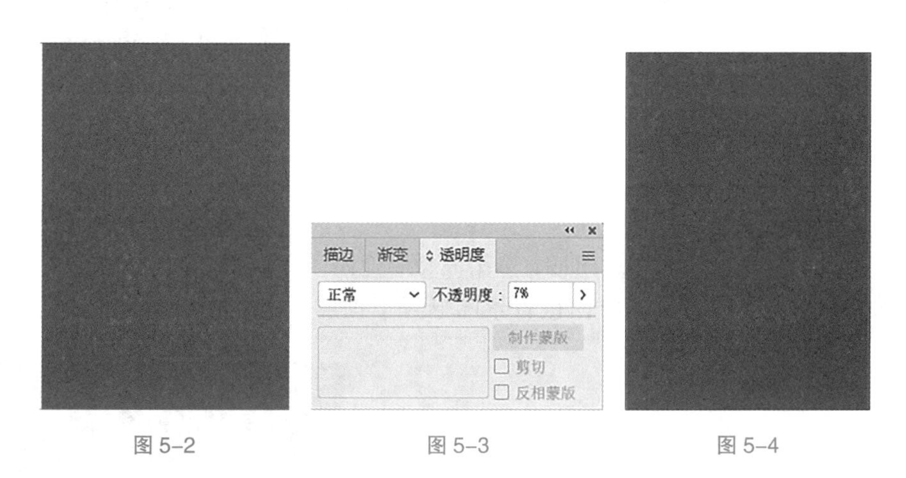

图 5-2　　图 5-3　　图 5-4

（3）双击“混合工具”，弹出“混合选项”对话框，各选项的设置如图 5-5 所示，单击“确定”按钮，分别在两个矩形上单击，混合后效果如图 5-6 所示。

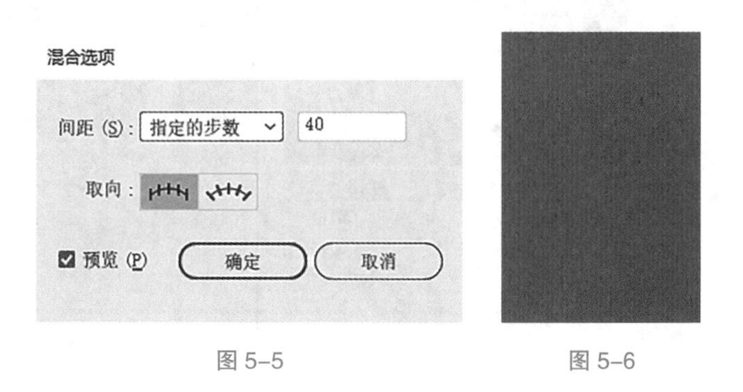

图 5-5　　图 5-6

（4）选择“钢笔工具”，在页面中绘制如图 5-7 所示的图形，输入图形填充色的 C、M、Y、K 的值为“0”“0”“0”“0”。

2. 制作主体图像

（1）按 Ctrl+O 组合键，打开“Ch06”→“素材”→“制作教育类宣传单”→“01”文件，选择“选择工具”，按 Ctrl+A 组合键，全选图形。按 Ctrl+C 组合键，复制图形。

选择正在编辑的页面，按 Ctrl+V 组合键，将其粘贴到页面中，并拖曳到适当的位置，效果如图 5-8 所示。

图 5-7

图 5-8

（2）选择绘制的白色背景图形，单击右键，弹出菜单列表，选择“排列”→“置于顶层”命令，如图 5-9 所示，将白色背景图形置于顶层，效果如图 5-10 所示。

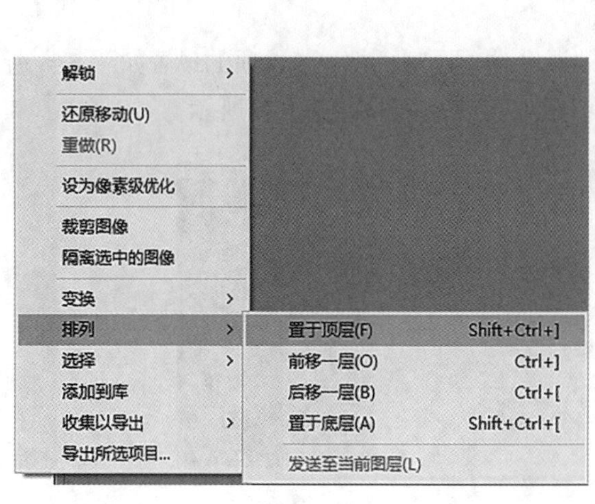

图 5-9

图 5-10

（3）选择“文字工具”T，在适当的位置输入文字，选择“选择工具”，在“字符”控制面板中的各选项设置如图 5-11 所示。选择“文字工具”T，选取文字，输入文字填充色的 C、M、Y、K 的值为“0”“0”“0”“0”，填充文字，效果如图 5-12 所示。

（4）选择“选择工具”，选取文字，单击工具属性栏中的“制作封套”按钮，弹出“变形选项”对话框，其中各选项设置如图 5-13 所示，单击“确定”按钮。

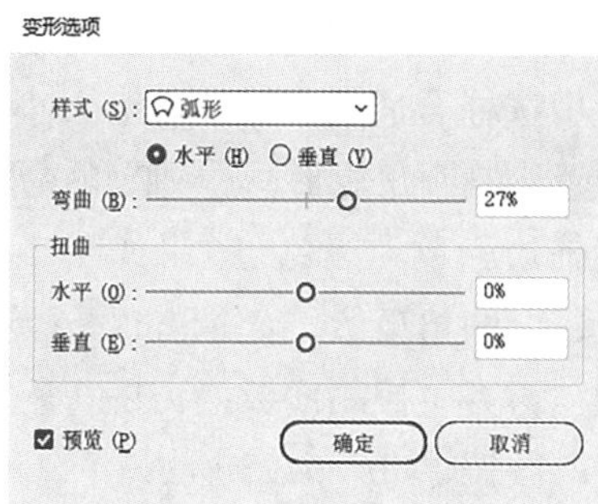

图 5-11　　图 5-12　　图 5-13

（5）保持文字的选取状态，单击“效果”菜单→“风格化”→“外发光”命令，弹出“外发光”对话框，各参数设置如图 5-14 所示，单击“模式”选项后的外发光颜色设置按钮，输入文字外发光颜色的 C、M、Y、K 的值为“72”“36”“0”“0”；继续保持文字的选取状态，单击“效果”菜单→“风格化”→“投影”命令，弹出“投影”对话框，各参数设置如图 5-15 所示，单击“颜色”选项后的投影颜色设置按钮，输入投影颜色的 C、M、Y、K 的值为“79”“32”“21”“0”，最终效果如图 5-16 所示。

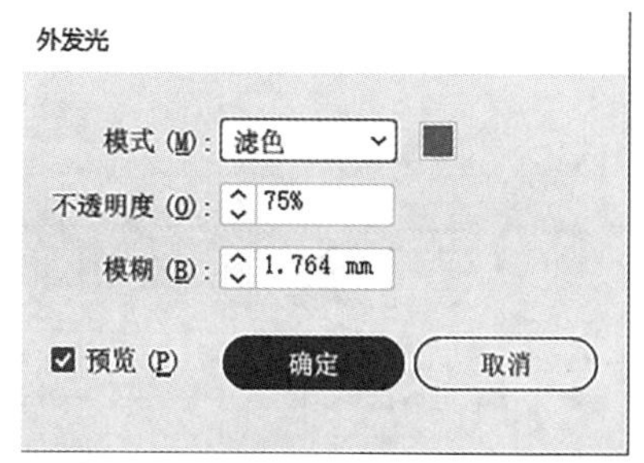

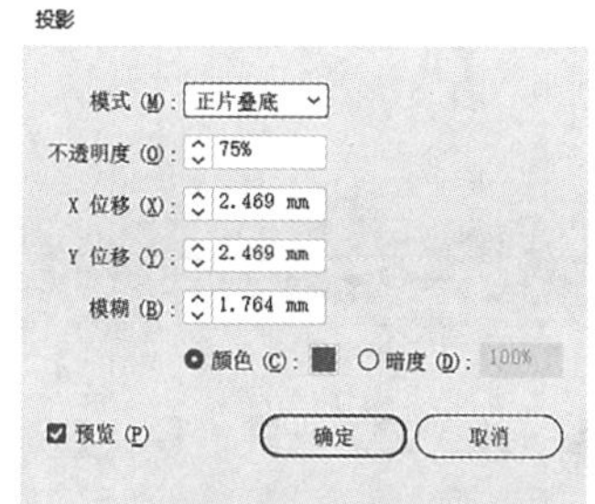

图 5-14　　图 5-15　　图 5-16

（6）选择“椭圆工具”，在适当的位置绘制圆形，输入圆形填充色的C、M、Y、K的值为“59”“7”“99”“0”，填充圆形，并设置描边色为无，效果如图 5-17 所示。选择该圆形，并按住 Alt 键，复制三个圆形，分别输入三个圆形填充色的 C、M、Y、K 的值为“6”、“46”、“88”、“0”，“76”、“29”、“7”、“0”，“10”、“81”、“23”、“0”，效果如图 5-18 所示。

图 5-17　　图 5-18

（7）按住 Shift 键，选择绘制的四个圆形，单击“窗口”菜单→“对齐”命令，弹出“对齐”控制面板，单击“垂直顶对齐”按钮，如图 5–19 所示，继续单击“水平居中分布”按钮，如图 5–20 所示。

（8）选择“文字工具” T，在适当的位置输入文字，选择“选择工具”，在工具属性栏中选择合适的字体和文字大小，填充文字为白色；选择“圆角矩形工具”，在适当的位置绘制圆角矩形，输入圆角矩形填充色的 C、M、Y、K 的值为“77”“33”“7”“0”，设置描边颜色为黑色，效果如图 5–21 所示。选择该图形，并按住 Alt 键，拖曳该图形，复制出三个圆角矩形，按住 Shift 键，选中这四个圆角矩形，单击“窗口”菜单→“对齐”命令，弹出“对齐”控制面板，单击“垂直顶对齐”按钮，如图 5–22 所示，继续单击“水平居中分布”按钮，如图 5–23 所示。

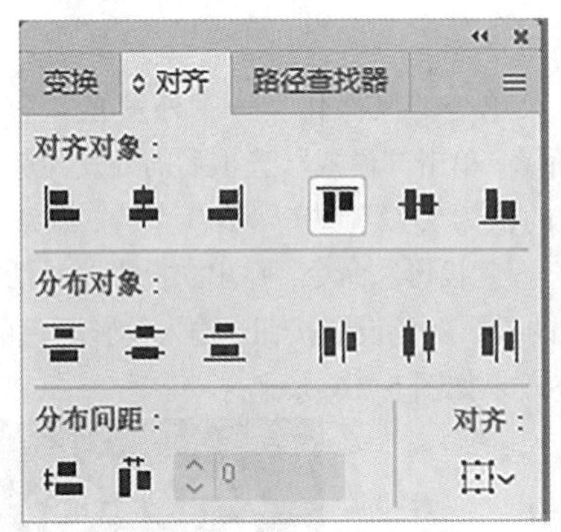

图 5–19

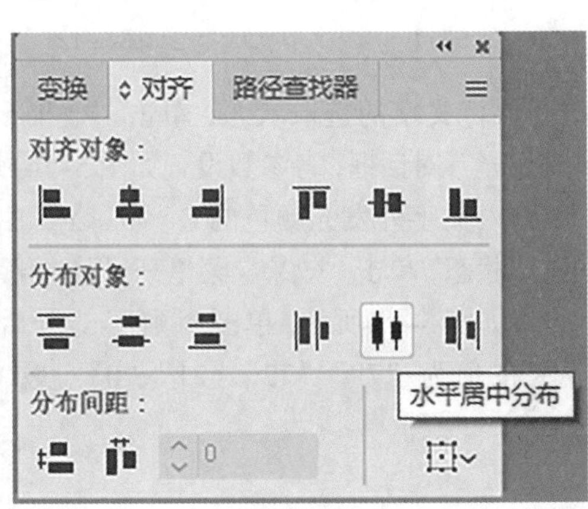

图 5–20

图 5–21

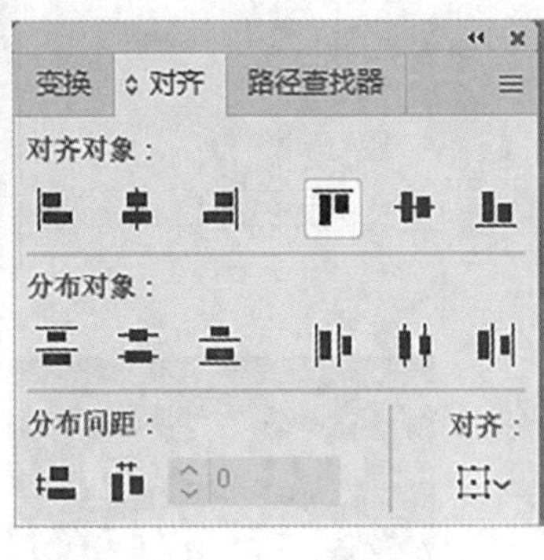

图 5–22

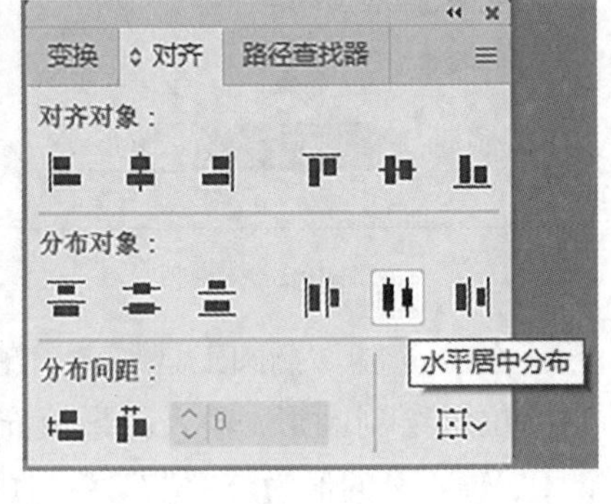

图 5–23

3. 添加宣传文字

（1）选择“文字工具” T，在适当的位置输入文字，选择“选择工具”，在工具属性栏中选择合适的字体和文字大小，文字填充颜色为白色，效果如图 5–24 所示。

（2）选择“文字工具” T，在适当的位置输入文字，选择“选择工具”，在“字符”控制面板中的各选项设置如图 5–25 所示，文字填充颜色为黑色。

图 5-24

图 5-25

（3）选择“文字工具” T，在适当的位置输入文字，选择“选择工具” ▶，在工具属性栏中选择合适的字体和文字大小，文字填充颜色为黑色，如图 5-26 所示。按相同操作再次添加文字，最终效果如图 5-27 所示。

图 5-26

图 5-27

5.1.4 相关工具

1. 混合效果的使用

选择“混合”命令可以对整个图形、部分路径或控制点进行混合。混合对象后，中间各级路径上的点的数量、位置以及点之间线段的性质取决于起始对象和终点对象上点的数量，同时还取决于在每个路径上的特定点。

“混合”命令试图匹配起始对象和终点对象上的所有点，并在每对相邻的点间画条线段。起始对象和终点对象最好包含相同数量的控制点。如果两个对象含有不同数量的控制点，Illustrator CC 将在中间级中增加或减少控制点。

1）创建混合对象

选择“选择工具”，选取要进行混合的2个对象，如图5-28所示，选择“混合工具”，单击要混合的起始图像，如图5-29所示。

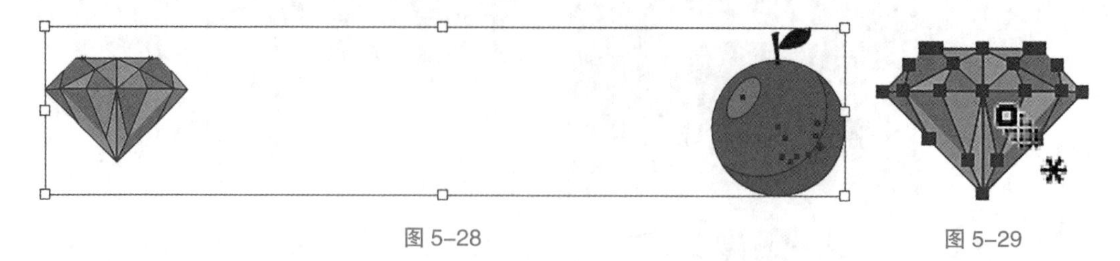

图5-28　　图5-29

在另一个要混合的图像上单击，将它设置为目标图像，如图5-30所示。混合图像效果如图5-31所示。

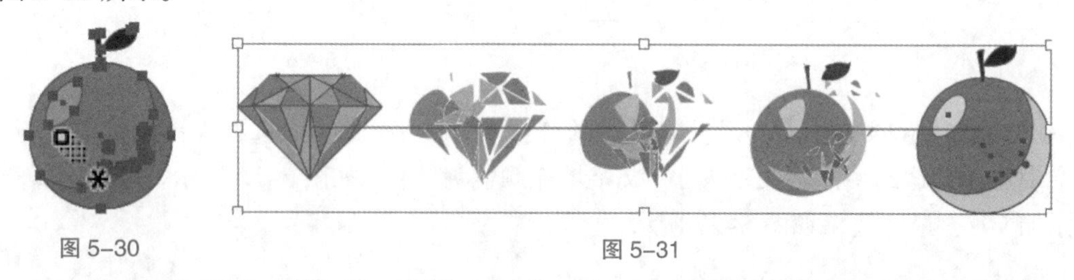

图5-30　　图5-31

创建混合对象的另一种方法：选择“选择工具”，选取要进行混合的对象，选择“对象”菜单→“混合”→“建立”命令（组合键为Alt+Ctrl+B），创建出混合图像。

2）创建混合路径

选择“选择工具”，选取要进行混合的对象，如图5-32所示；选择“混合工具”，单击要混合的起始路径上的某一节点，如图5-33所示；单击要混合的目标路径上的某一节点，如图5-34所示；创建出混合路径，效果如图5-35所示。

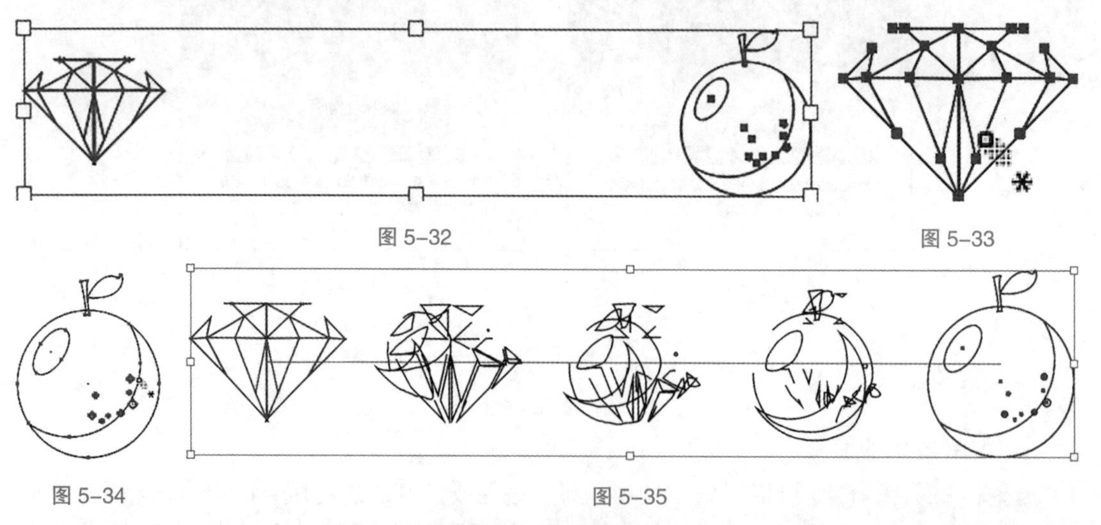

图5-32　　图5-33

图5-34　　图5-35

提示：

在起始路径和目标路径上单击的节点不同，所得出的混合效果也不同。

选择“混合工具”，单击混合路径中最后一个混合对象路径上的节点，如图 5–36 所示；单击想要添加的其他对象路径上的节点，如图 5–37 所示，可继续混合其他对象，效果如图 5–38 所示。

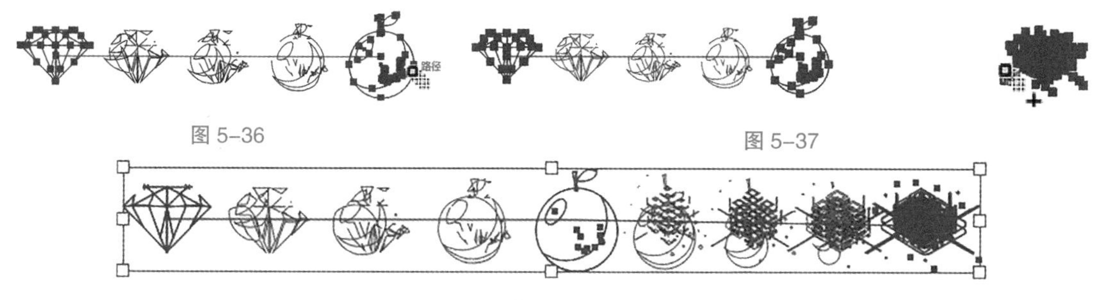

图 5–36　图 5–37

图 5–38

3）释放混合对象

选择“选择工具”，选取一组混合对象，如图 5–39 所示；选择“对象”菜单→“混合”→“释放”命令（组合键为 Alt+Shift+Ctrl+B），释放混合对象，效果如图 5–40 所示。

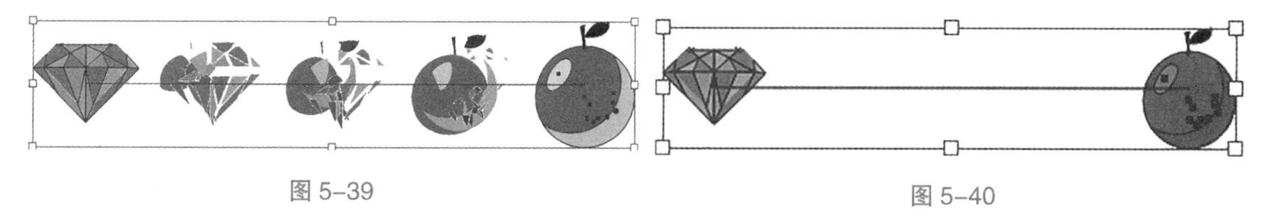

图 5–39　图 5–40

4）使用“混合选项”对话框

选择“选择工具”，选取要进行混合的对象，如图 5–41 所示；选择“对象”菜单→“混合”→“混合选项”命令，弹出“混合选项”对话框，在对话框中“间距”选项的下拉列表中选择“平滑颜色”，如图 5–42 所示，可以使混合的颜色保持平滑。

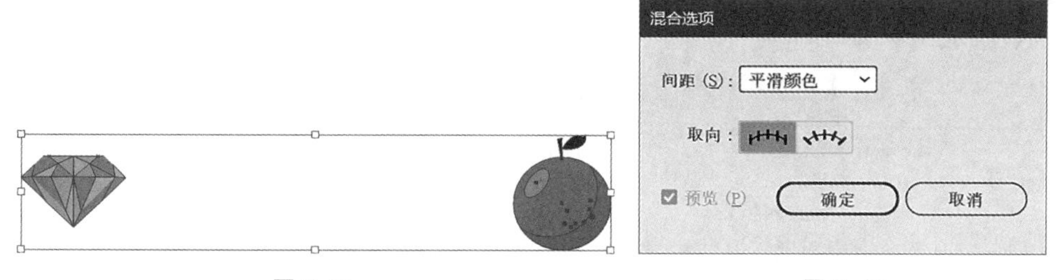

图 5–41　图 5–42

在“混合选项”对话框中“间距”选项的下拉列表中选择“指定的步数”，可以设置混合对象间的步数，如图 5–43 所示。在“混合选项”对话框中“间距”选项的下拉列表中选择“指定的距离”，可以设置混合对象间的距离，如图 5–44 所示。

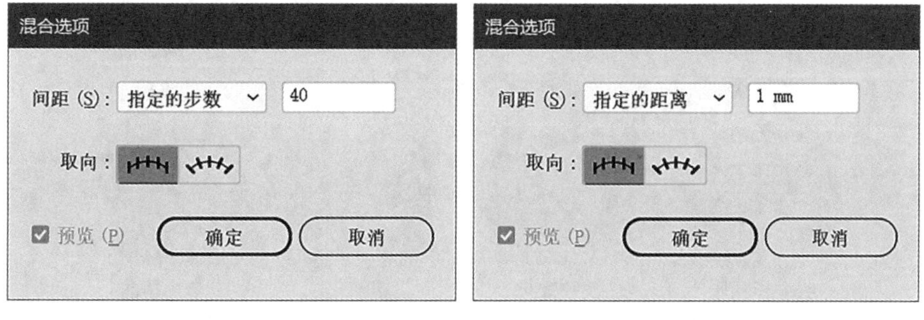

图 5–43　图 5–44

在“混合选项”对话框的“取向”选项组中有两个选项可以选择——“对齐页面”选项和“对齐路径”选项，如图 5–45 所示，设置好每个选项后，单击“确定”按钮；选择“对象”菜单→“混合”→“建立”命令，将对象混合，效果如图 5–46 所示。

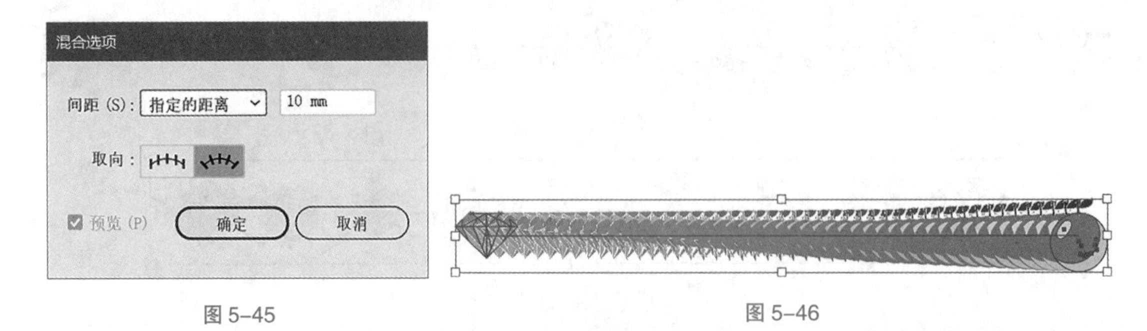

图 5–45　　图 5–46

如果想要将混合图形与外部路径结合，同时选取混合图形和外部路径，选择“对象”菜单→“混合”→“替换混合轴”命令，可以替换混合图形中的混合路径，替换混合轴前后的效果如图 5–47 和图 5–48 所示。

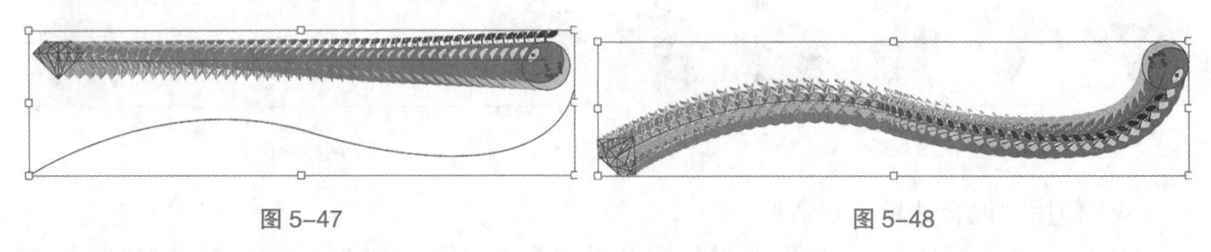

图 5–47　　图 5–48

2. “扭曲和变换”效果组

“扭曲和变换”效果组可以使对象产生各种扭曲变形的效果。选择“效果”菜单→“扭曲和变换”命令，其子菜单包括 7 个效果命令，如图 5–49 所示。“扭曲和变换”效果组的效果如图 5–50 所示。

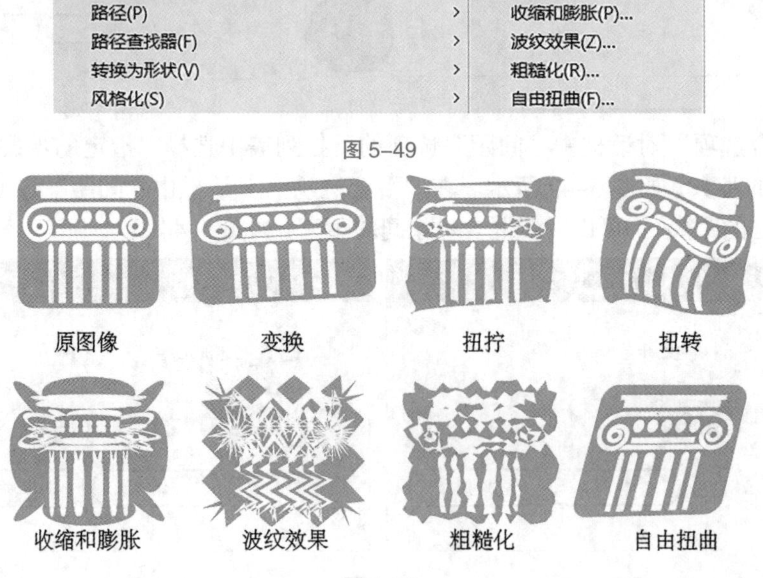

图 5–49

图 5–50

5.1.5 实战演练——制作购物宣传单

使用“高斯模糊”命令制作心形的装饰图形，使用“扭曲和变换”命令制作文字的扭曲变形效果，使用“投影”命令为文字添加阴影效果，使用“画笔库”中的“箭头 _ 特殊”命令为图片添加需要的链接箭头。最终效果如图 5-51 所示。

图 5-51

视频
5-2（a）

视频
5-2（b）

5.2 制作娱乐直播统计图表

5.2.1 案例分析

图表或统计图表，通常用来更好地理解大量数据及数据之间的关系，让人们通过视觉化的符号，更快速地读取数据信息。现今，图表已经被广泛用于各种领域。本案例是制作娱乐直播统计图表，可使用户直观了解数据信息。

5.2.2 设计理念

整体设计以简洁易懂为主要设计理念。使用“条形图工具”建立条形图表；使用“设计”命令定义图案；使用“柱形图”命令制作图案图表；使用“钢笔工具”“直接选择工具”“编组选择工具”编辑女性图案；使用“文字工具”和“字符”控制面板添加并编辑标题及统计信息。最终效果如图 5-52 所示。

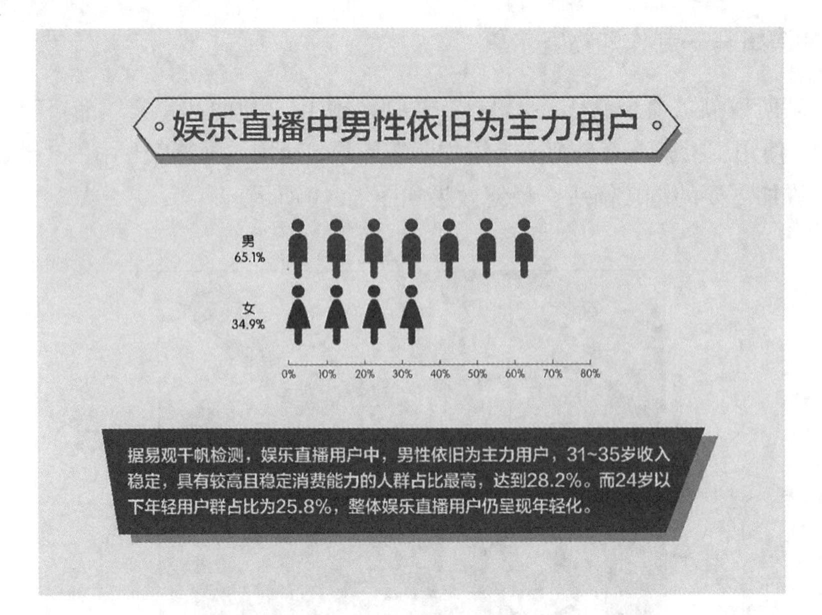

视频 5-3

图 5-52

5.2.3 操作步骤

（1）按 Ctrl+N 组合键，弹出“新建文档”对话框，设置文档的宽度为 285 mm，高度为 210 mm，取向为横向，颜色模式为 CMYK，单击“创建”按钮，新建一个文档。

（2）选择“矩形工具”，绘制一个与页面大小相等的矩形，设置填充色为米黄色（输入填充色的 C、M、Y、K 的值为“4”“4”“10”“0”），填充图形，并设置描边色为无，效果如图 5-53 所示。

（3）使用“矩形工具”，再绘制一个矩形，设置填充色为米黄色（输入填充色的 C、M、Y、K 的值为“4”“4”“10”“0”），填充图形，设置描边色为蓝色（输入填充色的 C、M、Y、K 的值为“65”“21”“0”“0”），填充描边，并在工具属性栏中将“描边粗细”选项设置为 2 pt，按 Enter 键确定操作，效果如图 5-54 所示。

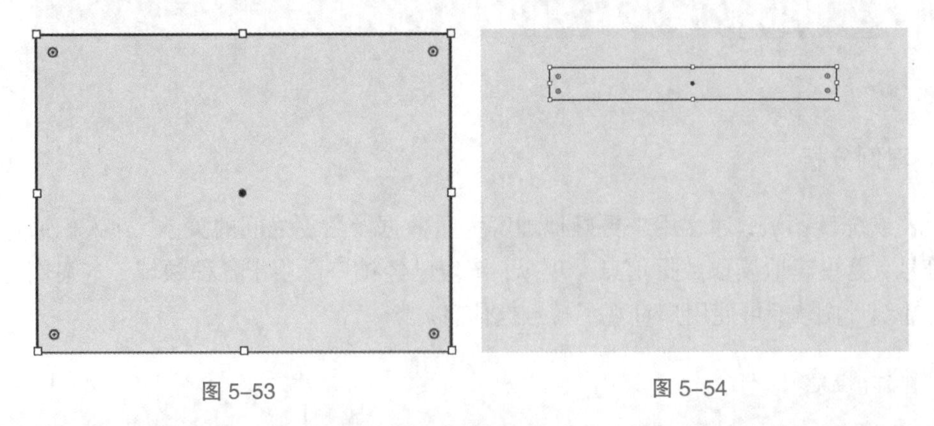

图 5-53　　图 5-54

（4）选择“添加锚点工具”，分别在矩形左右边中间的位置单击，添加两个锚点，如图 5-55 所示。

（5）选择“直接选择工具”，选取右边添加的锚点，并向右拖曳锚点到适当的位置，效果如图 5-56 所示。

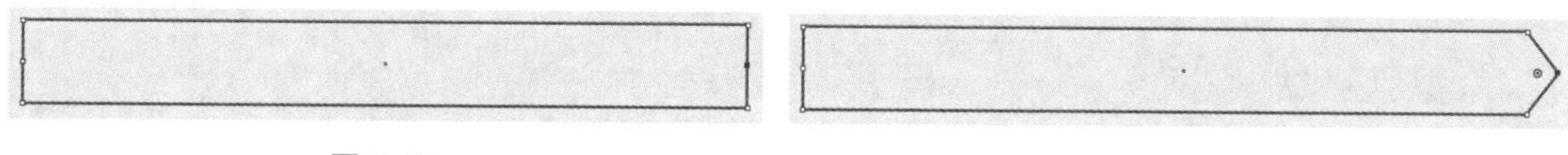

图 5-55　　图 5-56

（6）用相同的方法调整左边添加的锚点，效果如图 5-57 所示。

（7）选择“选择工具”，选取图形，按 Ctrl+C 组合键，复制图形，按 Ctrl+B 组合键，将复制的图形粘贴在原图形后面。按→和↓方向键，微调复制的图形到适当的位置，效果如图 5-58 所示。

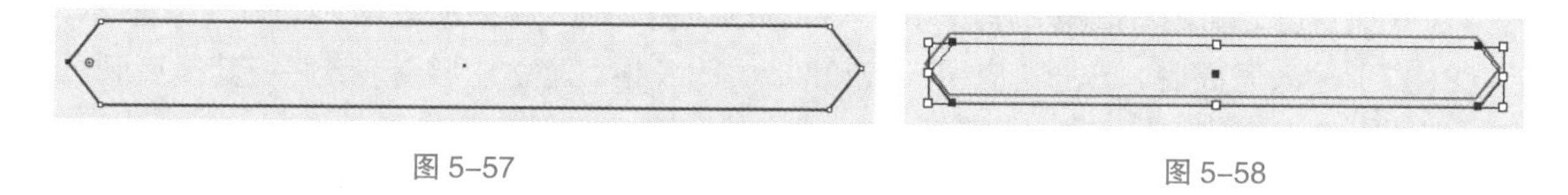

图 5-57　　图 5-58

（8）设置复制的图形的填充色为浅蓝色（输入填充色的 C、M、Y、K 的值为“45”“0”“4”“0”），填充图形，效果如图 5-59 所示。

（9）选择“椭圆工具”，按住 Shift 键，在适当的位置绘制一个圆形，效果如图 5-60 所示。

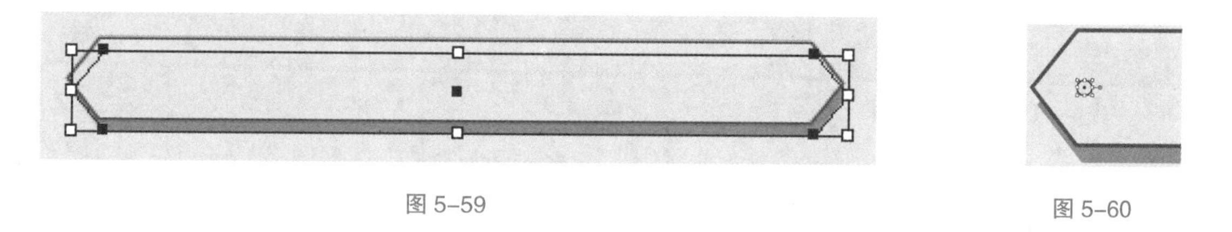

图 5-59　　图 5-60

（10）选择“吸管工具”，将吸管样式的光标放置在上方矩形上，如图 5-61 所示。

（11）单击吸取上方矩形属性，如图 5-62 所示。

（12）选择“选择工具”，按住 Alt+Shift 组合键的同时，水平向右拖曳圆形到适当的位置，复制圆形，效果如图 5-63 所示。

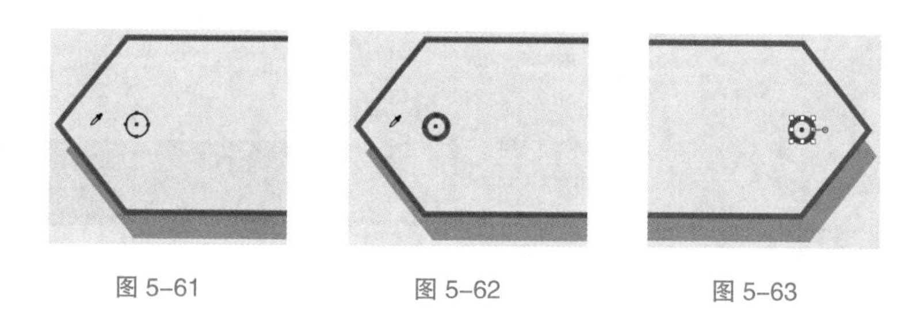

图 5-61　　图 5-62　　图 5-63

（13）选择“文字工具”，在页面中输入文字，选择“选择工具”，在工具属性栏中选择合适的字体并设置文字大小，效果如图 5-64 所示。

（14）设置文字填充色为蓝色（输入填充色的 C、M、Y、K 的值为“65”“21”“0”“0”），填充文字，效果如图 5-65 所示。

（15）选择“条形图工具”，在页面中单击，弹出“图表”对话框，各选项设置如图 5-66 所示。

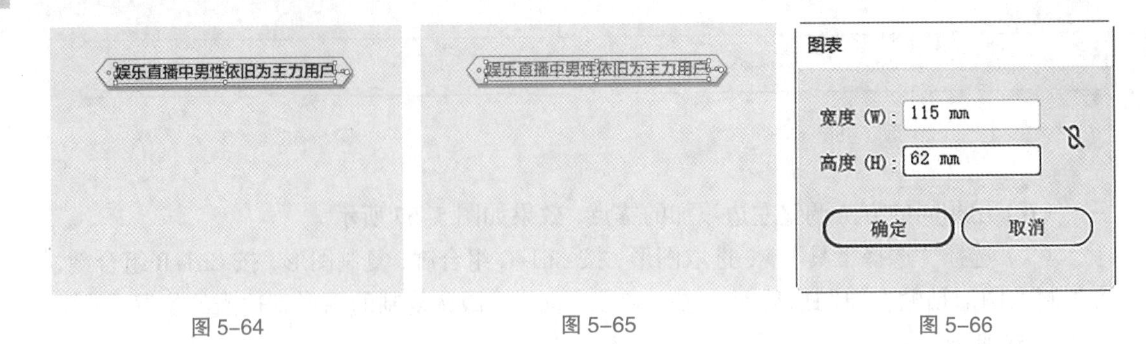

图 5-64　　图 5-65　　图 5-66

（16）单击“确定”按钮，弹出可输入数据的表格，输入相应的数据，如图 5-67 所示。

（17）输入完成后，单击“应用”按钮，关闭表格，建立柱形图表，并将其拖曳到页面中适当的位置，效果如图 5-68 所示。

（18）选择“对象”菜单→“图表”→“类型”命令，弹出“图表类型”对话框，各选项的设置如图 5-69 所示。

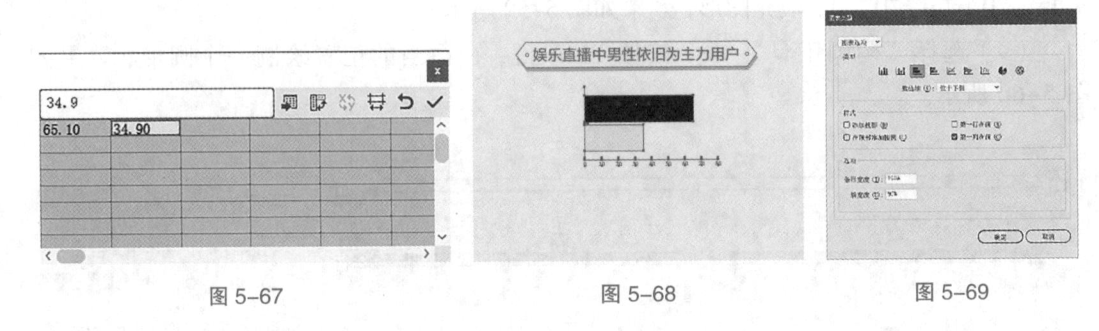

图 5-67　　图 5-68　　图 5-69

（19）单击“图表选项”选项右侧的下拉按钮，在弹出的下拉列表中选择“数值轴”，切换到相应的对话框进行设置，如图 5-70 所示。

（20）单击“数值轴”选项右侧的下拉按钮，在弹出的下拉列表中选择“类别轴”，切换到相应的对话框进行设置，如图 5-71 所示。

（21）设置完成后，单击“确定”按钮，条形图效果如图 5-72 所示。

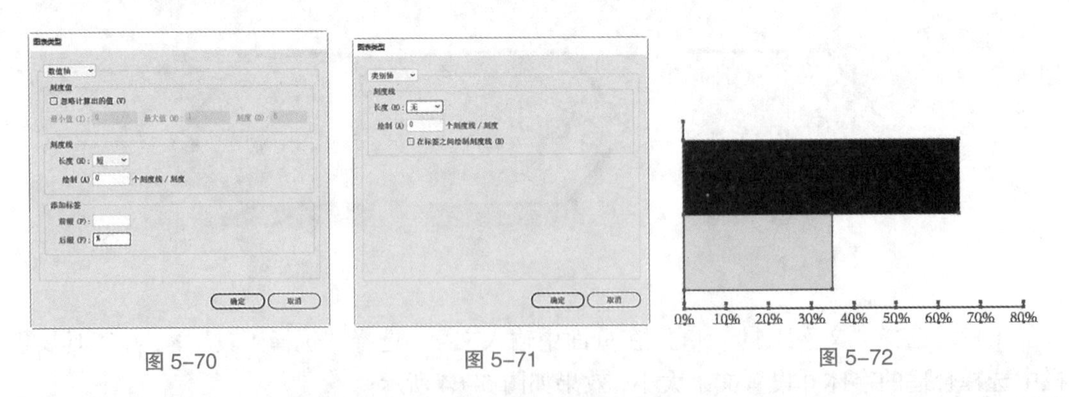

图 5-70　　图 5-71　　图 5-72

（22）按 Ctrl+O 组合键，打开“Ch06”→“素材”→“制作娱乐直播统计图表”→“01”文件，选择“选择工具”，选取需要的图形，如图 5-73 所示。

（23）选择“对象”菜单→“图表”→“设计”命令，弹出“图表设计”对话框，单击“新建设计”按钮，显示所选图形的预览，如图 5-74 所示。

（24）单击“重命名”按钮，在弹出的“图表设计”对话框中输入名称，如图 5-75 所示。

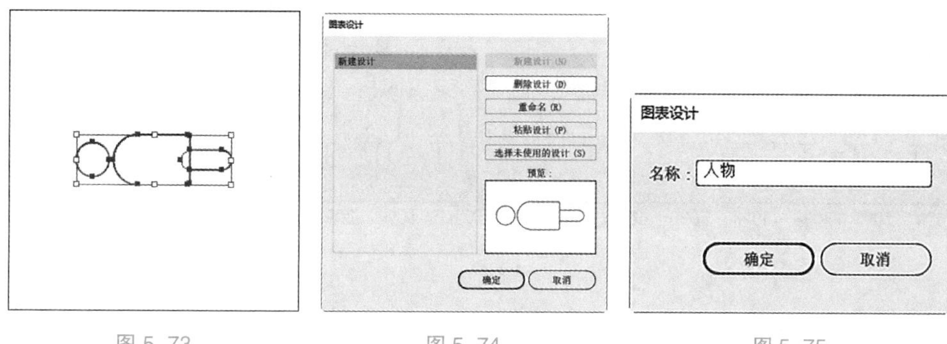

图 5-73　　图 5-74　　图 5-75

（25）单击“确定”按钮，返回到“图表设计”对话框，如图 5-76 所示，单击“确定”按钮，完成图表图案的定义。

（26）返回到正在编辑的页面，选取条形图，选择“对象”菜单→“图表”→“柱形图”命令，弹出“图表列”对话框，选择新定义的图案名称，其他选项的设置如图 5-77 所示。

（27）单击“确定”按钮，条形图效果如图 5-78 所示。

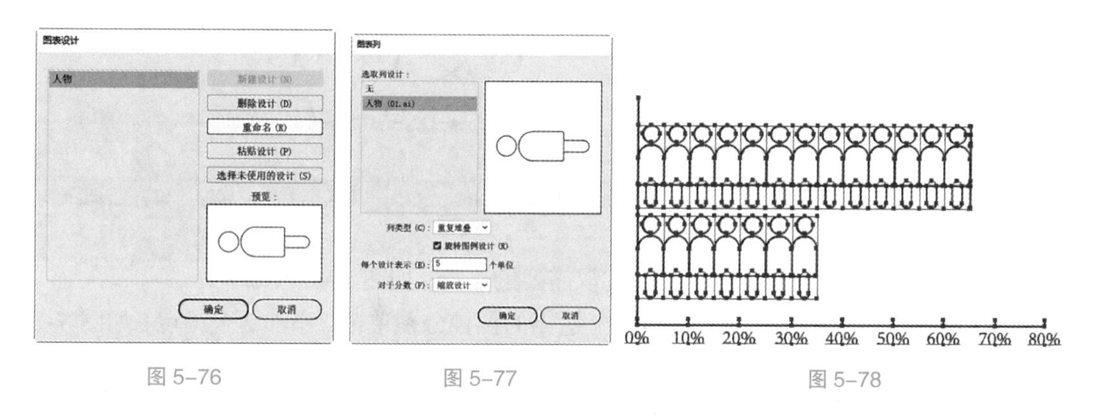

图 5-76　　图 5-77　　图 5-78

（28）选择“编组选择工具”，选取需要的图形，如图 5-79 所示。

（29）按 Delete 键将步骤（28）中选取的图形删除，效果如图 5-80 所示。

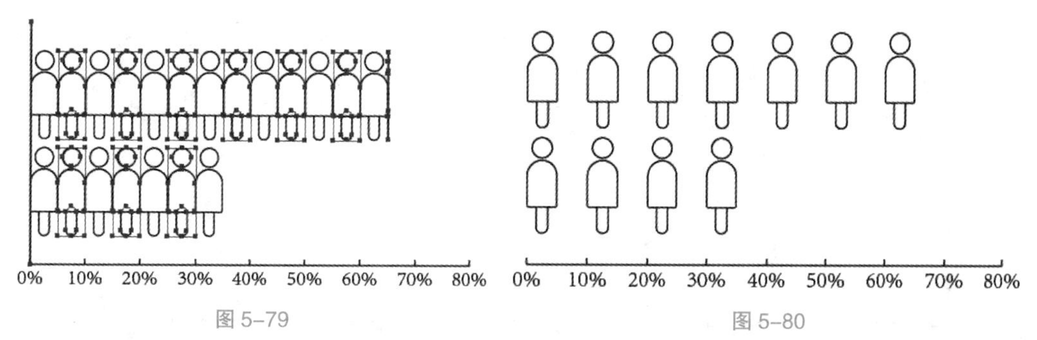

图 5-79　　图 5-80

（30）选择“编组选择工具”，按住 Shift 键的同时，依次单击选取需要的图形，如图 5-81 所示。

（31）设置选取的图形的填充色为蓝色（输入填充色的 C、M、Y、K 的值为“65”“21”“0”“0”），填充图形，并设置描边色为无，效果如图 5-82 所示。

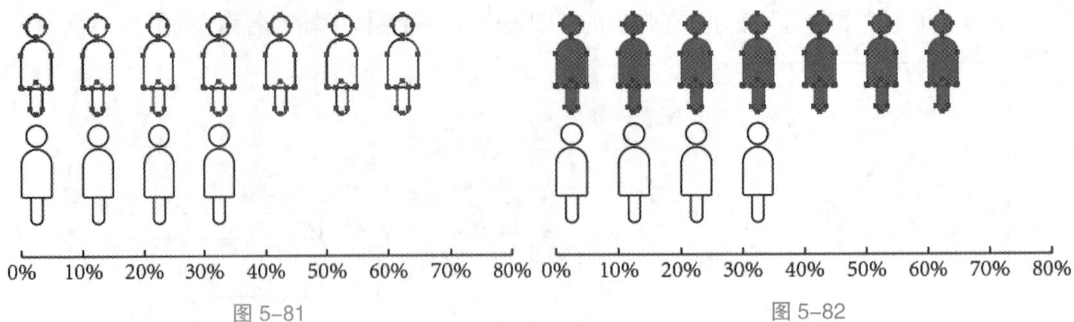

图 5-81　　图 5-82

（32）选择“编组选择工具”，用框选的方法将刻度线同时选取，设置描边色为灰色（输入描边色的 C、M、Y、K 的值为“0”“0”“0”“60”），如图 5-83 所示。

（33）选择“编组选择工具”，用框选的方法将刻度线下方的数值选取，在工具属性栏中选择合适的字体并设置文字大小，设置文字填充色为灰色（输入填充色的 C、M、Y、K 的值为“0”“0”“0”“60”），填充文字，效果如图 5-84 所示。

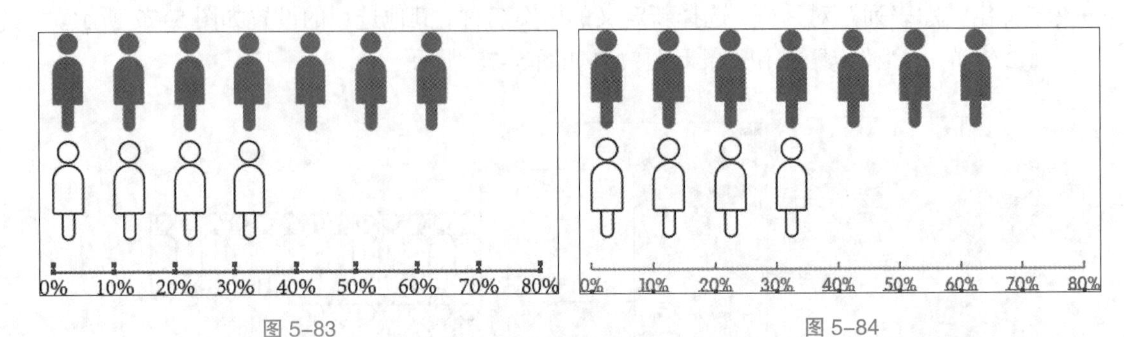

图 5-83　　图 5-84

（34）选择“直接选择工具”，选取需要的路径，如图 5-85 所示。

（35）选择“钢笔工具”，在路径上适当的位置分别单击，添加 2 个锚点，如图 5-86 所示。

（36）在不需要的锚点上分别单击，删除锚点，如图 5-87 所示。

（37）选择“直接选择工具”，用框选的方法选取左下角的锚点，如图 5-88 所示。

（38）向左拖曳锚点到适当的位置，如图 5-89 所示。

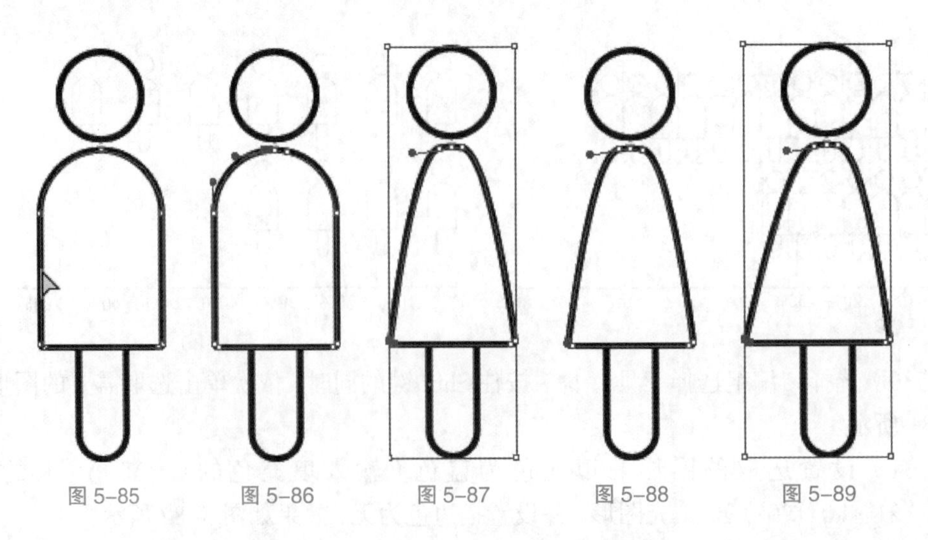

图 5-85　　图 5-86　　图 5-87　　图 5-88　　图 5-89

（39）用相同的方法调整右下角的锚点，如图 5–90 所示。条形图中第二行的图形皆调整至图 5–90 所示的效果。

（40）选择“编组选择工具”，按住 Shift 键的同时，依次单击选取条形图中第二行的图形，设置填充色为粉红色（输入填充色的 C、M、Y、K 的值为“0”“75”“36”“0”），填充图形，并设置描边色为无，单个图形的效果如图 5–91 所示，条形图整体效果如图 5–92 所示。

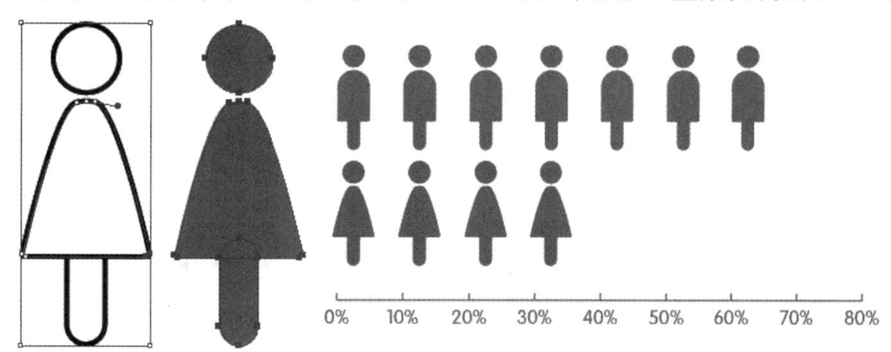

图 5–90　图 5–91　图 5–92

（41）选择“文字工具”，在适当的位置输入文字，选择“选择工具”，在工具属性栏中选择合适的字体并设置文字大小，单击“居中对齐”按钮，将文字居中对齐，如图 5–93 所示。

（42）选择“矩形工具”，在适当的位置绘制一个矩形，设置填充色为蓝色（输入矩形填充色的 C、M、Y、K 的值为“65”“21”“0”“0”），填充矩形，并设置描边色为无，效果如图 5–94 所示。

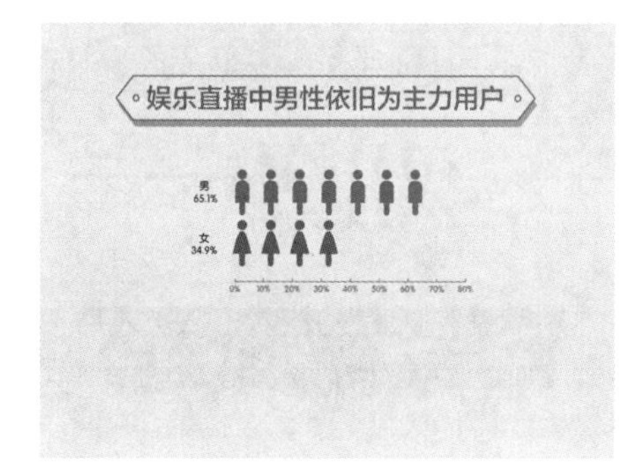

图 5–93

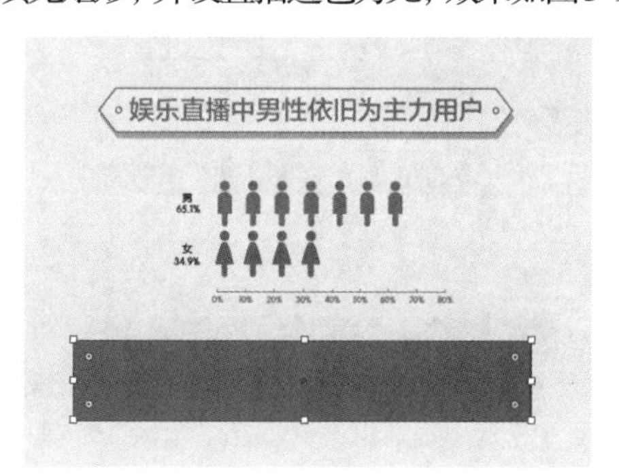

图 5–94

（43）选择“直接选择工具”，选取矩形左下角的锚点，并向右拖曳锚点到适当的位置，效果如图 5–95 所示。

（44）用相同的方法向左调整矩形右下角的锚点，效果如图 5–96 所示。

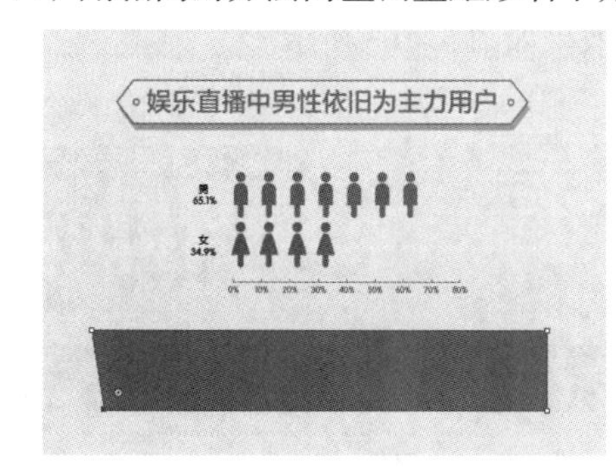

图 5–95

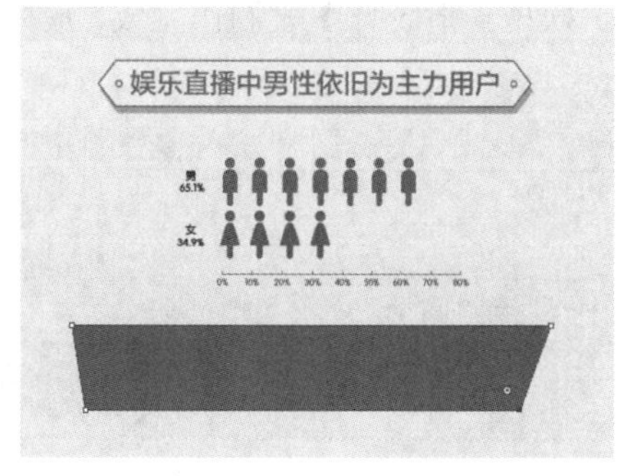

图 5–96

（45）选择“选择工具” ，选取矩形调整后得到的图形，按 Ctrl+C 组合键，复制图形，按 Ctrl+B 组合键，将复制的图形粘贴在原图形后面。按→和↓方向键，微调复制的图形到适当的位置，效果如图 5–97 所示。

（46）设置复制的图形的填充色为浅蓝色（输入填充色的 C、M、Y、K 的值为“45”“0”“4”“0”），填充图形，效果如图 5–98 所示。

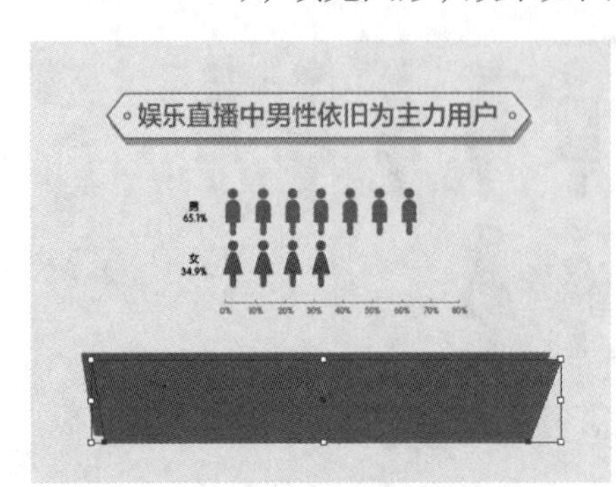

图 5–97

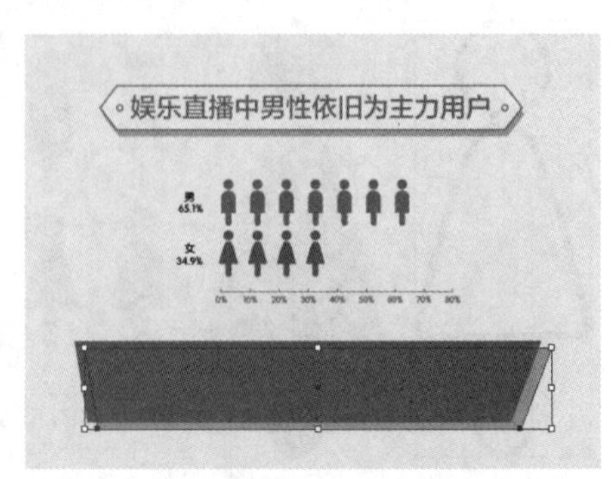

图 5–98

（47）选择“文字工具” ，在适当的位置输入文字，选择“选择工具” ，在工具属性栏中选择合适的字体并设置文字大小，效果如图 5–99 所示。

（48）设置文字填充色为米黄色（输入填充色 C、M、Y、K 的值为“4”“4”“10”“0”），填充文字，效果如图 5–100 所示。

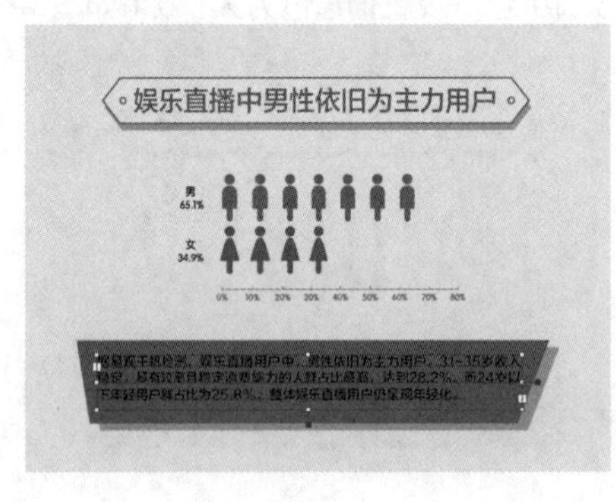

图 5–99

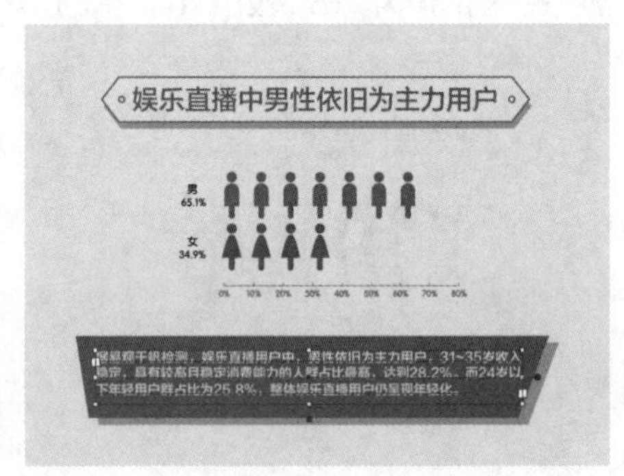

图 5–100

（49）按 Ctrl+T 组合键，弹出“字符”控制面板，在“设置行距” 选项数值框中输入 27 pt，其他选项的设置如图 5–101 所示。

（50）按 Enter 键确定操作，效果如图 5–102 所示。

（51）娱乐直播统计图表制作完成，最终效果如图 5–103 所示。

图 5–101

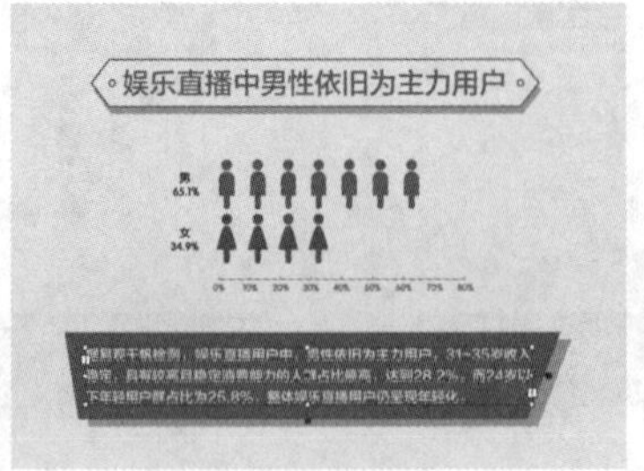

图 5–102

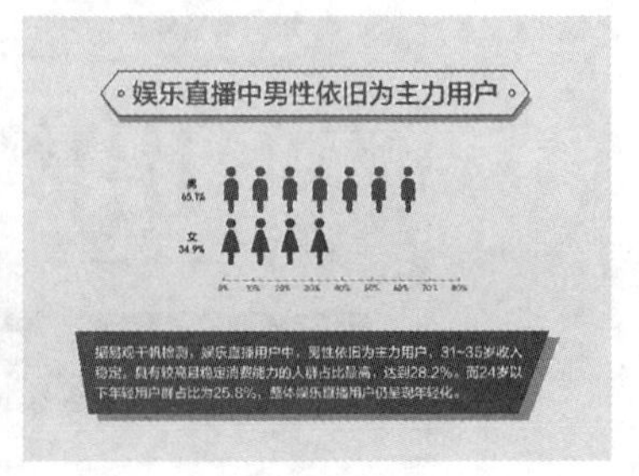

图 5–103

5.2.4 相关工具

1. 图表工具

单击“柱形图工具”，并按住鼠标左键不放，将会弹出柱形图工具组。工具组中包含的工具依次为“柱形图工具”、“堆积柱形图工具”、“条形图工具”、“堆积条形图工具”、“折线图工具”、“面积图工具”、“散点图工具”、“饼图工具”、“雷达图工具”，如图 5-104 所示。

图 5-104

柱形图是一种比较常用的图表类型，它使用一些竖排的、高度可变的矩形柱来表示各种数据，矩形的高度与数据大小成正相关。制作柱形图的具体步骤如下。

（1）选择“柱形图工具”，在页面中单击并拖曳光标绘出一个矩形区域来确定图表大小，或在页面上任意位置单击，弹出“图表”对话框，如图 5-105 所示。在“宽度”选项和“高度”选项的数值框中输入图表的宽度和高度数值，设定完成后，单击“确定”按钮，自动在页面中建立图表，如图 5-106 所示，同时弹出可输入数据的表格，如图 5-107 所示。单击表格中的第一格，删除默认数值“1.00”，按照文本表格的组织方式输入数据。如比较 3 个人 3 门考试分数情况，输入数据方式如图 5-108 所示。单击“应用”按钮✓，生成图表，所输入的数据被应用到图表上，柱形图效果如图 5-109 所示。

（2）在“图表数据”对话框中单击“换位行 / 列”按钮，互换行、列数据得到新的柱形图，效果如图 5-110 所示。

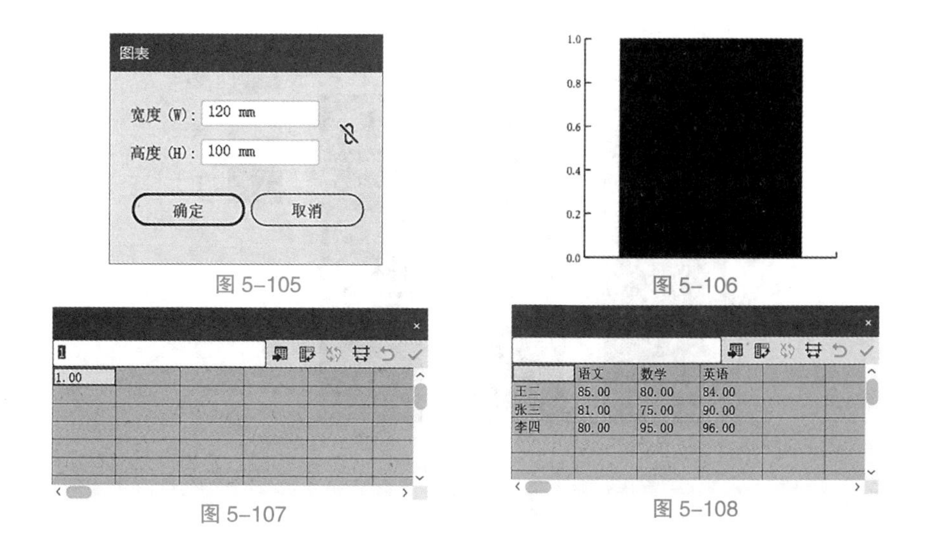

图 5-105 图 5-106

图 5-107 图 5-108

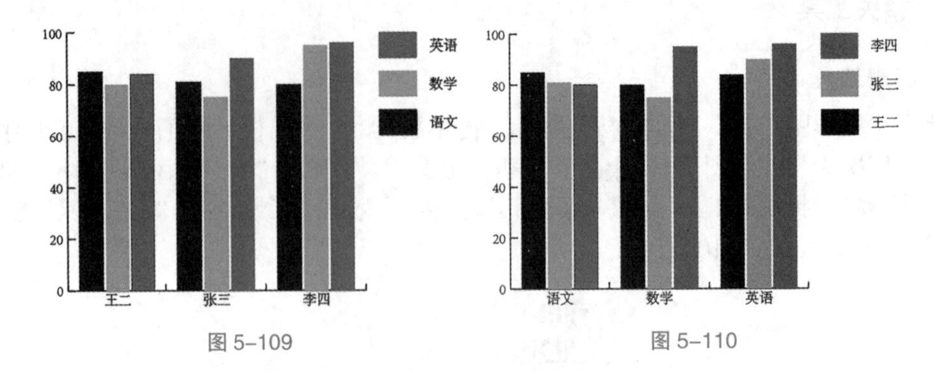

图 5-109　　图 5-110

（3）双击“柱形图工具” 或直接选择“对象”菜单→“图表”→“类型”命令，弹出“图表类型”对话框，可更改图表类型，如图 5-111 所示。

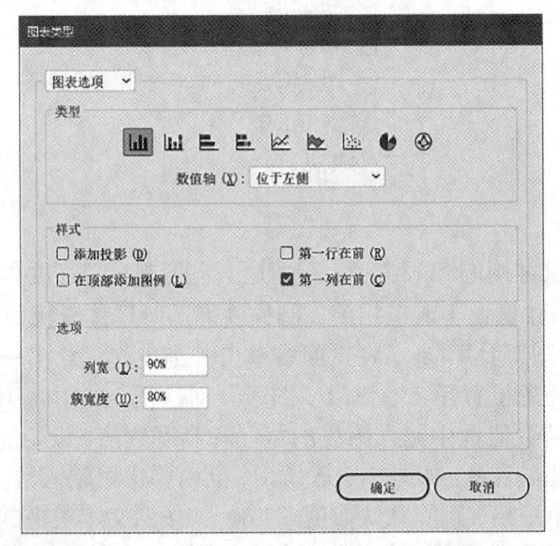

图 5-111

堆积柱形图与柱形图类似，只是它们表示的数据类型不同。柱形图表示的是单一的数据比较，而堆积柱形图表示的是加总数据的比较。因此，在进行数据总量的比较时，多用堆积柱形图来表示，效果如图 5-112 所示。

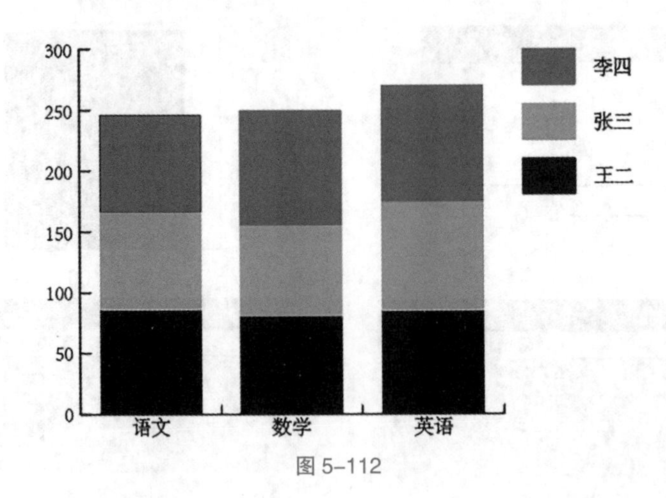

图 5-112

条形图、堆积条形图与柱形图类似，不同的是，柱形图以垂直向上的矩形的高度来表示各组数据大小，而条形图以水平向右的矩形长度来表示数据大小，条形图效果如图 5–113 所示，堆积条形图效果如图 5–114 所示。

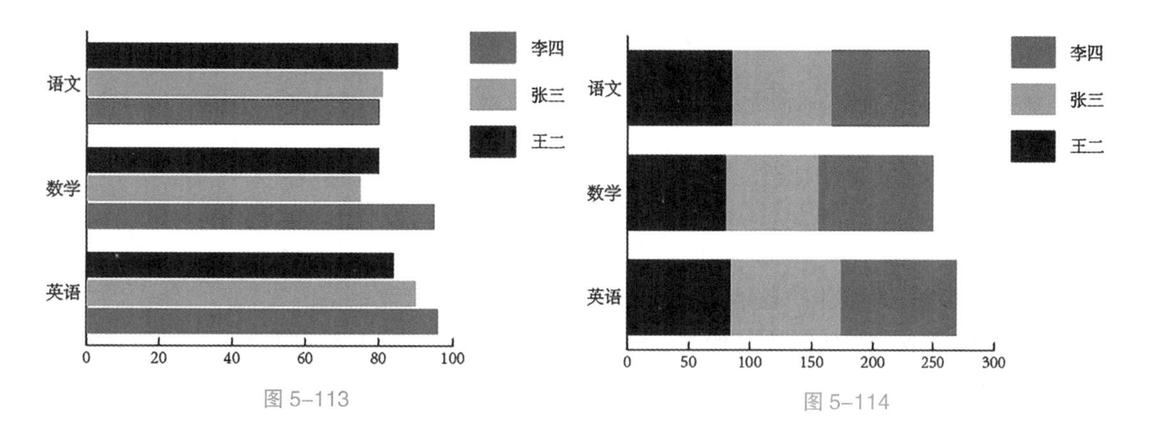

图 5–113　　图 5–114

折线图可以表示出某种事物随时间变化的发展趋势，很明显地表现出数据的变化走向。折线图也是一种比较常见的图表，给人以直接明了的视觉效果。

与创建柱形图的步骤相似，选择“折线图工具”，拖曳光标绘制出一个矩形区域或在页面上任意位置单击，在“图表”对话框中输入宽度和高度数值以确定折线图大小，单击“确定”按钮后，在弹出的表格中输入相应的数据，最后单击“应用”按钮✓，折线图效果如图 5–115 所示。

面积图可以用来表示一组或多组数据。通过连接折线上的点，形成面积区域，并且形成的区域内可填充不同的颜色。面积图与折线图类似，是一个填充了颜色的线段图，效果如图 5–116 所示。

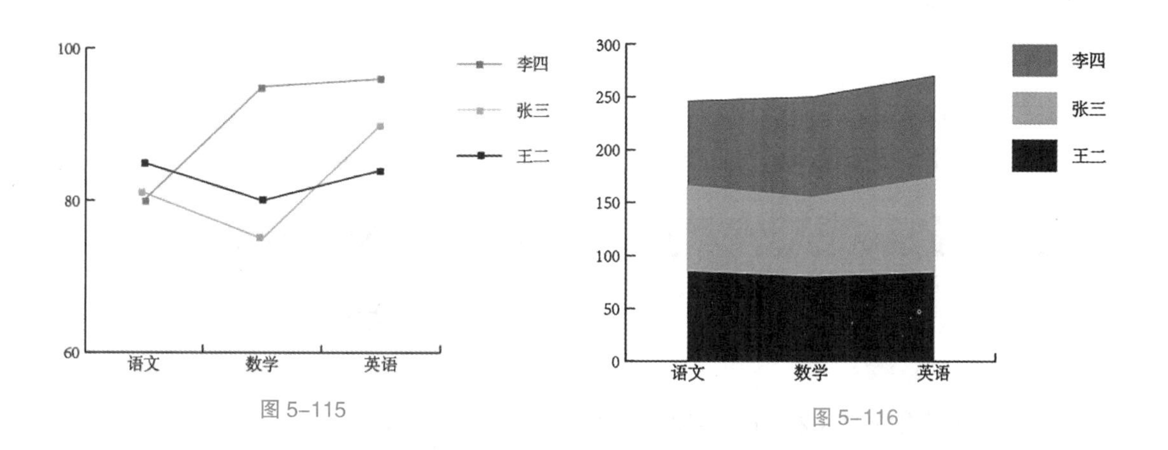

图 5–115　　图 5–116

散点图是一种比较特殊的数据图表。散点图的横坐标和纵坐标都是数据坐标，两组数据的交叉点形成了坐标点。因此，散点图的数据点由横坐标和纵坐标确定。连接散点图中的数据点位置所形成的线能贯穿自身却无具体方向，散点图效果如图 5–117 所示。散点图不适合用于太复杂的内容，它只适合表示图例的说明。

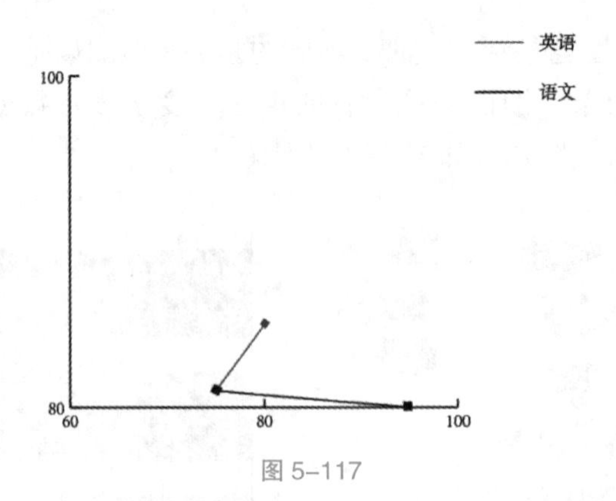

图 5-117

饼图适用于一个整体中各组成部分的比较。该类图表应用的范围比较广。饼图的数据整体显示为一个圆，每组数据按照其在整体中所占的比例，以不同颜色的扇形区域显示出来。但是它不能准确地显示出各部分的具体数值，效果如图 5-118 所示。

雷达图是一种较为特殊的图表类型，它以一种环形的形式对图表中的各组数据进行比较，形成比较明显的数据对比，适用于多项指标的全面分析，效果如图 5-119 所示。

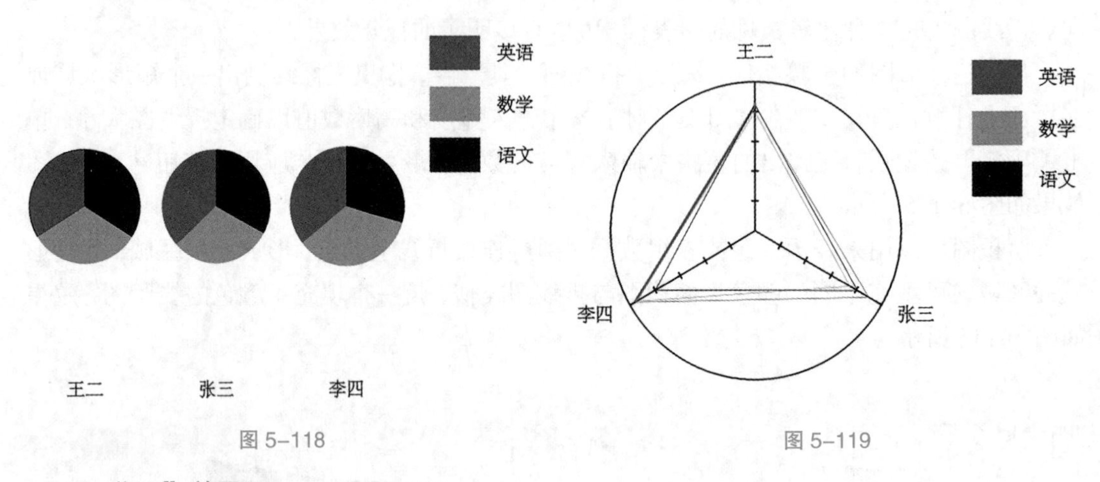

图 5-118　　图 5-119

2. “3D”效果组

“3D”效果组主要用于将对象改变成 3D 的效果，如图 5-120 所示。

图 5-120

“3D”效果组中的效果如图 5-121 所示。

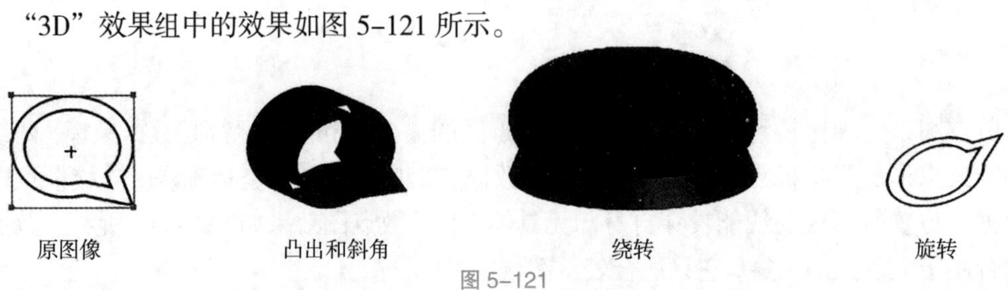

图 5-121

3. 矩形网格

1）拖曳光标绘制矩形网格

选择“矩形网格工具”，在页面中需要的位置单击并按住鼠标左键不放，拖曳光标到需要的位置，释放鼠标左键，绘制出一个矩形网格，效果如图 5-122 所示。

选择“矩形网格工具”，按住 Shift 键，在页面中需要的位置单击并按住鼠标左键不放，拖曳光标到需要的位置，释放鼠标左键，绘制出一个正方形网格，效果如图 5-123 所示。

选择“矩形网格工具”，按住 ~ 键，在页面中需要的位置单击并按住鼠标左键不放，拖曳光标到需要的位置，释放鼠标左键，绘制出多个矩形网格。

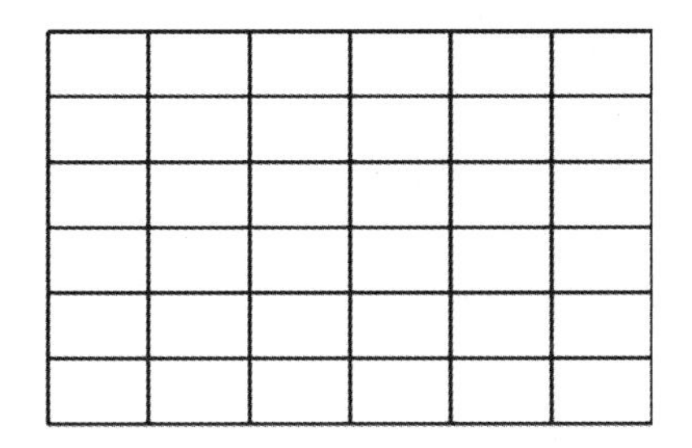

图 5-122

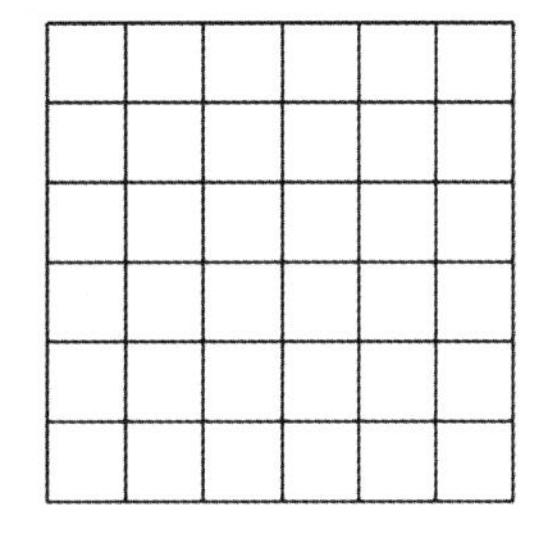

图 5-123

选择“矩形网格工具”，在页面中需要的位置单击并按住鼠标左键不放，拖曳光标到需要的位置不放开，再按↑方向键，可以增加矩形网格的行数。如果按住↓方向键，则可以减少矩形网格的行数。同理，配合使用左右方向键可减少或增加矩形网格的列数。此方法在“极坐标网格工具”、“多边形工具”和“星形工具”中同样适用。

2）精确绘制矩形网格

选择“矩形网格工具”，在页面中需要的位置单击，弹出“矩形网格工具选项”对话框，如图 5-124 所示。在对话框的“默认大小”选项组中，“宽度”选项可以设置矩形网格的宽度，“高度”选项可以设置矩形网格的高度。在“水平分隔线”选项组中，“数量”选项可以设置矩形网格中水平网格线的数量，“倾斜”选项可以设置水平网格的上下倾向；在“垂直分隔线”选项组中，“数量”选项可以设置矩形网格中垂直网格线的数量，“倾斜”选项可以设置垂直网格的左右倾向。设置完成后，单击“确定”按钮，得到如图 5-125 所示的矩形网格。

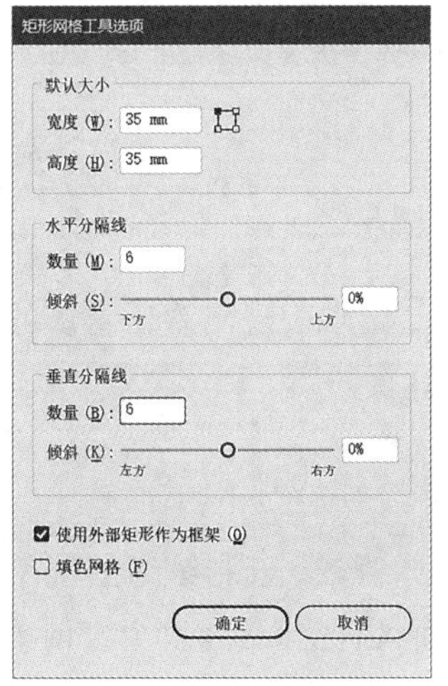

图 5-124

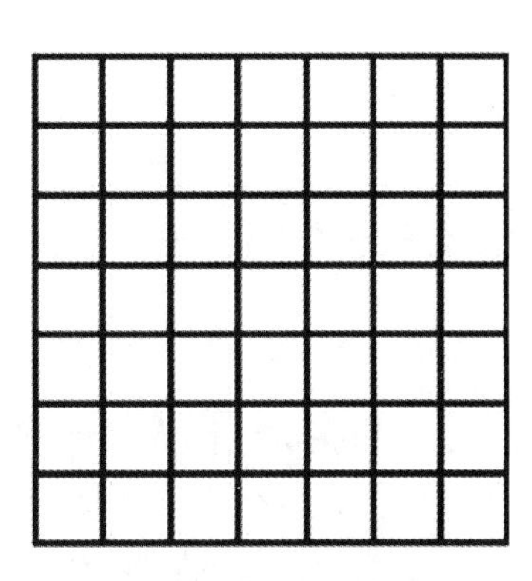

图 5-125

5.2.5　实战演练——制作月饼宣传单

使用“置入”命令置入素材图片；使用“渐变工具”为文字添加渐变色；使用“文字工具”添加其他信息；使用“椭圆工具”、“钢笔工具”和“直线段工具”制作装饰图形。最终效果如图 5-126 所示。

图 5-126

5.3 综合演练——制作特惠广告宣传单

5.3.1　案例分析

本案例是制作房地产公司的特惠广告宣传单，要求表现出欢乐喜庆的特惠活动氛围，在设计上要使用明亮鲜艳的色彩搭配，能够让人耳目一新。

5.3.2　设计理念

在设计过程中，使用亮黄色作为宣传单的整体背景，五彩缤纷的楼房卡通图案使画面更加丰富活泼，将字体背景进行立体处理，使画面具有空间感。整个宣传单色彩丰富艳丽，能够快速吸引消费者，达到良好的宣传效果。

5.3.3　知识要点

使用“文字工具”、“字符”控制面板和“钢笔工具”添加宣传语，使用“矩形工具”、“钢笔工具”、“锚点工具”、“投影”命令和“文字工具”制作介绍语和介绍框。最终效果如图 5-127 所示。

视频 5-4

图 5-127

5.4 综合演练——制作设计作品展宣传单

5.4.1　案例分析

本案例是为设计作品展制作的宣传海报，主要针对的客户是爱好艺术与设计的各类人群，要求能展示出设计独特的艺术氛围，能使人有想要积极参与的欲望。

5.4.2　设计理念

在设计过程中，通过红色与粉色的结合营造出轻松、活力、热烈的氛围，对大写英文字母的立体化装饰在突出宣传主题的同时，带来视觉上的强烈冲击，展现出热情和活力，形成独特的艺术感；再用虚线、波浪线等在宣传内容中间穿插、点缀，丰富画面的同时，更突出宣传内容，增强活泼感。整体画面轻盈饱满，与主题相呼应。

5.4.3 知识要点

使用“文字工具”添加文字，使用“混合工具”和“扩展”命令制作立体化文字效果。最终效果如图 5-128 所示。

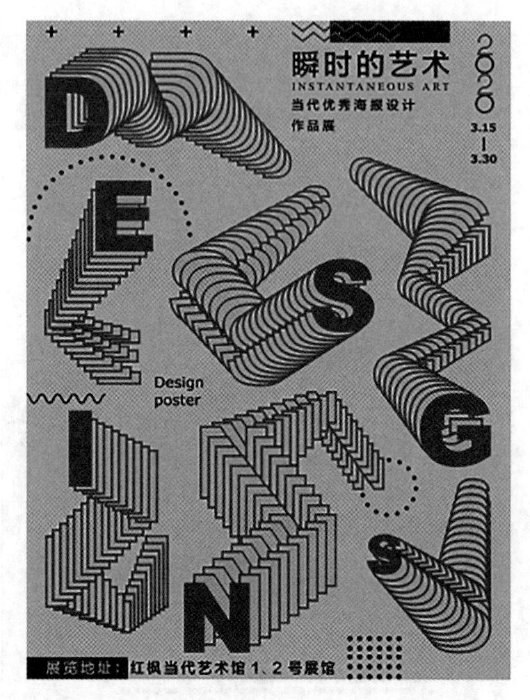

图 5-128

视频 5-5

项目6

广告设计

广告是由可识别的出资人通过各种媒介进行的有关商品（产品、服务和观念）的信息传播活动。现代广告一般是大众传播的一种形式，因为它通常使用的是大众媒体。广告以多样的形式出现在城市中，是城市商业发展的写照。广告通过电视、报纸等媒体来发布。好的广告要强化视觉冲击力，抓住观众的视线。本项目以多种题材的广告为例，讲解广告的设计方法和制作技巧。

课堂学习目标

- 掌握广告的设计思路和过程。
- 掌握制作广告的相关工具。
- 掌握广告的制作方法和技巧。

6.1 制作店庆海报

6.1.1 案例分析

本案例是为商场店庆制作广告。设计要求围绕活动信息制作宣传广告，画面要求色彩丰富，表现出促销活动的热闹与喜庆。

6.1.2 设计理念

在设计过程中，广告背景使用红色色调，使画面看起来温暖喜庆；标题文字在画面的上方，突出醒目；中间活动信息的表现方式设计独特，富有创意，使人一目了然。广告的整体设计符合要求，能够快速吸引人的注意力。最终效果如图 6–1 所示。

图 6–1

6.1.3 操作步骤

1. 制作背景效果

（1）按 Ctrl+N 组合键，弹出“新建文档”对话框，设置文档的宽度为 210 mm，高度为 285 mm，取向为竖向，出血为 3 mm，颜色模式为 CMYK，单击“创建”按钮，新建一个文档。

（2）选择“矩形工具”，绘制一个与页面大小相等的矩形，如图 6–2 所示。

（3）设置矩形填充色为紫色（输入矩形填充色的 C、M、Y、K 的值为“64”“94”“55”“19”），填充图形，并设置描边色为无，效果如图 6–3 所示。

（4）选择“矩形工具”，在页面中绘制一个矩形，如图 6–4 所示。

（5）选择“钢笔工具”，在矩形下边线中间的位置单击，添加一个锚点，如图 6–5 所示。

（6）分别在矩形下边线左右两侧不需要的锚点上单击，删除锚点，效果如图 6–6 所示。

（7）选择“选择工具”，选取三角形，选择“旋转工具”，按住 Alt 键的同时，单击三角形底部锚点，如图 6–7 所示。

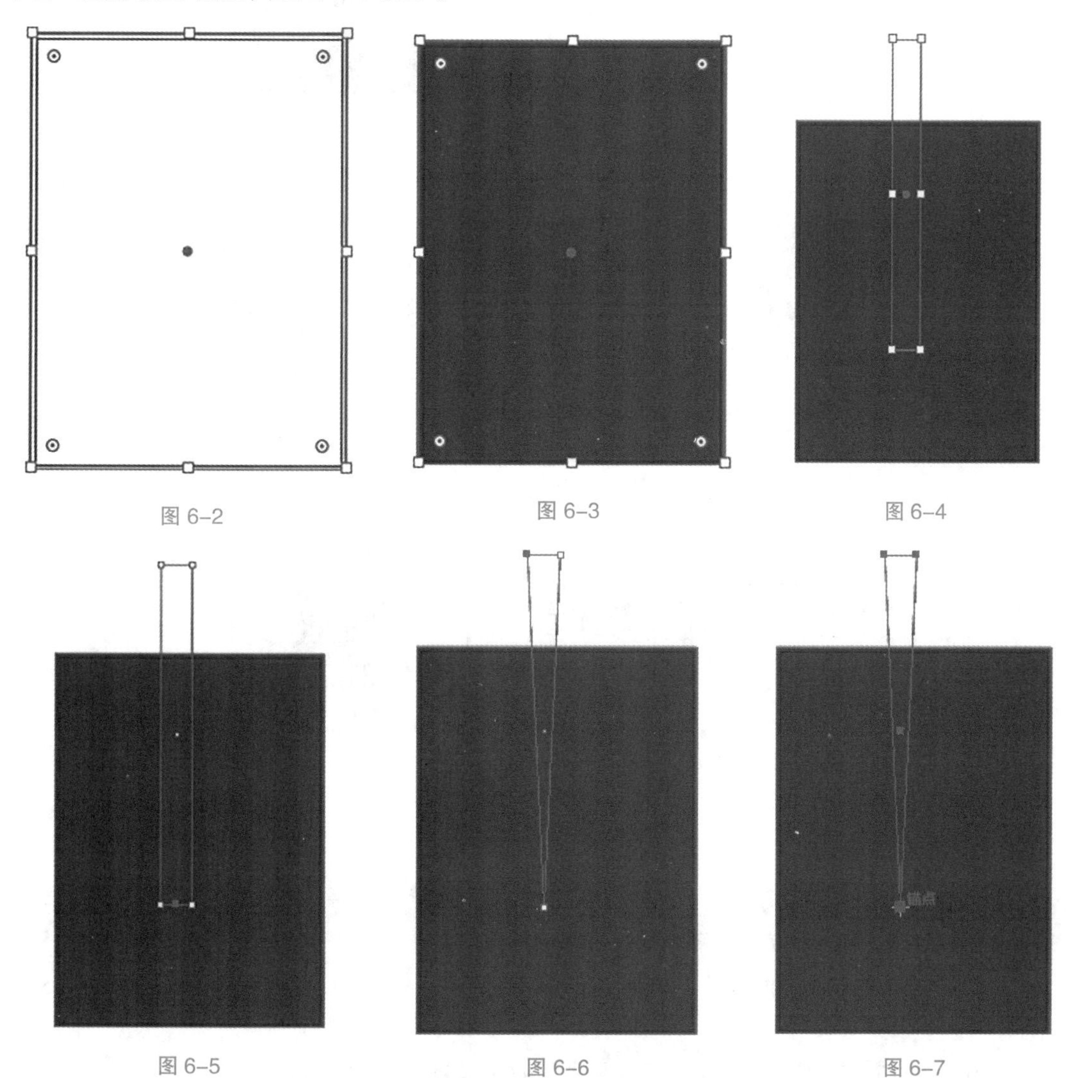

图 6–2　图 6–3　图 6–4

图 6–5　图 6–6　图 6–7

（8）弹出“旋转”对话框，各选项的设置如图 6–8 所示。

（9）单击“复制”按钮，旋转并复制三角形，效果如图 6–9 所示。

（10）连续按 Ctrl+D 组合键，复制出多个三角形，效果如图 6–10 所示。

（11）选择“选择工具”▶，按住 Shift 键的同时，依次单击复制的三角形，将三角形全部选取，按 Ctrl+G 组合键，将其编组，如图 6–11 所示。

（12）填充三角形为白色，并设置描边色为无，效果如图 6–12 所示。

（13）选择“窗口”菜单→“透明度”命令，弹出“透明度”控制面板，将“混合模式”设为“柔光”，其他选项的设置如图 6–13 所示。效果如图 6–14 所示。

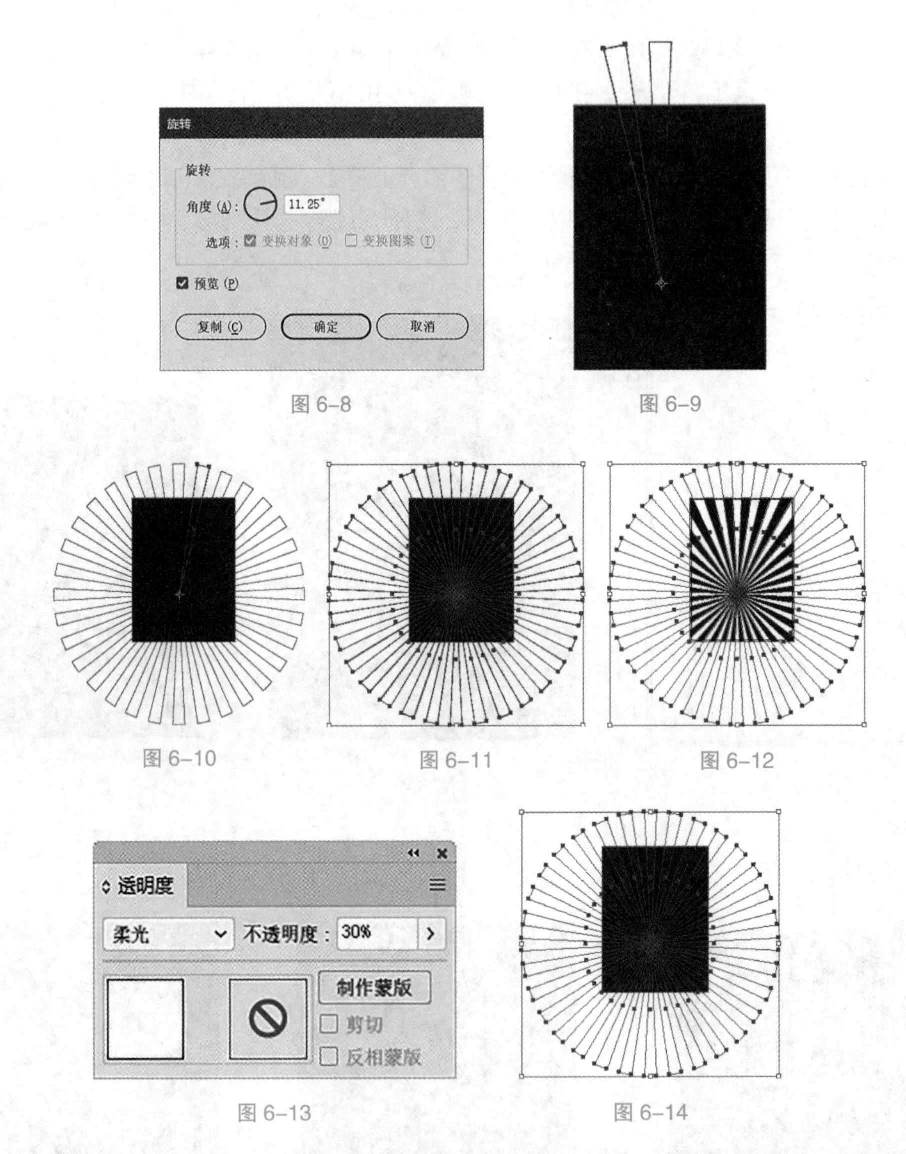

图 6–8 图 6–9

图 6–10 图 6–11 图 6–12

图 6–13 图 6–14

（14）选择“选择工具”▶，选取紫色矩形，按 Ctrl+C 组合键，复制矩形，按 Shift+Ctrl+V 组合键，原位粘贴矩形，如图 6–15 所示。

（15）按住 Shift 键的同时，单击三角形组，选取复制后的矩形与三角形组，如图 6–16 所示。

（16）按 Ctrl+7 组合键，建立剪切蒙版，效果如图 6–17 所示。

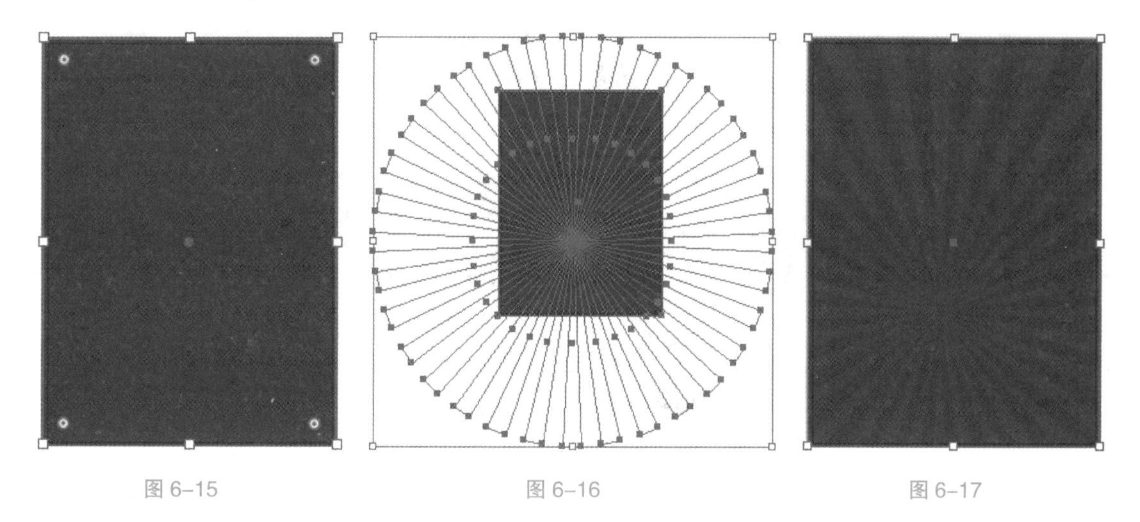
图 6–15　　图 6–16　　图 6–17

（17）按 Ctrl+O 组合键，打开“Ch07”→“素材”→“制作店庆海报”→“01”文件，选择“选择工具”，选取需要的图形，按 Ctrl+C 组合键，复制图形。选择正在编辑的页面，按 Ctrl+V 组合键，将复制的图形粘贴到此页面中，并拖曳复制的图形到适当的位置，效果如图 6–18 所示。

（18）选择“钢笔工具”，在适当的位置绘制不规则图形，如图 6–19 所示。

（19）选择“选择工具”，按住 Shift 键的同时，选取部分不规则图形，设置填充色为红色（输入填充色的 C、M、Y、K 的值为“0”“81”“72”“0”），填充图形，并设置描边色为无，效果如图 6–20 所示。

图 6–18

图 6–19

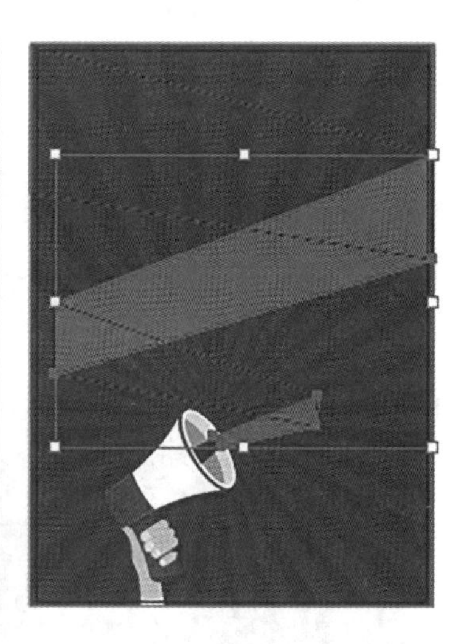
图 6–20

（20）选取另一部分不规则图形，设置填充色为浅红色（输入填充色的 C、M、Y、K 的值为“6”“91”“88”“0”），填充图形，并设置描边色为无，效果如图 6–21 所示。

（21）选择“选择工具”，选取绘制的不规则图形，如图 6–22 所示。

（22）按 Ctrl+C 组合键，复制不规则图形，按 Ctrl+B 组合键，将复制的图形粘贴在原图形后面，按→和↓方向键，微调复制的图形到适当的位置，效果如图 6–23 所示。

图 6-21

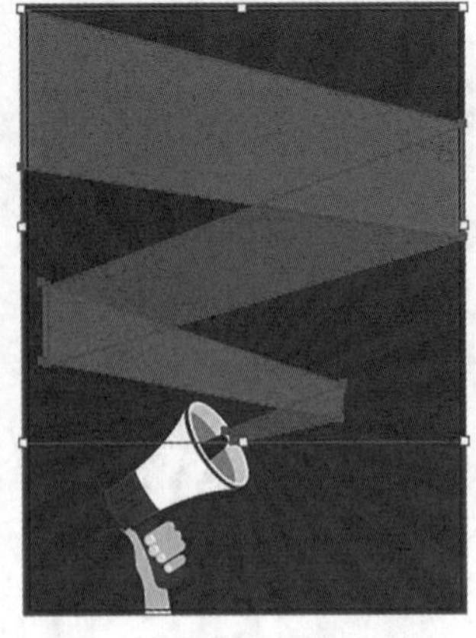
图 6-22

图 6-23

（23）选择“窗口”菜单→“路径查找器”命令，弹出“路径查找器”控制面板，单击“联集”按钮▆，如图 6-24 所示。

（24）生成新的对象，效果如图 6-25 所示。

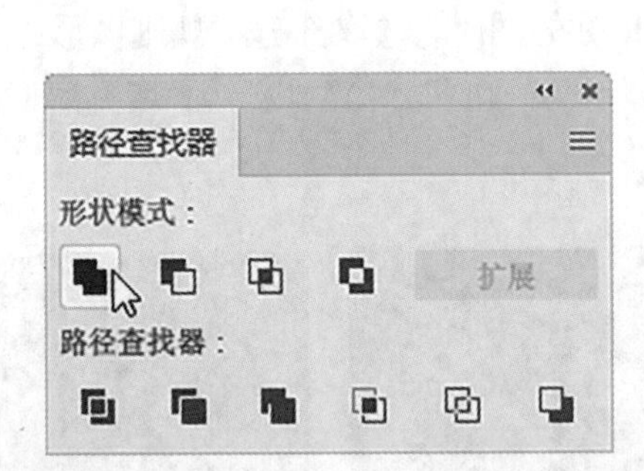

图 6-24

图 6-25

（25）保持图形的选取状态，填充图形为黑色，效果如图 6-26 所示。

（26）在工具属性栏中将“不透明度”选项设为 30%，按 Enter 键确定操作，效果如图 6-27 所示。

（27）选择“矩形工具”▭，在适当的位置绘制两个矩形，如图 6-28 所示。

图 6-26

图 6-27

图 6-28

（28）选择“选择工具”▶，选取绘制的两个矩形，如图 6-29 所示。

（29）在“路径查找器”控制面板中，单击“减去顶层”按钮，如图 6-30 所示。

（30）生成新的对象，效果如图 6-31 所示。

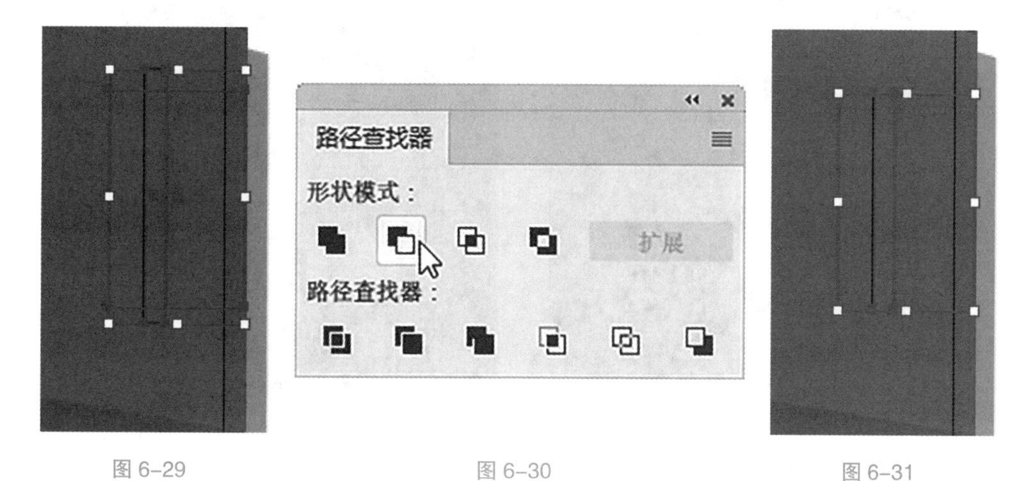

图 6-29　　图 6-30　　图 6-31

（31）双击“倾斜工具”，弹出“倾斜”对话框，各选项的设置如图 6-32 所示。

（32）单击“确定”按钮，倾斜图形，效果如图 6-33 所示。

（33）设置倾斜图形的填充色为蓝色（输入填充色的 C、M、Y、K 的值为“62”“3”“30”“0”），填充图形，并设置描边色为无，效果如图 6-34 所示。

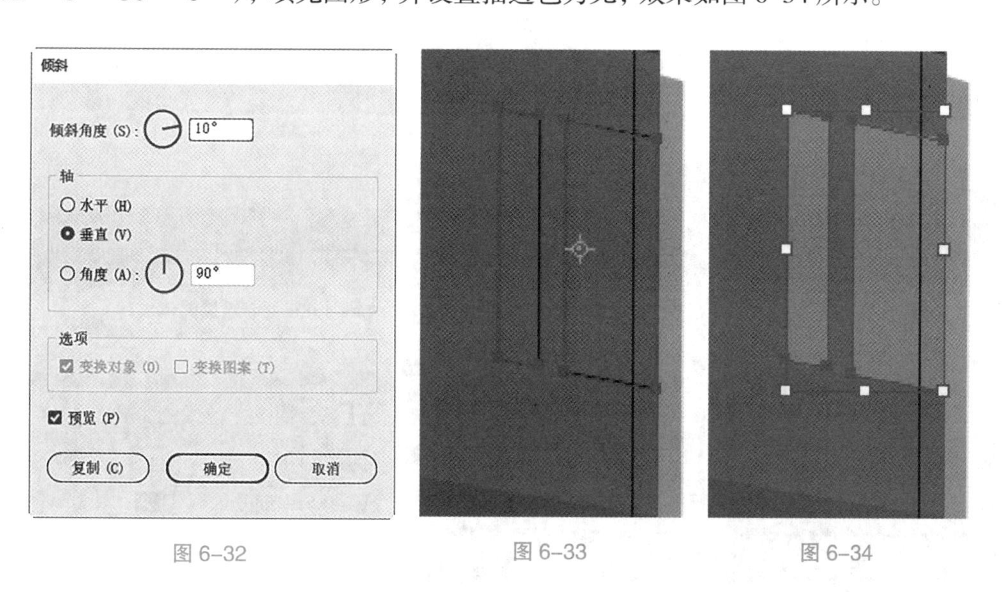

图 6-32　　图 6-33　　图 6-34

（34）用相同的倾斜方法再制作一个倾斜矩形，并填充相应的颜色，效果如图 6-35 所示。

（35）按 Ctrl+O 组合键，打开“Ch07”→“素材”→“制作店庆海报”→“02”文件，选择“选择工具”▶，选取需要的图形，按 Ctrl+C 组合键，复制图形。选择正在编辑的页面，按 Ctrl+V 组合键，将其粘贴到页面中，并拖曳复制的图形到适当的位置，效果如图 6-36 所示。

图 6-35

图 6-36

2. 添加宣传语和其他信息

（1）选择“文字工具” T，在页面中输入需要的文字，选择“选择工具” ，在工具属性栏中选择合适的字体并设置文字大小，填充文字为白色，效果如图 6-37 所示。

（2）在工具属性栏中单击“居中对齐”按钮 ，微调文字到适当的位置，效果如图 6-38 所示。

（3）按 Ctrl+T 组合键，弹出“字符”控制面板，将“设置行距”选项设为 43 pt，其他选项的设置如图 6-39 所示。

图 6-37

图 6-38

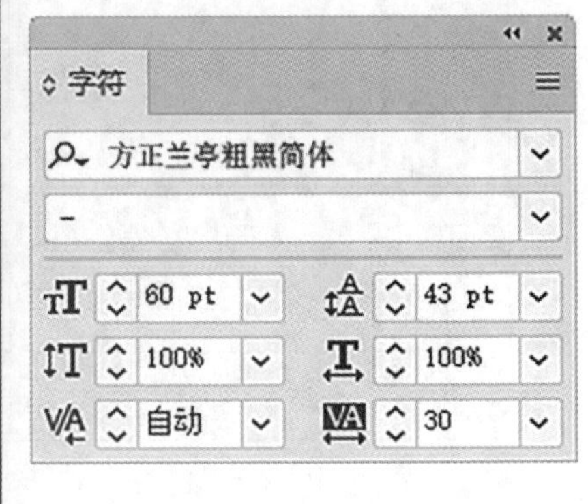

图 6-39

（4）按 Enter 键确定操作，效果如图 6-40 所示。

（5）选择“文字工具” T，选取文字“惊喜好礼送”，在工具属性栏中设置文字大小，效果如图 6-41 所示。

（6）选取文字“惊喜好礼”，设置填充色为黄色（输入填充色的 C、M、Y、K 的值为“6”“12”“87”“0”），填充文字，效果如图 6-42 所示。

（7）选择“选择工具”▶，选取文字“真诚回馈惊喜好礼送不停”，按 Ctrl+C 组合键，复制文字，按 Ctrl+B 组合键，将复制的文字粘贴在原文字后面。按→和↓方向键，微调复制的文字到适当的位置，效果如图 6-43 所示。

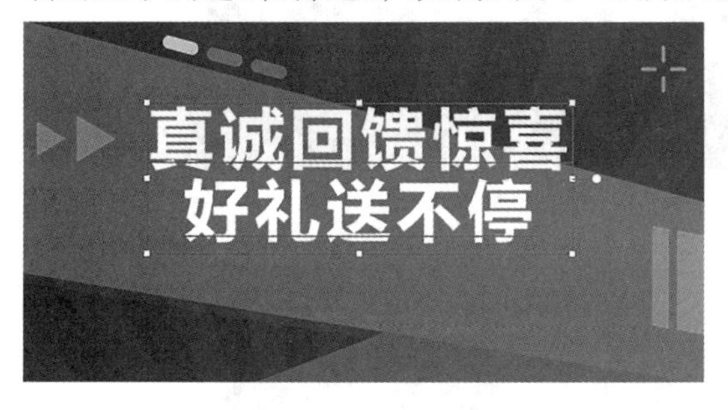

图 6-40

图 6-41

图 6-42

图 6-43

（8）设置复制的文字的填充色为灰色（输入填充色的 C、M、Y、K 的值为“0”“0”“0”“40”），填充文字，效果如图 6-44 所示。

（9）按 Ctrl+C 组合键，复制灰色文字，按 Ctrl+B 组合键，将复制的文字粘贴在灰色文字后面。按→和↓方向键，微调复制的文字到适当的位置，效果如图 6-45 所示。

图 6-44

图 6-45

（10）设置复制的文字的填充色为深红色（输入填充色的 C、M、Y、K 的值为“45”“99”“100”“14”），填充文字，效果如图 6-46 所示。

（11）选择“文字工具”T，在适当的位置输入需要的文字，选择“选择工具”▶，在工具属性栏中选择合适的字体并设置文字大小，填充文字为白色，效果如图 6-47 所示。

（12）在“字符”控制面板中，将“设置所选字符的字距调整”选项设为 50，其他选项的设置如图 6-48 所示。

（13）按 Enter 键确定操作，效果如图 6-49 所示。

图 6-46

图 6-47

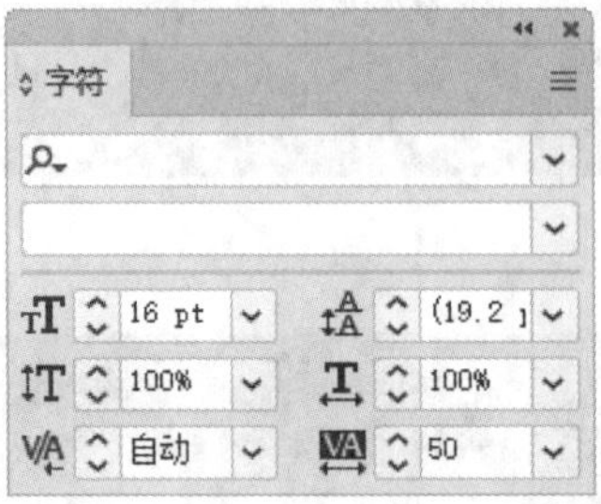

字符
16 pt
(19.2
100%
100%
自动
50

图 6-48

图 6-49

（14）选择“文字工具”[T]，在第二行文字开始处单击插入光标，如图 6-50 所示。

（15）按 Alt+Ctrl+T 组合键，弹出“段落”控制面板，将“左缩进”选项设为 16 pt，其他选项的设置如图 6-51 所示。

（16）按 Enter 键确定操作，效果如图 6-52 所示。

图 6-50

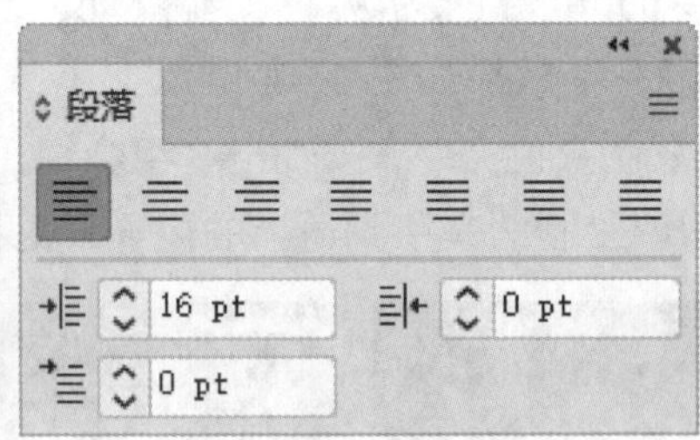

图 6-51

图 6-52

（17）用相同的缩进方法，设置第三、四行文字左缩进，效果如图 6-53 所示。

（18）选取第四行中的文字“送”，在工具属性栏中设置文字大小，效果如图 6-54 所示。

图 6-53

图 6-54

（19）保持文字“送”的选取状态，设置填充色为黄色（输入填充色的 C、M、Y、K 的值为“6”“12”“87”“0”），填充文字，效果如图 6–55 所示。

（20）选取文字“5 元代金券”，在工具属性栏中选择合适的字体并设置文字大小，效果如图 6–56 所示。

图 6–55

图 6–56

（21）选择“选择工具”▶，选取文字，拖曳文字右上角的控制手柄，旋转文字到适当的位置，效果如图 6–57 所示。

（22）选择“椭圆工具”◯，按住 Shift 键的同时，单击并拖曳光标，在适当的位置绘制一个圆形，并在工具属性栏中将“描边粗细”选项设置为 4 pt，按 Enter 键确定操作。设置圆形描边色为黄色（输入描边色的 C、M、Y、K 的值为“6”“12”“87”“0”），填充描边，效果如图 6–58 所示。

（23）用相同的方法添加其他活动信息，效果如图 6–59 所示。

图 6–57

图 6–58

图 6–59

（24）选择“矩形工具”▭，在页面中绘制一个矩形，设置填充色为黄色（输入填充色的 C、M、Y、K 的值为“6”“12”“87”“0”），填充图形，并设置描边色为无，效果如图 6–60 所示。

（25）选择“文字工具”T，在适当的位置输入需要的文字，选择“选择工具”▶，在工具属性栏中选择合适的字体并设置文字大小；设置文字填充色为紫色（输入填充色的 C、M、Y、K 的值为“64”“94”“55”“19”），填充文字，效果如图 6–61 所示。

图 6-60

图 6-61

（26）按住 Shift 键的同时，单击黄色矩形，将黄色矩形与紫色文字选取，双击“倾斜工具”，弹出“倾斜”对话框，选项的设置如图 6-62 所示。

（27）单击“确定”按钮，倾斜图形，效果如图 6-63 所示。

（28）选择“选择工具”，将光标靠近图形右上角的控制点，单击并拖曳光标旋转到适当的位置，效果如图 6-64 所示。

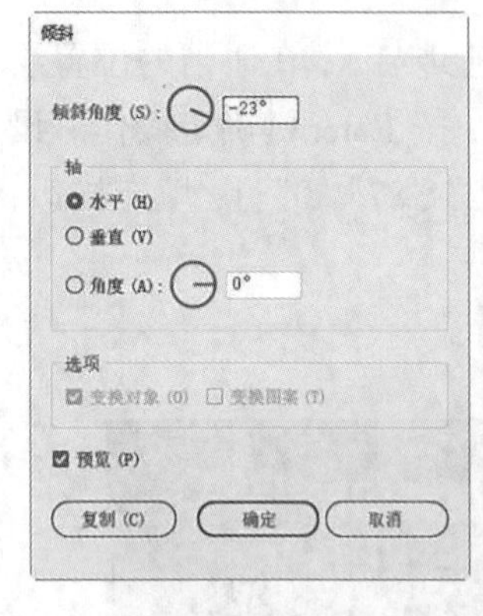

图 6-62

图 6-63

图 6-64

（29）用相同的方法制作其他文字，效果如图 6-65 所示。店庆海报制作完成。

图 6-65

6.1.4 相关工具

1. 使用样式

Illustrator CC 提供了多种样式库供选择和使用。下面具体介绍各种样式的使用方法。

1）“图形样式”控制面板

选择“窗口”菜单→“图形样式”命令，弹出“图形样式”控制面板。在默认的状态下，控制面板的效果如图 6-66 所示。在“图形样式”控制面板中，系统提供多种预置的样式。在制作图像的过程中，不但可以任意调用“图形样式”控制面板中的样式，还可以创建、保存、管理样式。在“图形样式”控制面板的底部，“断开图形样式链接”按钮用于断开样式与图形之间的链接；“新建图形样式”按钮用于建立新的样式；“删除图形样式”按钮用于删除不需要的样式。

Illustrator CC 提供了丰富的样式库，可以根据需要调出样式库。选择“窗口”菜单→“图形样式库”命令，弹出子菜单，如图 6-67 所示，可以调出不同的样式库，如图 6-68 所示。

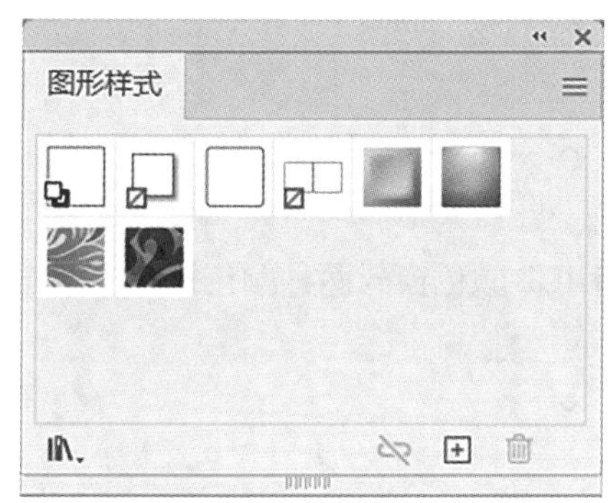

图 6-66

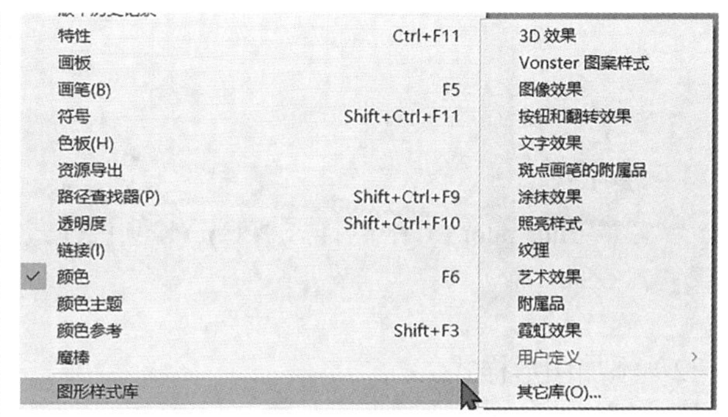

图 6-67

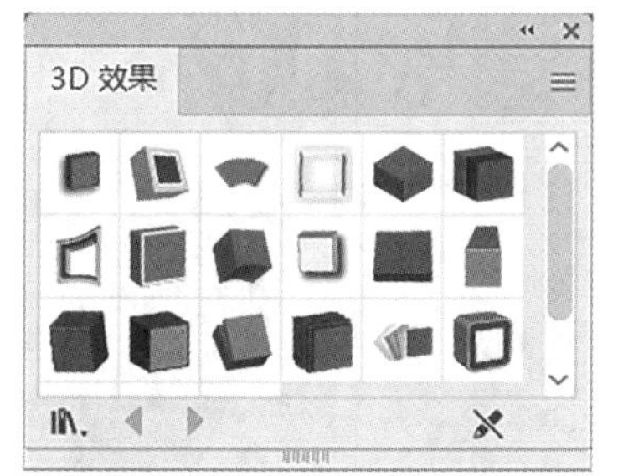

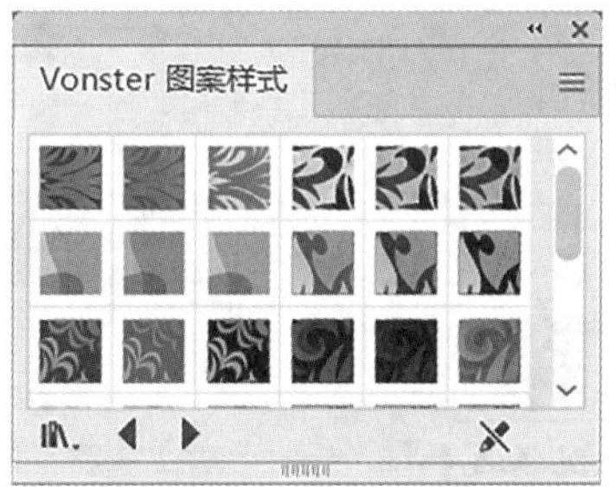

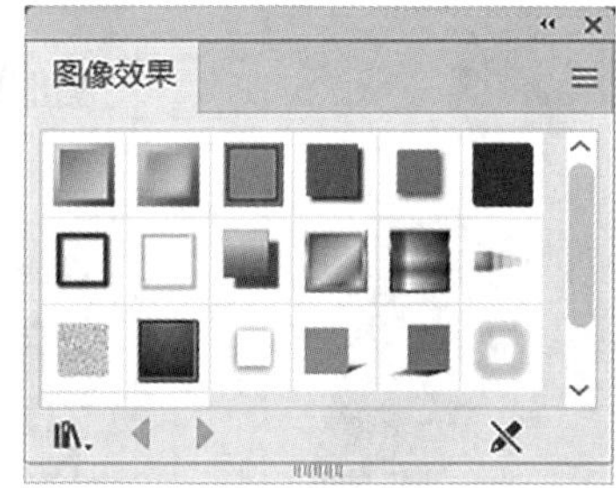

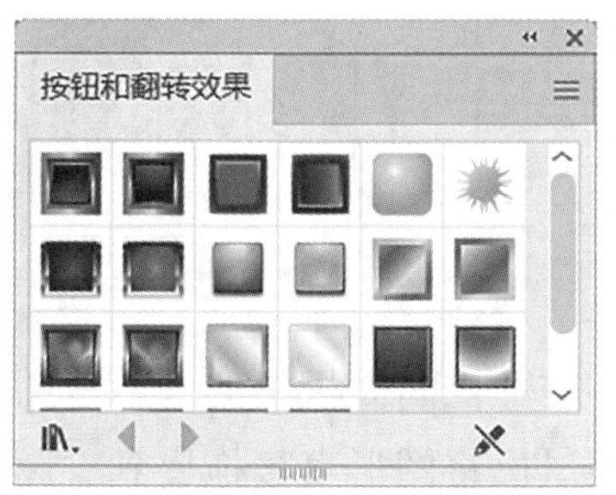

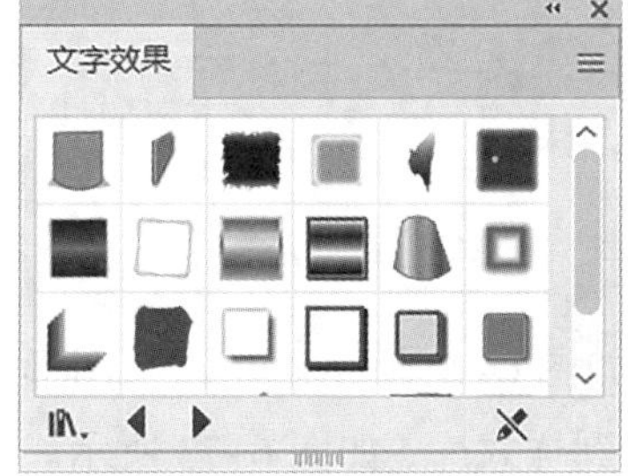

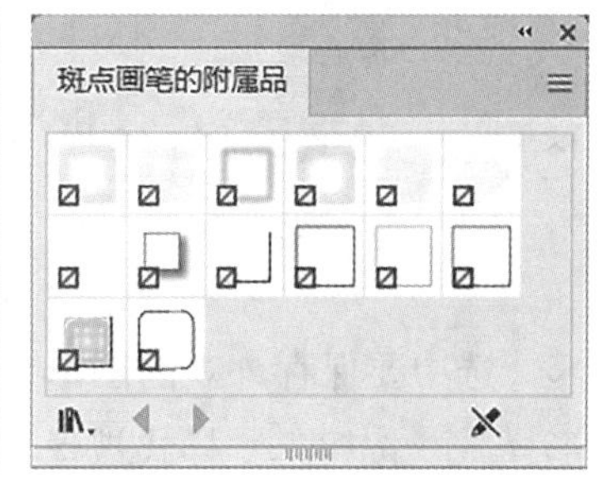

图 6-68

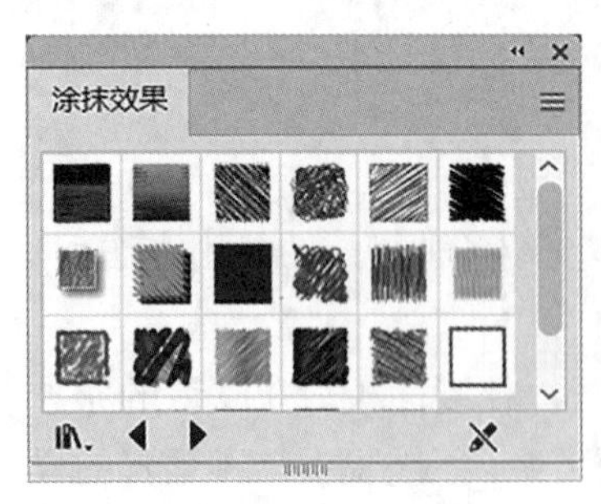

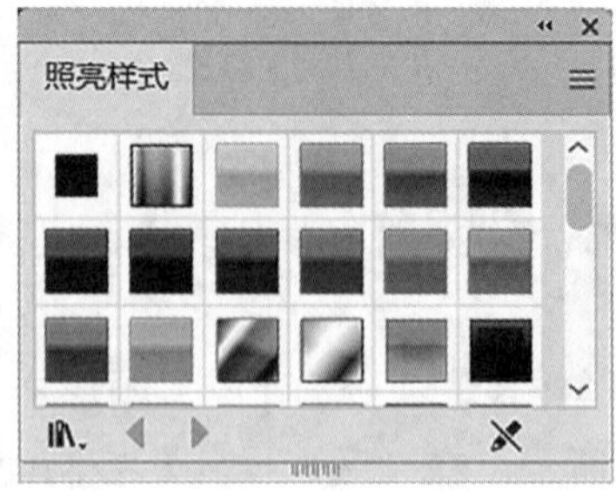

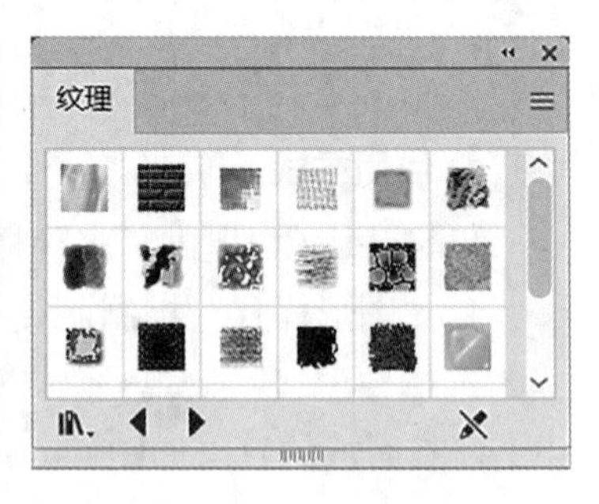

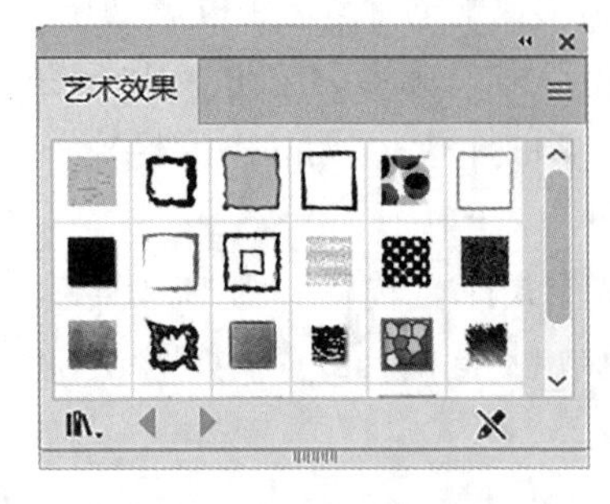

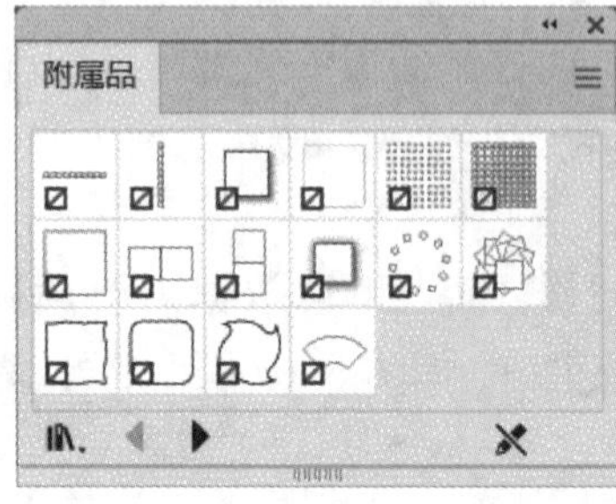

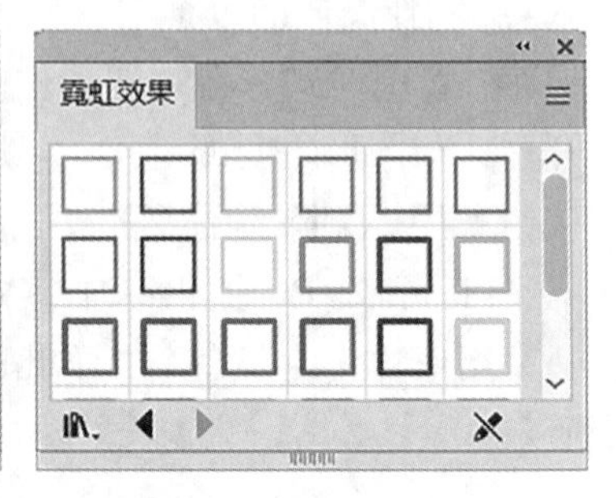

续图 6-68

提示：

Illustrator CC 中的样式有 CMYK 颜色模式和 RGB 颜色模式两种颜色模式。

2）添加图形样式

选中要添加样式的图形，如图 6-69 所示。在“图形样式”控制面板中单击要添加的样式，如图 6-70 所示。图形被添加样式后的效果如图 6-71 所示。

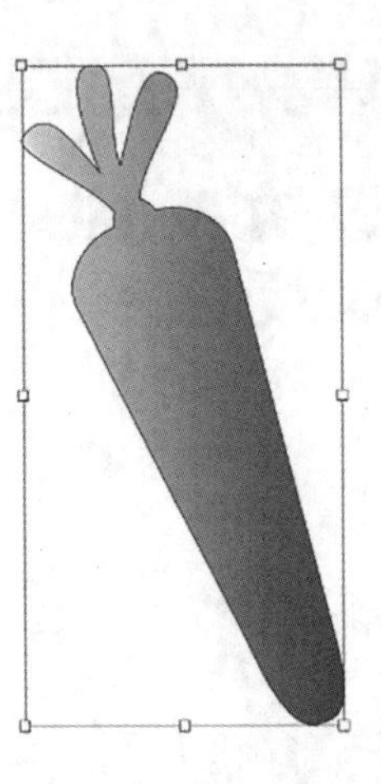
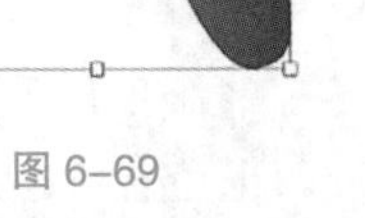

图 6-69

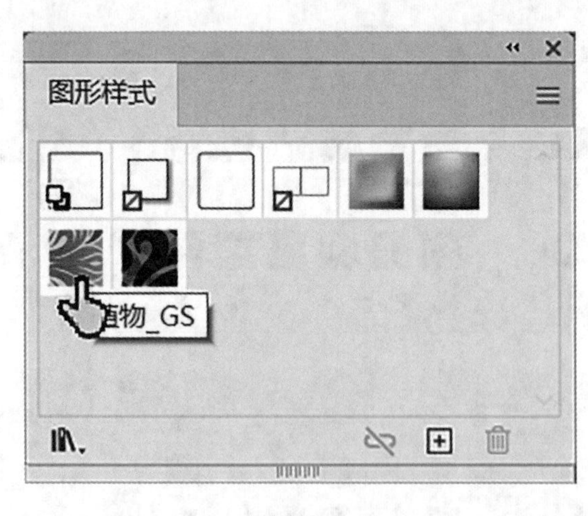

图 6-70

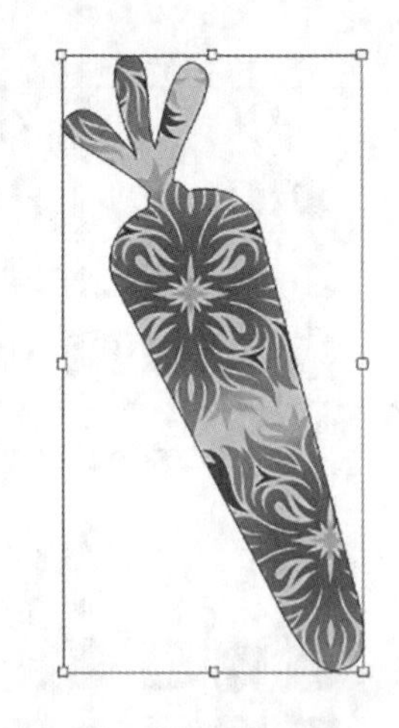

图 6-71

选中要保存外观的图形，如图 6-72 所示。单击“图形样式”控制面板中的“新建图形样式”按钮，样式被保存到样式库，如图 6-73 所示。用鼠标将图形直接拖曳到“图形样式”控制面板中也可以保存图形的样式，如图 6-74 所示。

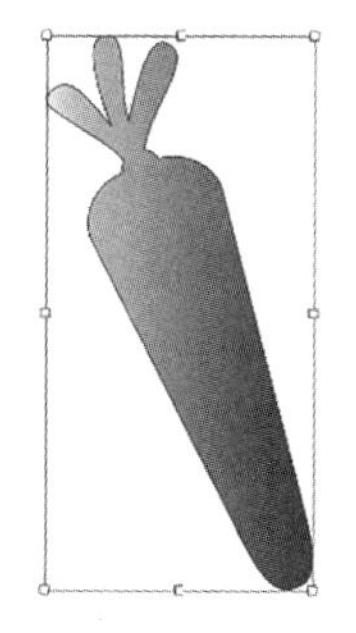

图 6-72

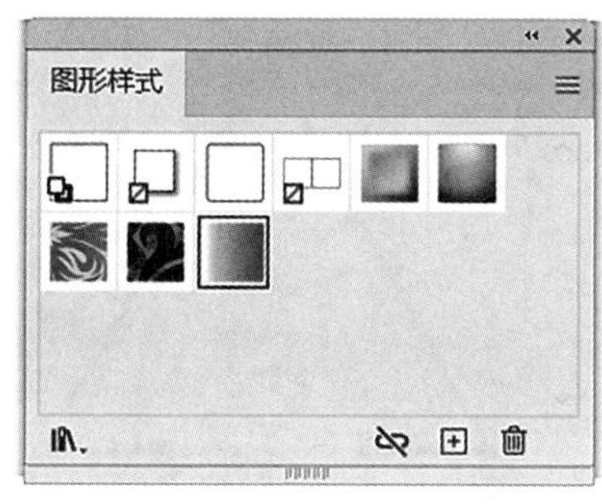

图 6-73

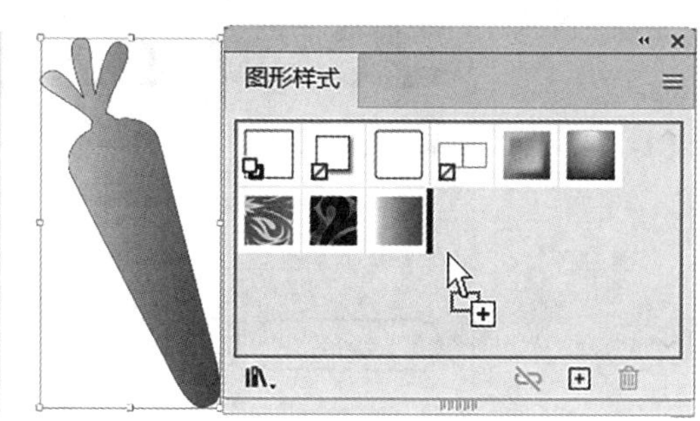

图 6-74

当把“图形样式”控制面板中的样式应用到图形上时，Illustrator CC 将在图形和选定的样式之间创建一种链接关系，也就是说，如果“图形样式”控制面板中的样式发生了变化，那么被添加了该样式的图形也会随之变化。单击“图形样式”控制面板中的“断开图形样式链接”按钮，可断开链接关系。

2. 绘制多边形

1）使用鼠标绘制多边形

选择“多边形工具”，在页面中需要的位置单击并按住鼠标左键不放，拖曳光标到需要的位置，释放鼠标左键，绘制出一个多边形，如图 6-75 所示。

选择“多边形工具”，按住 Shift 键，在页面中需要的位置单击并按住鼠标左键不放，拖曳光标到需要的位置，释放鼠标左键，绘制出一个正多边形，效果如图 6-76 所示。

选择“多边形工具”，在页面中需要的位置单击并按住鼠标左键不放，再按住 ~ 键，拖曳光标到需要的位置，释放鼠标左键，绘制出多个多边形，效果如图 6-77 所示。

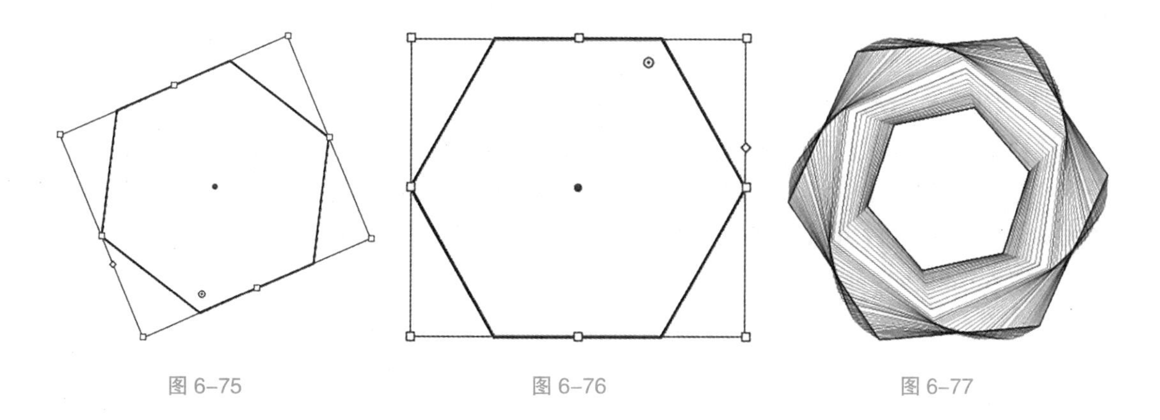

图 6-75　　图 6-76　　图 6-77

2）精确绘制多边形

选择“多边形工具”，在页面中需要的位置单击，弹出“多边形”对话框，如图 6-78 所示。在“多边形”对话框中，“半径”选项可以设置多边形的半径，半径指的是从多边形中心点到多边形顶点的距离，而中心点一般为多边形的重心；“边数”选项可以设置多边形的边数。设置完成后，单击“确定”按钮，得到图 6-79 所示的多边形。

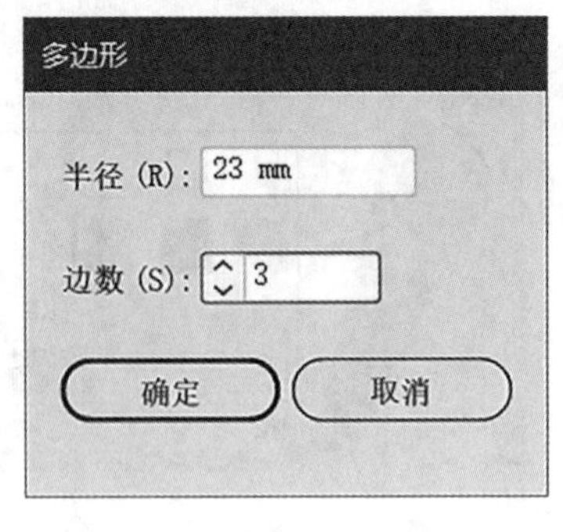

图 6-78

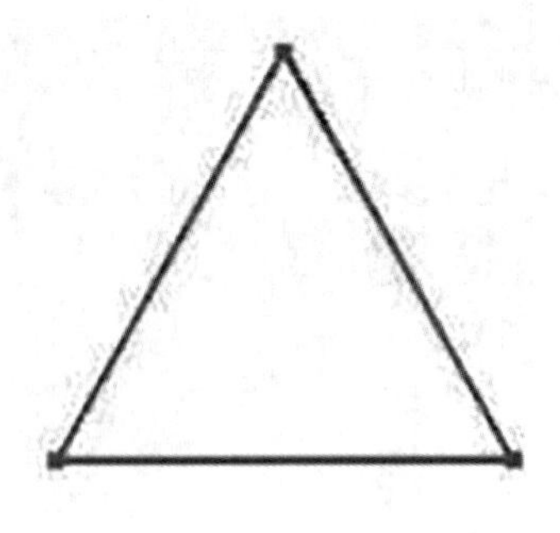
图 6-79

3. 绘制光晕形

应用“光晕工具”可以绘制出镜头光晕的效果，在绘制出的图形中包括一个明亮的发光点，以及光晕、光线和光环等对象，通过调节中心控制点和末端控制点的位置，可以改变光线的方向。光晕形的组成部分如图 6-80 所示。

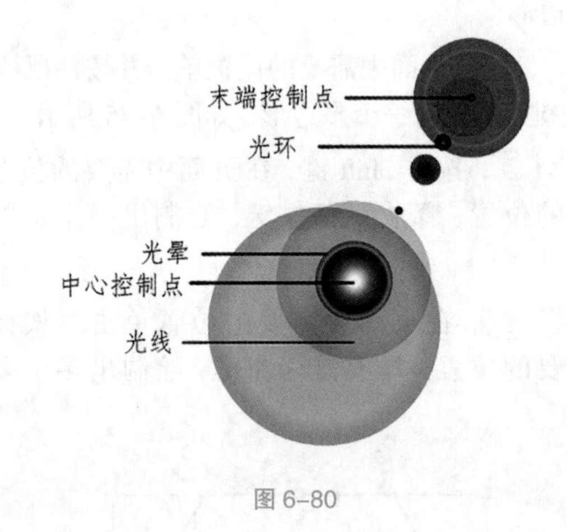

图 6-80

1）使用鼠标绘制光晕形

选择“光晕工具”，在页面中需要的位置单击并按住鼠标左键不放，拖曳光标到需要的位置，如图 6-81 所示；释放鼠标左键，然后在其他需要的位置再次单击并拖动鼠标，如图 6-82 所示；释放鼠标左键，绘制一个光晕形，如图 6-83 所示。取消选取后的光晕形效果如图 6-84 所示。

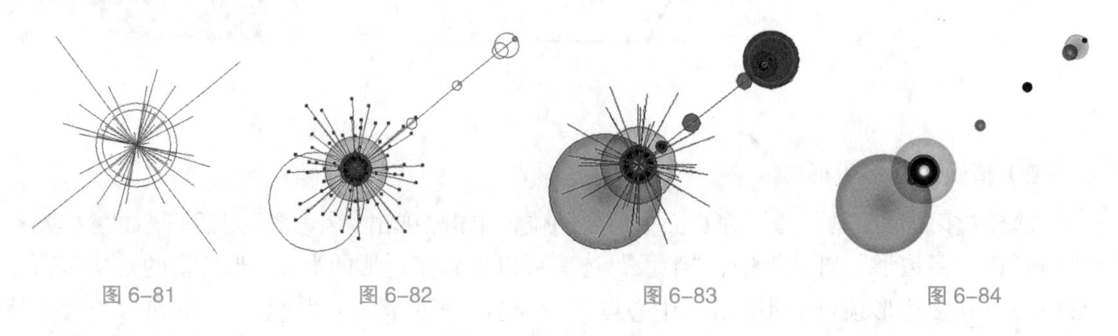
图 6-81 图 6-82 图 6-83 图 6-84

下面介绍调节中心控制点和末端控制点之间的距离，以及光环数量的方法。

在绘制出光晕形时，把光标移动到末端控制点上，当光标变成✳形状时，如图 6–85 所示，拖曳光标可调整中心控制点和末端控制点之间的距离，如图 6–86 所示。

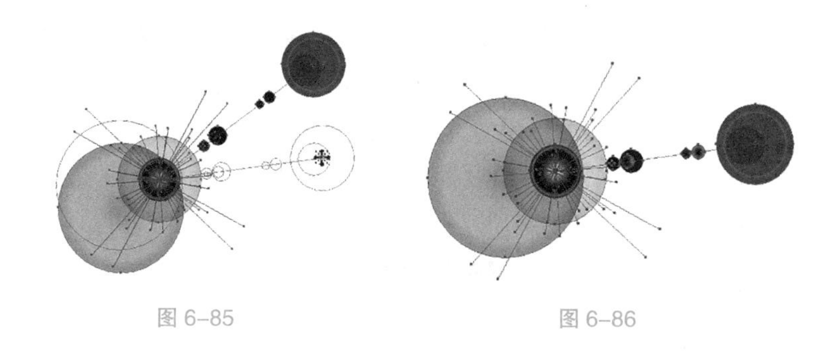

图 6–85　　图 6–86

在绘制出光晕形时，把光标移动到末端控制点上，当光标变成✳形状时，如图 6–87 所示，单击并按住鼠标左键，拖曳光标至需要的位置不放，按住 Ctrl 键后再次拖曳光标，可以单独更改终止位置光环的大小，如图 6–88 所示。

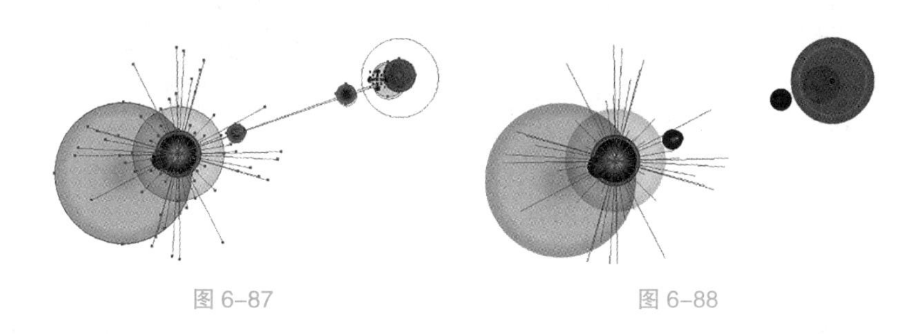

图 6–87　　图 6–88

在绘制出光晕形时，把光标移动到末端控制点上，当光标变成✳形状时，单击并按住鼠标左键不放，拖曳光标，按住 ~ 键，如图 6–89 所示，可以重新随机排列光环的位置，如图 6–90 所示。

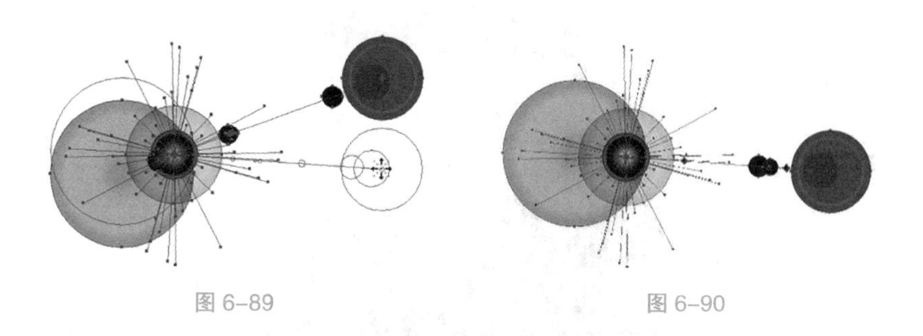

图 6–89　　图 6–90

2）精确绘制光晕形

选择“光晕工具”，在页面中需要的位置单击，或双击“光晕工具”，弹出“光晕工具选项”对话框，如图 6–91 所示。

在对话框的“居中”选项组中，“直径”选项可以设置中心控制点直径的大小，“不透明度”选项可以设置中心控制点的不透明度，“亮度”选项可以设置中心控制点的亮度比例。在“光晕”选项组中，“增大”选项可以设置光晕围绕中心控制点的辐射程度，“模糊度”选项可以设置光晕在图形中的模糊程度。在“射线”选项组中，“数量”选项可以设置光线的数量，“最长”选项可以设置光线的长度，“模糊度”选项可以设置光线在图形中的模糊程度。在“环形”选项组中，“路径”选项可以设置光环所在路径的长度值，“数量”选项可以设置光环在图形中的数量，“最大”选项可以设置光环的大小比例，“方向”选项可以设置光环在图形中的旋转角度，还可以通过右边的角度控制按钮调节光环的角度。设置完成后，单击“确定”按钮，得到如图 6–92 所示的光晕形。

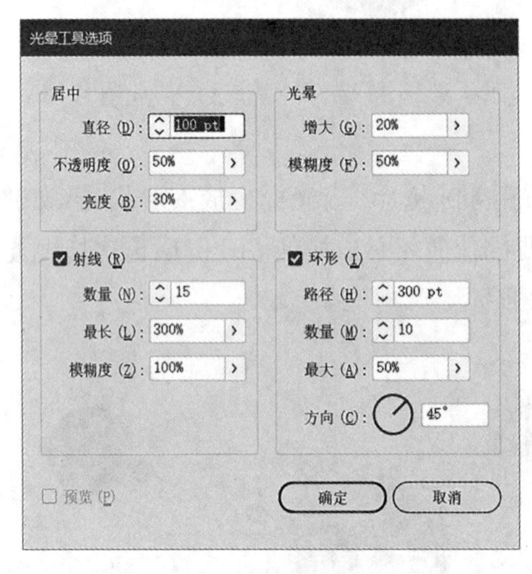

图 6–91

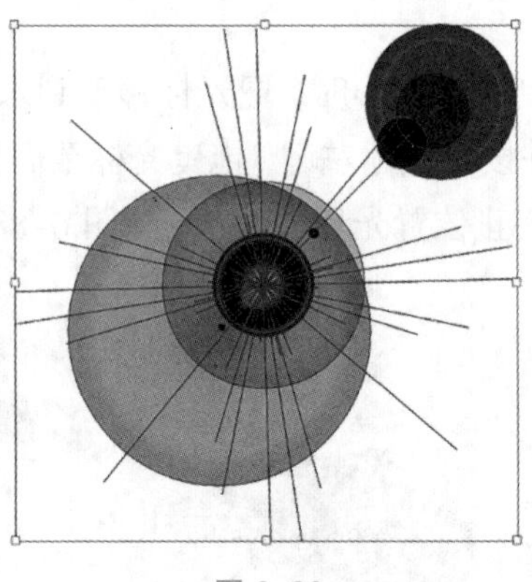

图 6–92

6.1.5 实战演练——制作茶艺广告

使用“置入”命令置入图片；使用“圆角矩形工具”“文字工具”“图形样式库”制作印章文字；使用“文字工具”添加产品相关信息。最终效果如图 6–93 所示。

6–93

视频 6–1

制作相机广告

6.2.1 案例分析

相机目前已经成为很多人的日常生活必需品，记录着生活中的点滴。相机品牌丰富，所以相机行业竞争也越发激烈。本案例是为相机公司设计制作的广告，要求设计表现出相机的新技术及特色。

6.2.2 设计理念

在设计过程中，用一张美丽的黄昏照作为背景营造出安宁舒适的氛围，既突出了相机主体，也体现了相机品质的优越；简洁的文字点明主题，同时识别性强；整个设计寓意深远且紧扣主题，使人们产生对产品的期待与购买欲望。最终效果如图 6–94 所示。

图 6–94

视频 6–2

6.2.3 操作步骤

1. 制作背景

（1）按 Ctrl+N 组合键，新建一个文档，设置宽度为 210 mm，高度为 290 mm，取向为竖向，颜色模式为 CMYK，单击“创建”按钮。

（2）选择“文件”菜单→“置入”命令，弹出“置入”对话框，选择“Ch07”→“素材”→“制作相机广告”→“01”文件，单击“置入”按钮，将图片置入页面中，单击工具属性栏中的“嵌入”按钮，嵌入图片。选择“选择工具” ▶，拖曳图片到适当的位置并调整其大小，效果如图 6–95 所示。

（3）选择“矩形工具” ，绘制一个与页面大小相等的矩形，如图 6-96 所示。选择“选择工具”，将矩形和图片全部选取，按 Ctrl+7 组合键，建立剪切蒙版，效果如图 6-97 所示。

图 6-95

图 6-96

图 6-97

（4）选择“文件”菜单→“置入”命令，弹出“置入”对话框，选择“Ch07”→“素材”→“制作相机广告”→“02”文件，单击“置入”按钮，将图片置入页面中，单击工具属性栏中的“嵌入”按钮，嵌入图片。选择“选择工具”，拖曳图片到适当的位置并调整其大小，效果如图 6-98 所示。

图 6-98

2. 制作产品标志

（1）选择“文字工具” T，在页面中输入需要的文字，选择“选择工具”，在工具属性栏中选择合适的字体并设置文字大小，效果如图 6-99 所示。

（2）选择“文字工具” T，选取英文字母“B”，输入其填充色的 C、M、Y、K 的值为“0”“100”“100”“0”，填充文字，效果如图 6-100 所示。

图 6-99

图 6-100

（3）选择“文字工具” T，在页面中输入需要的文字，选择“选择工具” ▶，在工具属性栏中选择合适的字体并设置文字大小，效果如图 6–101 所示。

（4）选择“倾斜工具” ，向右拖曳文字到适当位置，将文字倾斜，效果如图 6–102 所示。

图 6–101

图 6–102

3. 添加产品广告语

（1）选择“文字工具” T，在页面中输入需要的文字，选择“选择工具” ▶，在工具属性栏中选择合适的字体并设置文字大小，效果如图 6–103 所示。按 Ctrl+T 组合键，弹出“字符”控制面板，各选项的设置如图 6–104 所示，按 Enter 键确认操作，填充文字为白色，效果如图 6–105 所示。拖曳文字到适当的位置，效果如图 6–106 所示。

图 6–103

图 6–104

图 6–105

图 6–106

（2）选择“文字工具” T，在页面中输入需要的文字，选择“选择工具” ▶，在工具属性栏中选择合适的字体并设置文字大小，填充文字为白色，效果如图 6–107 所示。选取文字“HX1”，在工具属性栏中设置文字大小，效果如图 6–108 所示。用相同的方法输入其他文字，效果如图 6–109 所示。

图 6–107

图 6–108

图 6–109

4. 添加装饰元素

（1）选择“矩形工具”，在页面中绘制一个矩形，如图 6–110 所示。双击“渐变工具”，弹出“渐变”控制面板，在色带上设置 3 个渐变滑块，分别将渐变滑块的位置设为 0%、32%、100%，并依次输入 3 个滑块的 C、M、Y、K 的值为“20”、“30”、“90”、“0”，“0”、“0”、“35”、“0”，“20”、“30”、“90”、“0”，其他选项的设置如图 6–111 所示，图形被填充为渐变色，并设置描边色为无，效果如图 6–112 所示。

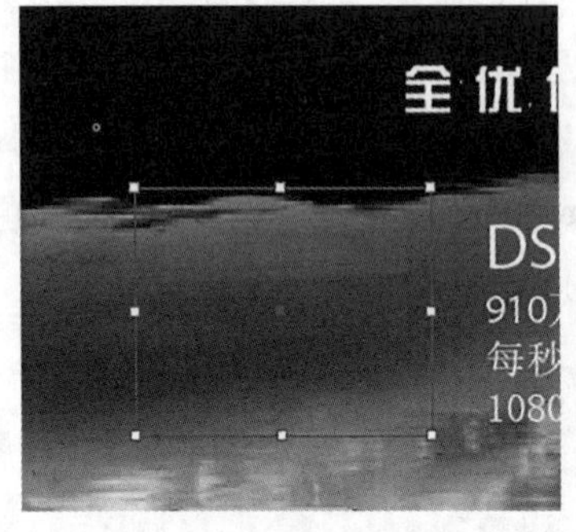

图 6–110

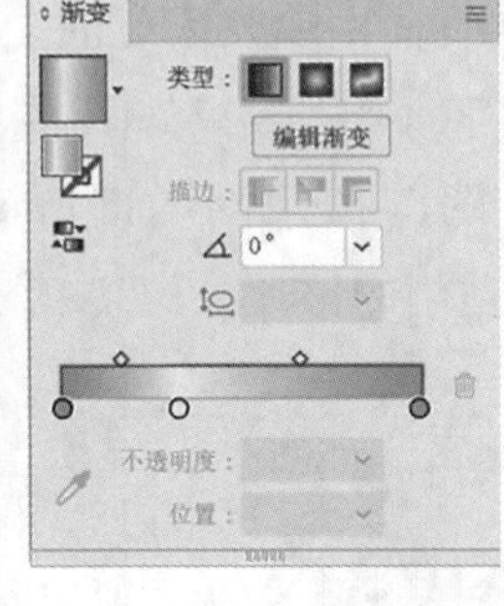

图 6–111

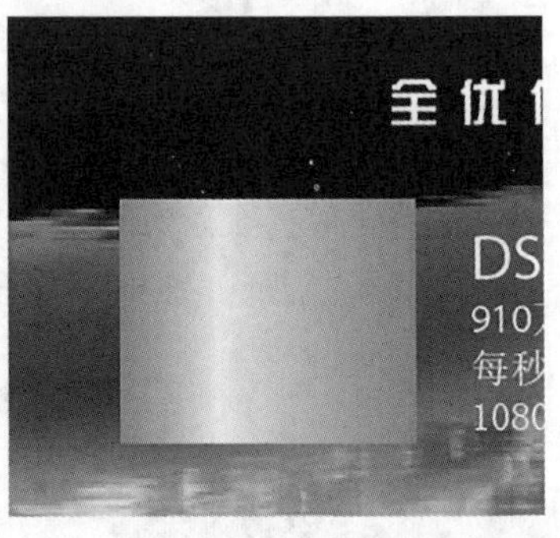

图 6–112

（2）选择“文字工具”，在页面中输入需要的文字，选择“选择工具”，在工具属性栏中选择合适的字体并设置文字大小，效果如图 6–113 所示。

（3）选择“矩形工具”，在页面中绘制一个矩形，如图 6–114 所示。填充图形为黑色，并设置描边色为无，效果如图 6–115 所示。

图 6–113

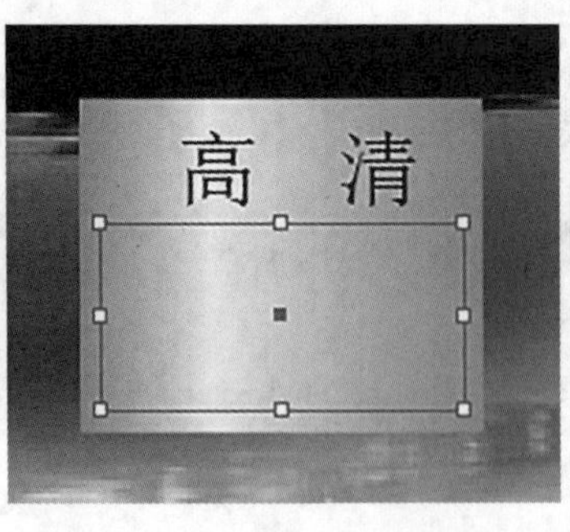

图 6–114

图 6–115

（4）选择“文字工具”，在页面中输入需要的文字，选择“选择工具”，在工具属性栏中选择合适的字体并设置文字大小，效果如图 6–116 所示。选择“对象”菜单→“扩展”命令，弹出“扩展”对话框，各选项的设置如图 6–117 所示，单击“确定”按钮，效果如图 6–118 所示。

图 6-116

图 6-117

图 6-118

（5）文字描边填充与渐变色矩形相同的渐变色。在工具箱下方单击“描边”按钮，在“渐变”控制面板中的色带上设置 3 个渐变滑块，分别将渐变滑块的位置设为 0%、48%、100%，并依次输入 3 个滑块的 C、M、Y、K 的值分别为“0”、“0”、“0”、“45”，“0”、“0”、“0”、“0”，“0”、“0”、“0”、“58”，其他选项的设置如图 6-119 所示，描边被填充为渐变色，效果如图 6-120 所示。选择“选择工具”，拖曳文字到适当的位置，效果如图 6-121 所示。

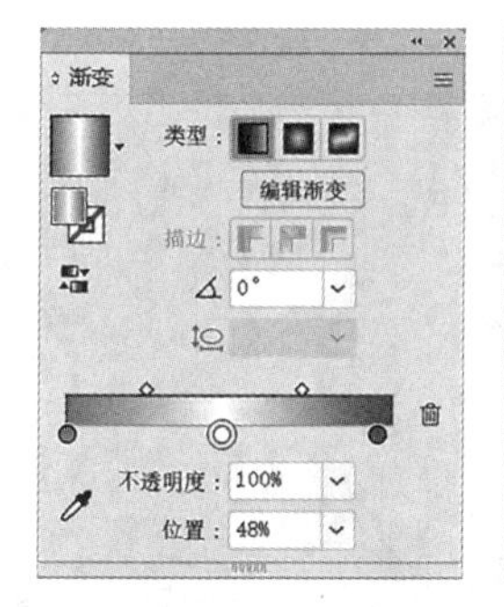

图 6-119

图 6-120

图 6-121

（6）选择“矩形工具”，在页面中绘制一个矩形，效果如图 6-122 所示。输入图形填充色的 C、M、Y、K 的值为“0”“100”“100”“0”，填充图形，并设置描边色为无，效果如图 6-123 所示。

图 6-122

图 6-123

（7）选择“文字工具” T，在适当的位置输入需要的文字，选择“选择工具” ▶，在工具属性栏中选择合适的字体并设置文字大小，效果如图 6-124 所示。光标移动至文字右边框线的中间控制点上，单击并向右拖曳使文字变宽，效果如图 6-125 所示。将文字拖曳到适当的位置，填充文字为白色，效果如图 6-126 所示。

图 6-124

图 6-125

图 6-126

（8）选择“文字工具” T，在页面中输入需要的文字，选择“选择工具” ▶，在工具属性栏中选择合适的字体并设置文字大小，效果如图 6-127 所示。

（9）选择“文件”菜单→“置入”命令，弹出“置入”对话框，选择“Ch07”→“素材”→“制作相机广告”→“03”“04”文件，单击“置入”按钮，分别将图片置入页面中，单击工具属性栏中的“嵌入”按钮，嵌入图片。选择“选择工具” ▶，调整图片大小并拖曳到适当的位置，效果如图 6-128 所示。

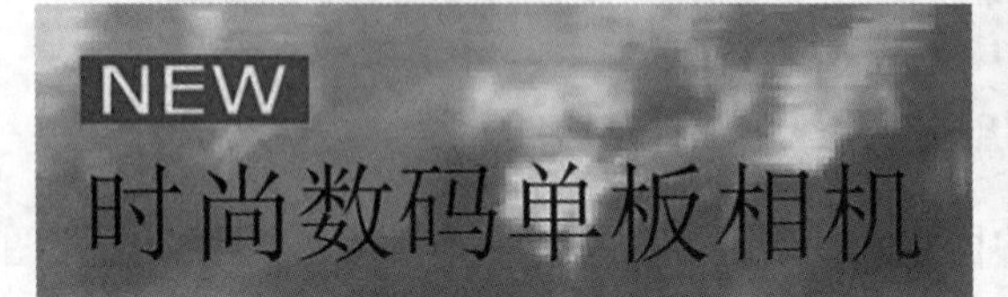

图 6-127

图 6-128

6.2.4 相关工具

1. “SVG 滤镜”效果组

“SVG 滤镜”效果组可以为对象添加许多滤镜效果，如图 6-129 所示。选中要添加滤镜效果的对象，如图 6-130 所示。

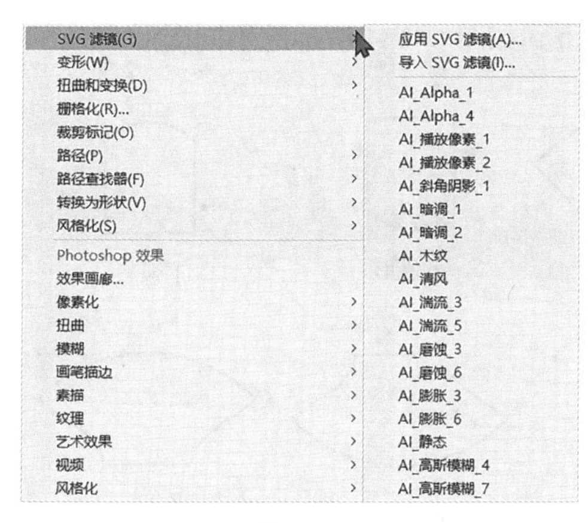

图 6-129

图 6-130

可以直接在“SVG 滤镜”菜单下选择相应的滤镜命令，还可以选择“SVG 滤镜”→“应用 SVG 滤镜”命令，弹出“应用 SVG 滤镜”对话框，在对话框中选择要添加的滤镜命令，如图 6-131 所示。添加不同的滤镜将产生不同的效果，其中一种效果如图 6-132 所示。

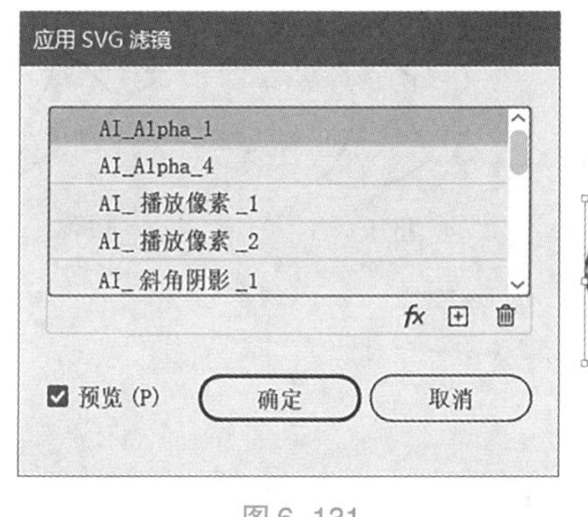

图 6-131

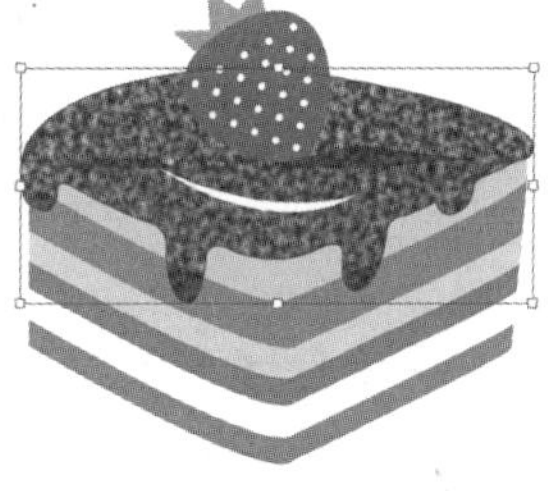
图 6-132

2.“变形”效果组

“变形”效果组中的效果能使对象扭曲或变形，可作用的对象有路径、文本、网格、混合对象、栅格图像，如图 6-133 所示。

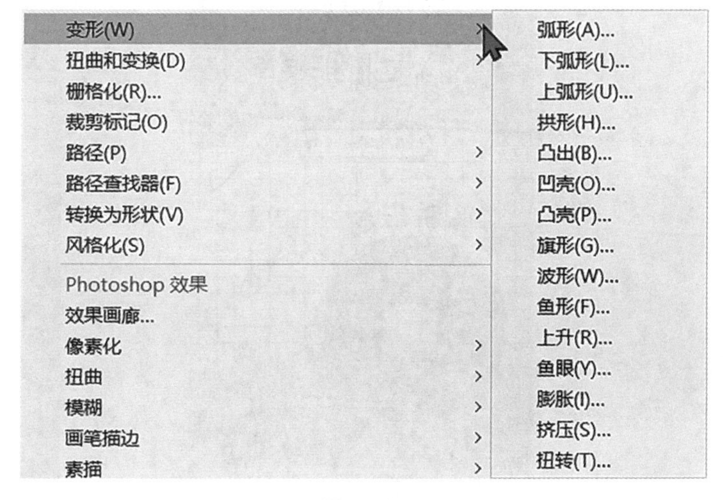

图 6-133

应用“变形”效果组中的效果，可得到如图 6–134 所示的不同图形。

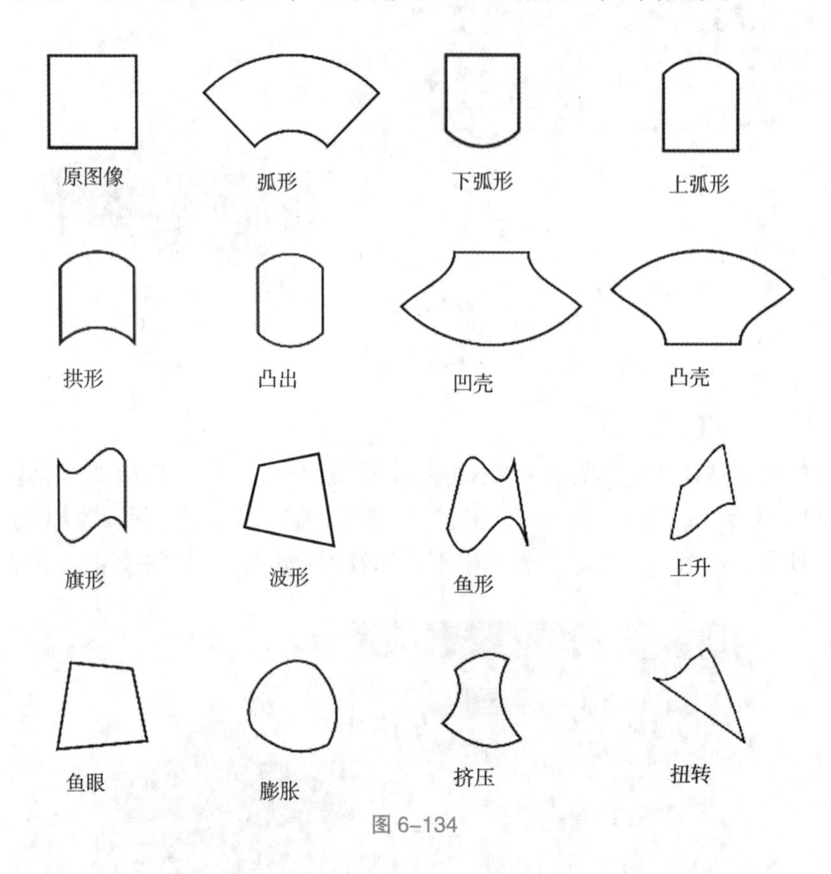

图 6–134

6.2.5 实战演练——美食线下海报

使用“钢笔工具”制作海报背景；使用“文字工具”添加标题文字及相关信息，并使用“弧形”命令添加文字效果；使用“置入”命令和“剪切蒙版”命令置入和编辑图片。最终效果如图 6–135 所示。

视频 6–3

图 6–135

综合演练——制作旅游广告

6.3.1 案例分析

随着生活水平的提高，人们对旅游有了越来越多的关注。旅游是一种结合个人喜好，探索未知目的地以获得独特体验的活动。它是一种情绪消费形式，越来越多的人选择远离居住地，以此来舒缓心情、恢复力量。旅游不仅能够让人们身心放松，还能带来新体验和新发现。本案例要求为某旅行社制作旅游广告，要求体现出旅行社的高服务品质。

6.3.2 设计理念

在设计过程中，采用红色和黄色的背景，让整个设计显得格外温暖，醒目且有特色的标题突出了主题思想。世界各地代表性的建筑剪影，使画面更具有趣味性。整体设计营造出一种舒适、轻松的生活氛围，给平淡的生活增加了乐趣。

6.3.3 知识要点

使用“钢笔工具”“混合工具”制作图形立体化效果；使用多种绘图工具绘制小树图形；使用“文字工具”和“弧形”命令制作文字变形效果；使用“倾斜工具”将文字倾斜；使用“椭圆工具”、“钢笔工具”和“路径查找器”命令制作绘画框，最终效果如图 6-136 所示。

图 6-136

视频 6-4

项目7

包装设计

商品包装代表着商品的品牌形象。好的包装设计可以让商品在同类产品中脱颖而出，吸引消费者的注意，促使其购买，也可以起到美化商品及传达商品信息的作用，甚至可以提高商品的价值。本项目以多种类别的商品包装为例，讲解包装的设计方法和制作技巧。

课堂学习目标

- 掌握包装的设计思路和过程。
- 掌握制作包装的相关操作工具。
- 掌握包装的制作方法和技巧。

7.1 制作茶叶包装

7.1.1 案例分析

本案例是茶叶包装设计，要求传达出茶叶健康、环保的特点，并且要求画面丰富，能够快速地吸引消费者的注意。

7.1.2 设计理念

包装整体和谐美观，白绿的配色很好地突出了茶叶绿色环保的特点，传统纹样元素的使用给人带来了文化的享受，既能让人直观地看到茶叶的特性，又增添了画面的艺术性，简洁的包装设计符合茶叶的定位。最终效果如图 7-1 所示。

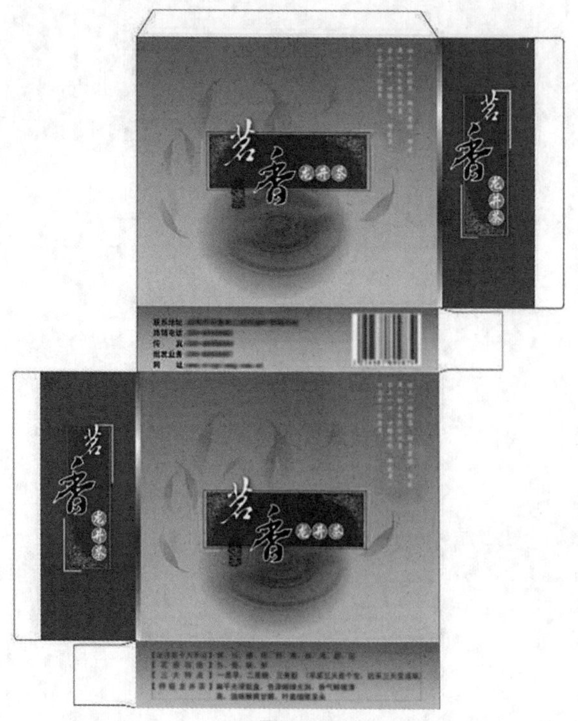

图 7-1

7.1.3 操作步骤

1. 绘制包装结构图

（1）按 Ctrl+N 组合键，弹出“新建文档”对话框，将“宽度”选项设为 430 mm，“高度”选项设为 520 mm，如图 7–2 所示，单击“创建”按钮，新建一个文档。

（2）选择“矩形工具”，在页面中单击，弹出“矩形”对话框，在对话框中进行设置，如图 7–3 所示，单击“确定”按钮，并拖曳矩形到适当的位置，如图 7–4 所示。

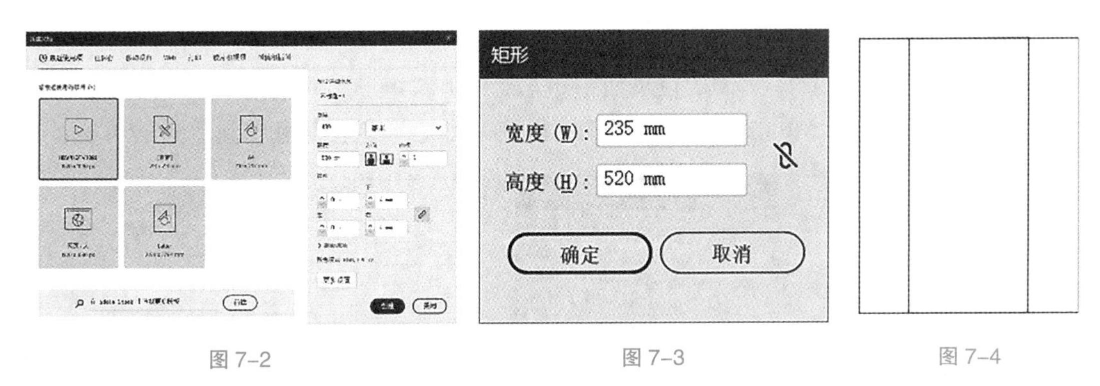

图 7–2　　图 7–3　　图 7–4

（3）选择“添加锚点工具”，在矩形上的适当位置添加锚点，如图 7–5 所示。选择“直接选择工具”，选取左上方的锚点，如图 7–6 所示，拖曳锚点到适当的位置，松开鼠标左键，如图 7–7 所示。用相同的方法制作出图 7–8 所示的效果。

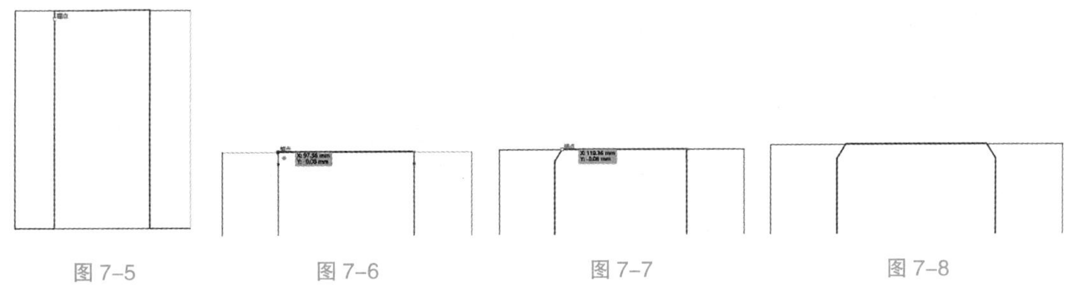

图 7–5　　图 7–6　　图 7–7　　图 7–8

（4）选择“圆角矩形工具”，在页面中单击，弹出“圆角矩形”对话框，在对话框中进行设置，如图 7–9 所示，单击“确定”按钮，得到一个圆角矩形，拖曳圆角矩形到适当的位置，如图 7–10 所示。

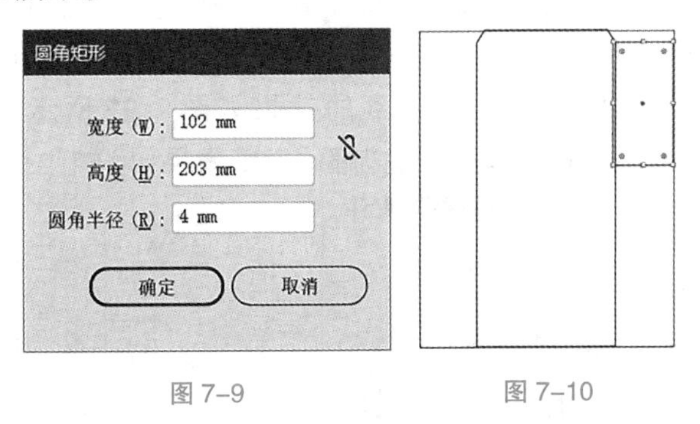

图 7–9　　图 7–10

（5）选择“矩形工具”，绘制一个矩形，填充为黑色，并拖曳矩形到折角矩形上层适当位置，如图 7–11 所示。选择“选择工具”，选取黑色矩形和圆角矩形，如图 7–12 所示。

选择“窗口”菜单→“路径查找器”命令，弹出“路径查找器”控制面板，按住 Alt 键并单击“减去顶层”按钮，从而生成新的对象，再单击“扩展复合形状”按钮 扩展 ，效果如图 7–13 所示。

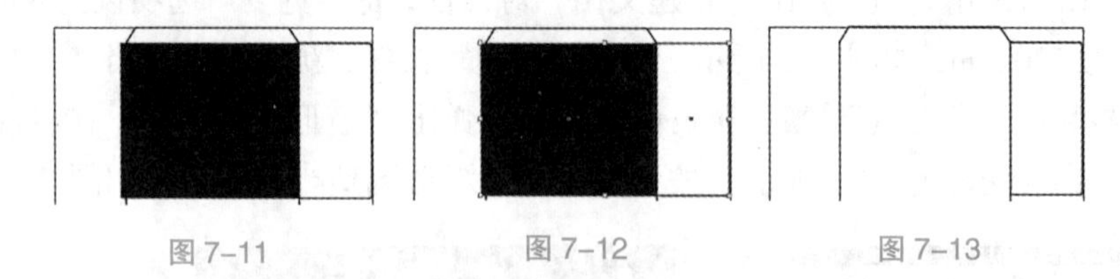

图 7–11　　图 7–12　　图 7–13

（6）选择“矩形工具”，在页面中单击，弹出“矩形”对话框，在对话框中进行设置，如图 7–14 所示，单击“确定”按钮，得到一个矩形，拖曳矩形到适当的位置，如图 7–15 所示。

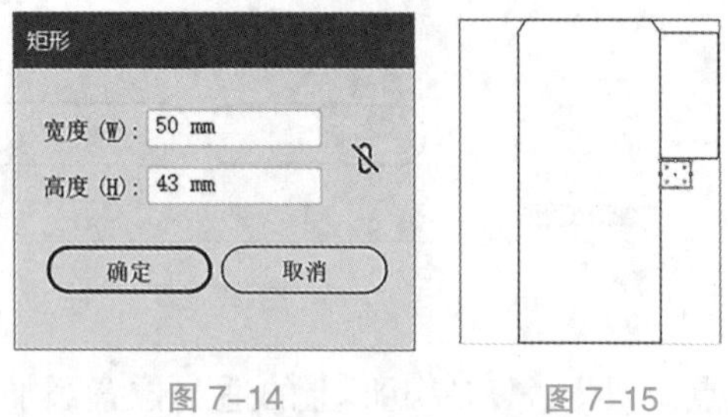

图 7–14　　图 7–15

（7）选择“添加锚点工具”，在矩形的适当位置添加锚点，如图 7–16 所示。选择“直接选择工具”，选取左上方的锚点，如图 7–17 所示，拖曳锚点到适当的位置，松开鼠标左键，如图 7–18 所示。用相同的方法制作出图 7–19 所示的效果。

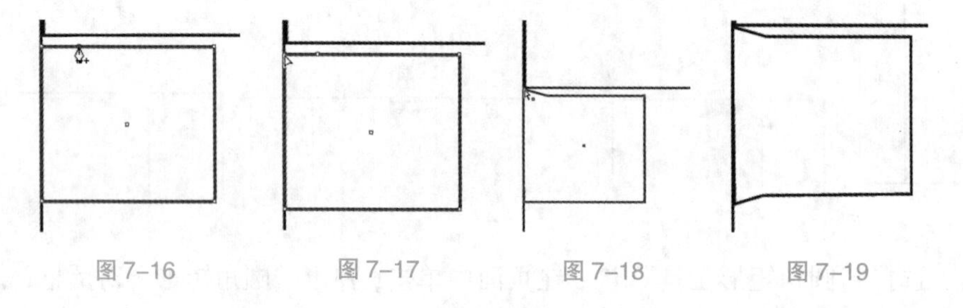

图 7–16　　图 7–17　　图 7–18　　图 7–19

（8）选择“选择工具”，选取圆角矩形和由步骤（7）得到的图形，依次按 Ctrl+C 组合键和 Ctrl+F 组合键，原位复制出图形，拖曳由复制得到的图形到适当的位置，如图 7–20 所示。双击“镜像工具”，弹出“镜像”对话框，设置各选项，如图 7–21 所示，单击“确定”按钮，得到的效果如图 7–22 所示。选择“选择工具”，选取镜像后的图形和上方矩形拖曳到适当的位置，效果如图 7–23 所示。

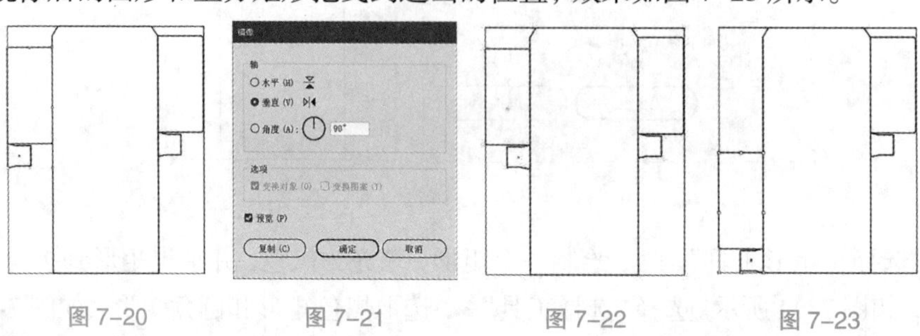

图 7–20　　图 7–21　　图 7–22　　图 7–23

（9）选择“选择工具”，用框选的方法选取需要的图形，如图 7-24 所示。在“路径查找器”控制面板中，单击“联集”按钮，从而生成新的对象，再单击“扩展复合形状”按钮，效果如图 7-25 所示。

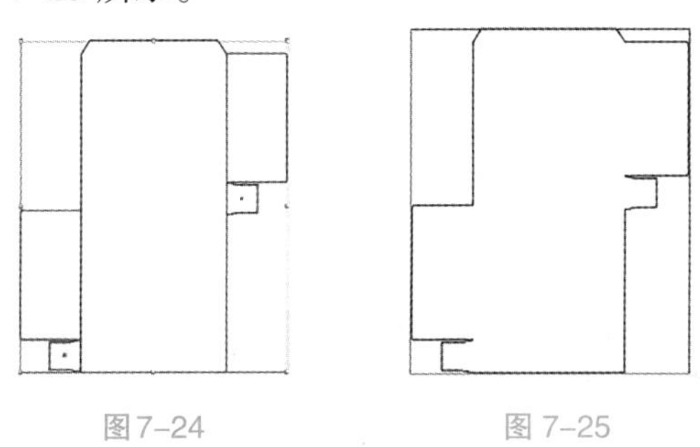

图 7-24　　图 7-25

2. 绘制正面背景图并置入图片

（1）选择“矩形工具”，在适当的位置绘制一个矩形，如图 7-26 所示。双击“渐变工具”，弹出“渐变”控制面板，单击“类型”选项中的“线性渐变”按钮，将“角度”选项设为 90°，在色带上设置 2 个渐变滑块，分别将渐变滑块的位置设为 0%、100%，并依次输入 2 个渐变滑块的 C、M、Y、K 的值分别为“25”、“0”、“30”、“0”，“74”、“0”、“100”、“0”，如图 7-27 所示，图形被填充为渐变色，设置描边颜色为无，效果如图 7-28 所示。

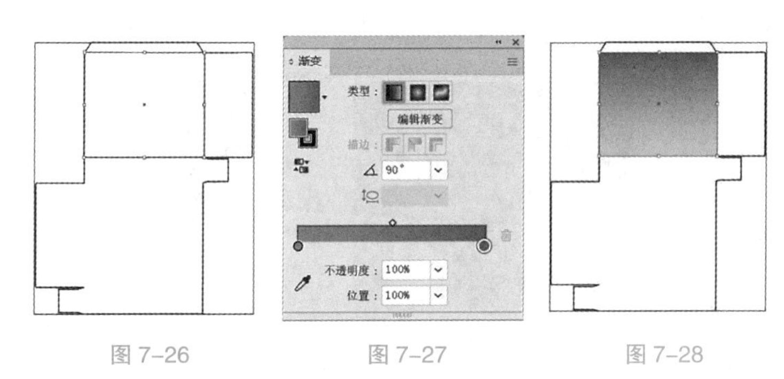

图 7-26　　图 7-27　　图 7-28

（2）选择“文件”菜单→“置入”命令，弹出“置入”对话框，选择“Ch09”→“素材”→“制作茶叶包装”→“01”文件，单击“置入”按钮，在页面中单击置入图片，单击工具属性栏中的“嵌入”按钮，嵌入图片，选择“选择工具”，拖曳图片到适当的位置并调整其大小，如图 7-29 所示。

（3）打开“透明度”控制面板，单击面板右上方的按钮，在弹出的菜单中选择“建立不透明蒙版”命令，单击可编辑不透明蒙版的显示框，如图 7-30 所示。选择“矩形工具”，在页面中绘制一个矩形，打开“渐变”控制面板，单击“类型”选项中的“径向渐变”按钮，选中色带上左侧的渐变滑块，将其设为白色，选中色带上右侧的渐变滑块，将其设为黑色，建立半透明效果，如图 7-31 所示，在“透明度”控制面板中单击可停止编辑不透明蒙版的显示框，如图 7-32 所示。

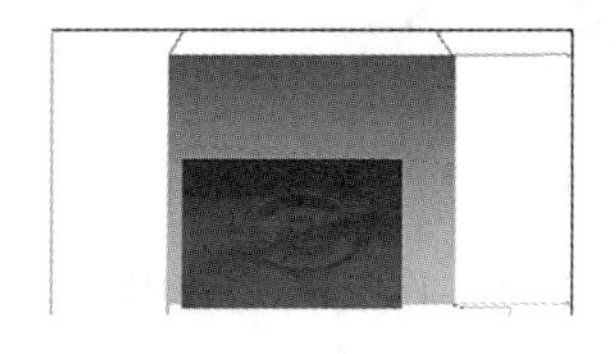

图 7-29

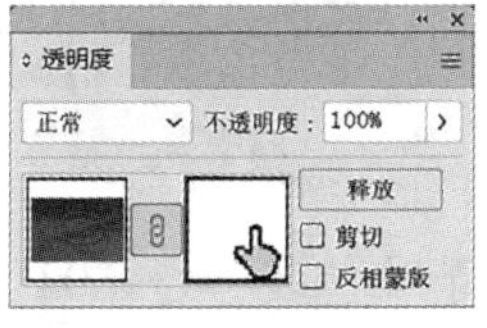

图 7-30

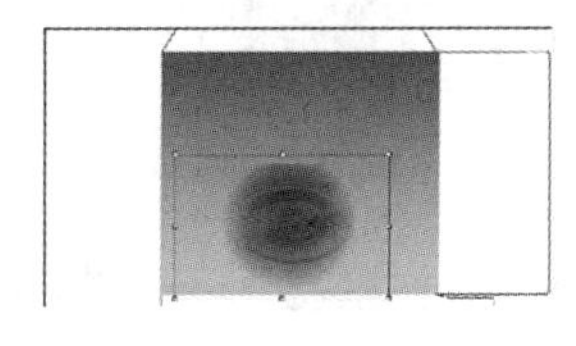

图 7-31

图 7-32

（4）选择“文件”菜单→“置入”命令，弹出“置入”对话框，选择“Ch09”→“素材”→“制作茶叶包装”→“02”文件，单击“置入”按钮，在页面中单击置入图片，单击工具属性栏中的“嵌入”按钮，嵌入图片，并拖曳图片到适当的位置，如图 7–33 所示。选择“选择工具” ，旋转图片到适当的角度，在“透明度”控制面板中，将“不透明度”选项设为 30%，效果如图 7–34 所示。依次按 Ctrl+C 组合键和 Ctrl+F 组合键，重复多次此操作，原位复制出多个图片，分别拖曳图片到适当的位置并调整其大小，将其旋转到合适的角度，效果如图 7–35 所示。

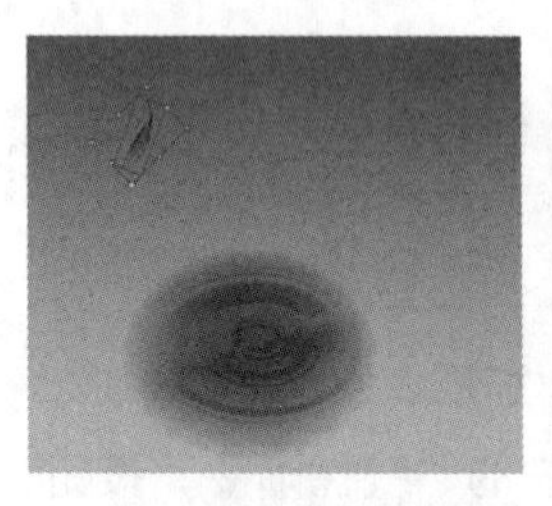
图 7–33

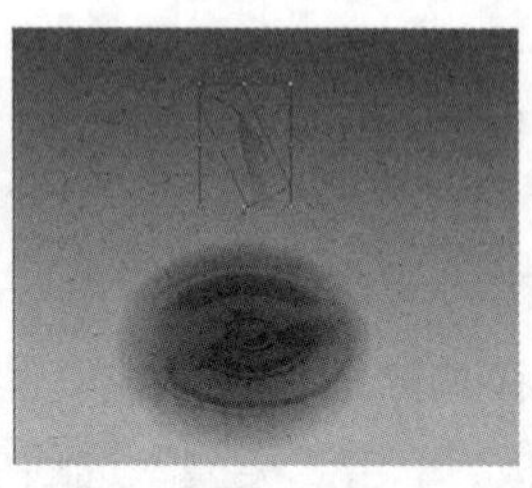
图 7–34

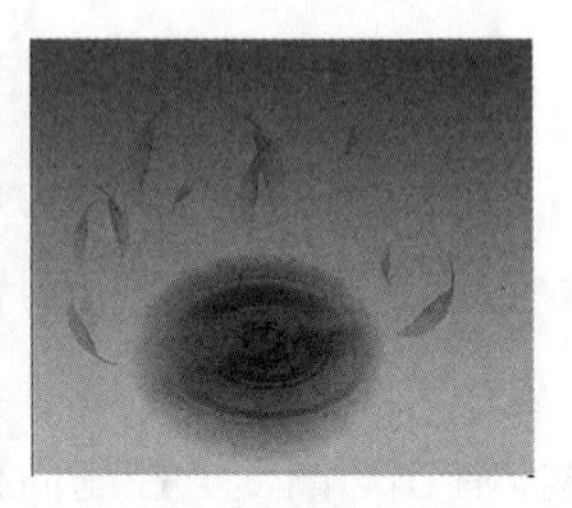
图 7–35

（5）选择“直排文字工具” ，在页面中拖曳出一个文本框，如图 7–36 所示，在文本框中输入需要的文字，按 Ctrl+A 组合键，全选文本框中的文字，在工具属性栏中选择合适的字体并设置文字大小，设置文字填充色为白色，效果如图 7–37 所示。

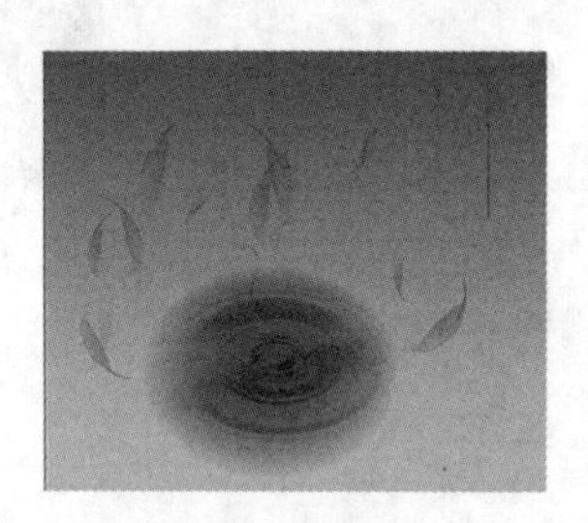
图 7–36

图 7–37

3. 制作标志图形

（1）选择“矩形工具” ，在页面中绘制一个矩形，设置矩形填充色为无，输入描边颜色的 C、M、Y、K 的值为“100”“52”“100”“25”，在工具属性栏中设置“描边粗细”选项为 1 pt，效果如图 7–38 所示。再绘制一个矩形，输入矩形填充色的 C、M、Y、K 的值为“89”“56”“98”“0”，填充矩形，设置描边颜色为无，效果如图 7–39 所示。

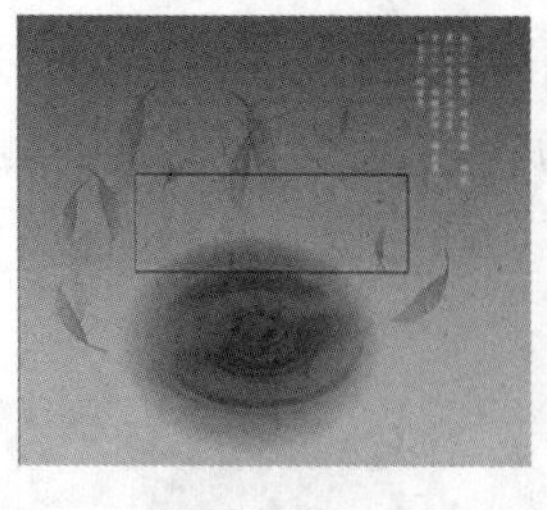
图 7–38

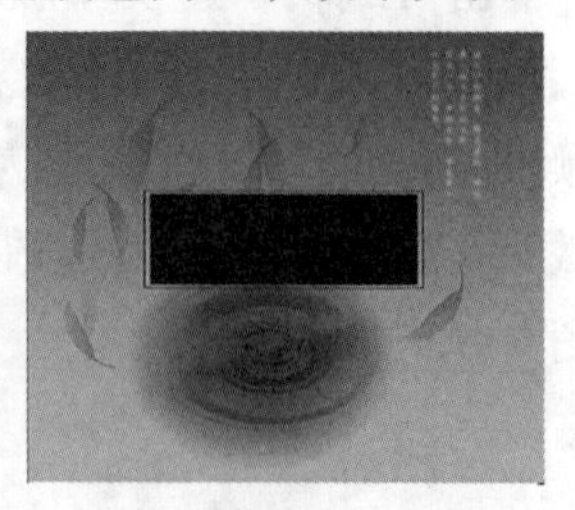
图 7–39

（2）打开“Ch09”→“素材”→“制作茶叶包装”→“03”文件，将文件中的图片粘贴到正在绘制的页面中，拖曳到适当的位置并调整其大小，如图 7–40 所示。双击“镜像工具”⧓，弹出“镜像”对话框，各选项设置如图 7-41 所示，单击“确定”按钮，图形效果如图 7-42 所示，设置图形填充色为无，输入图形描边色的 C、M、Y、K 的值为“50”“0”“100”“0”，设置图形的“描边粗细”选项为 0.5 pt，效果如图 7-43 所示。

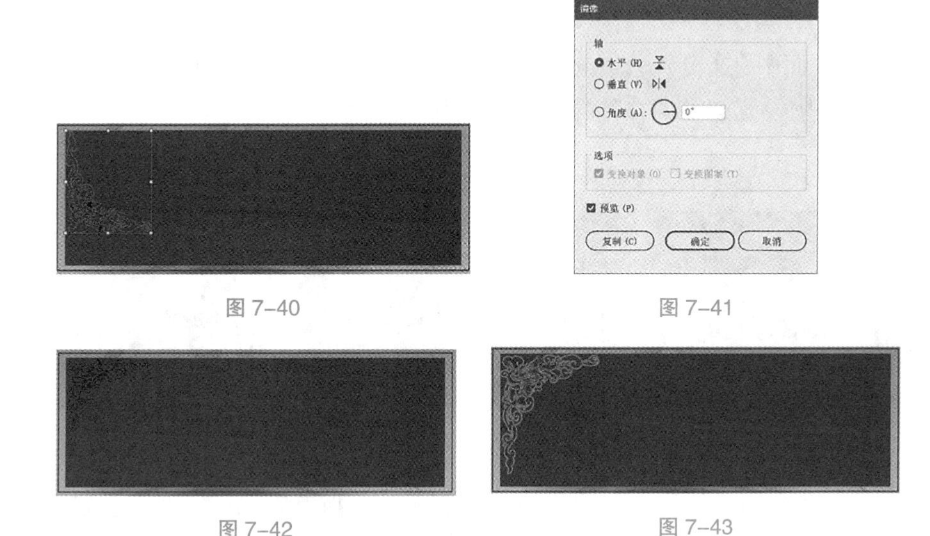

图 7-40　图 7-41

图 7-42　图 7-43

（3）依次按 Ctrl+C 组合键和 Ctrl+F 组合键，原位复制出一个图形，选择“选择工具”▶，拖曳图形到适当的位置，如图 7-44 所示。双击“镜像工具”⧓，弹出“镜像”对话框，各选项设置如图 7-45 所示，单击“确定”按钮，拖曳图形到适当的位置，如图 7-46 所示。

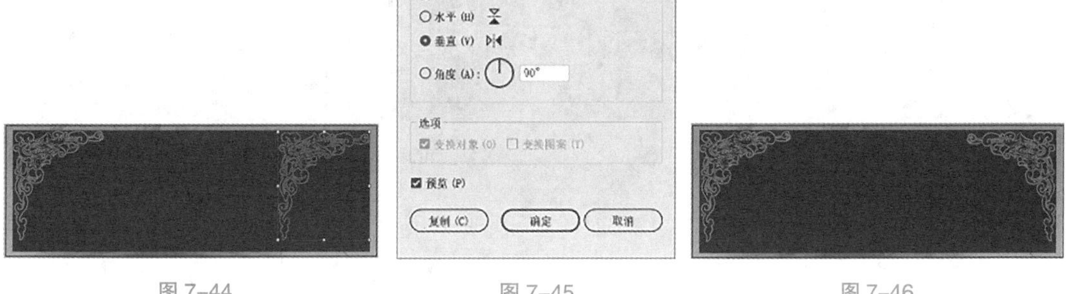

图 7-44　图 7-45　图 7-46

（4）选择“文件”菜单→“置入”命令，弹出“置入”对话框，选择“Ch09”→“素材”→“制作茶叶包装”→“04”文件，单击“置入”按钮，在页面中单击置入图片，单击工具属性栏中的“嵌入”按钮，嵌入图片，选择“选择工具”▶，拖曳图片到适当的位置并调整其大小，如图 7-47 所示。选择“效果”菜单→“风格化”→“投影”命令，弹出“投影”对话框，各参数设置如图 7-48 所示，单击“确定”按钮，效果如图 7-49 所示。

图 7-47

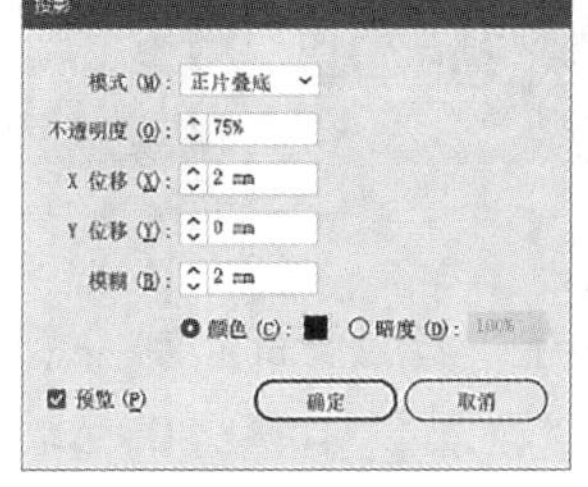

图 7-48

图 7-49

（5）选择“文件”菜单→“置入”命令，弹出“置入”对话框，选择“Ch09”→“素材”→“制作茶叶包装”→“05”文件，单击“置入”按钮，在页面中单击置入图片，单击工具属性栏中的“嵌入”按钮，嵌入图片，拖曳图片到适当的位置并调整其大小，如图 7–50 所示。打开“Ch09”→“素材”→“制作茶叶包装”→“06”文件，将文件中的文字“香”粘贴到正在编辑的页面中，拖曳到适当的位置并调整其大小，如图 7–51 所示。选择“选择工具”，在工具属性栏中设置文字“香”的描边颜色为白色，设置“描边粗细”选项为 2 pt，效果如图 7–52 所示。

图 7–50

图 7–51

图 7–52

（6）选择“椭圆工具”，按住 Shift 键的同时，拖曳光标在矩形中绘制一个圆形，如图 7–53 所示。输入圆形填充色的 C、M、Y、K 的值为“28”“29”“100”“0”，填充圆形，设置描边颜色为白色，在工具属性栏中设置圆形的“描边粗细”选项为 1 pt，如图 7–54 所示。按住 Alt 键，拖曳圆形到适当的位置，复制出一个圆形，如图 7–55 所示。再按相同的操作复制出一个圆形，效果如图 7–56 所示。

图 7–53

图 7–54

图 7–55

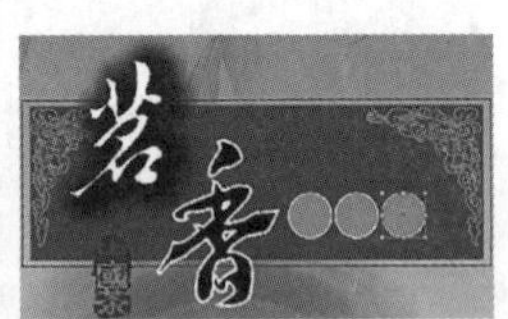

图 7–56

（7）选择“选择工具”，选取三个圆形，按 Ctrl+G 组合键，将其编组，如图 7–57 所示。选择“文字工具”**T**，在圆形上输入需要的文字。选择“选择工具”，在工具属性栏中选择合适的字体并设置文字大小，同时按住 Alt 键和→方向键，调整文字的间距，设置文字的填充色为白色，效果如图 7–58 所示。

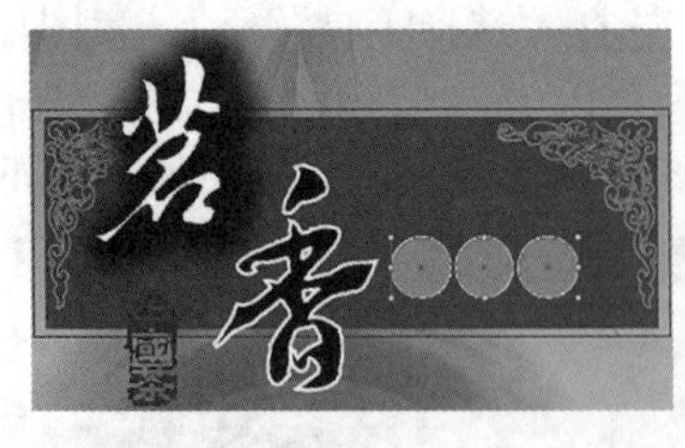

图 7–57

图 7–58

（8）选择“矩形工具”，在适当的位置绘制一个矩形，如图 7–59 所示。输入矩形填充色的 C、M、Y、K 的值为“0”“25”“100”“0”，填充矩形，设置描边颜色为无，效果如图 7–60 所示。

图 7-59

图 7-60

（9）依次按 Ctrl+C 组合键和 Ctrl+F 组合键，原位复制出一个矩形，选择“选择工具”，拖曳矩形到适当的位置并调整其大小，如图 7-61 所示。按住 Shift 键，单击另一个矩形，选取两个矩形，如图 7-62 所示。在“路径查找器”控制面板中，单击“减去顶层”按钮，从而生成新的对象，再单击“扩展复合形状”按钮 扩展 ，效果如图 7-63 所示。复制此图形，旋转复制的图形并拖曳到适当位置，如图 7-64 所示。

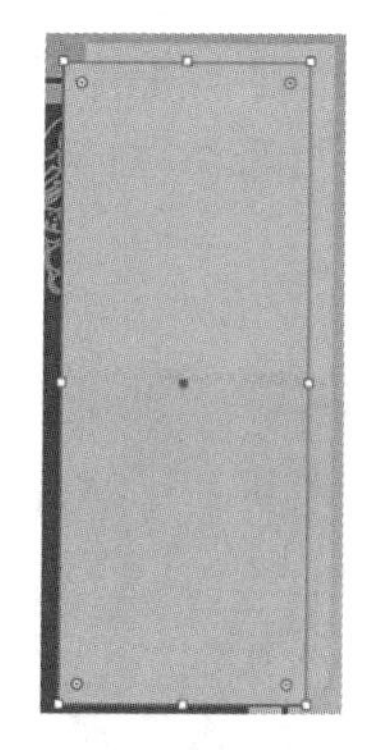

图 7-61

图 7-62

图 7-63

图 7-64

4. 绘制包装侧面背景图

（1）选择“矩形工具”，在适当的位置绘制一个矩形，如图 7-65 所示，输入矩形填充色的 C、M、Y、K 的值为“84”“37”“100”“0”，填充矩形，设置描边颜色为无，效果如图 7-66 所示。

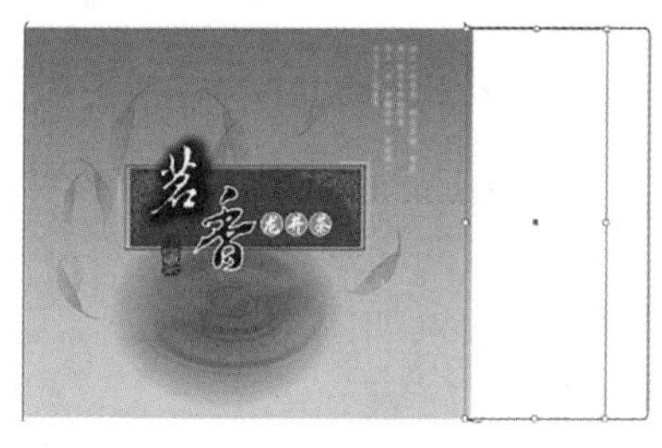

图 7-65

图 7-66

（2）打开“Ch09”→“素材”→“制作茶叶包装”→“07”文件，将文件中的图形粘贴到正在编辑的页面中，拖曳到适当的位置并调整其大小，设置填充色为无，输入图形描边色的 C、M、Y、K 的值为“100”“25”“100”“41”，填充图形，如图 7-67 所示。按住 Alt 键，拖曳图形到适当的位置，复制出一个图形，如图 7-68 所示。按住 Ctrl 键，再连续点按 D 键，复制出多个图形，效果如图 7-69 所示。

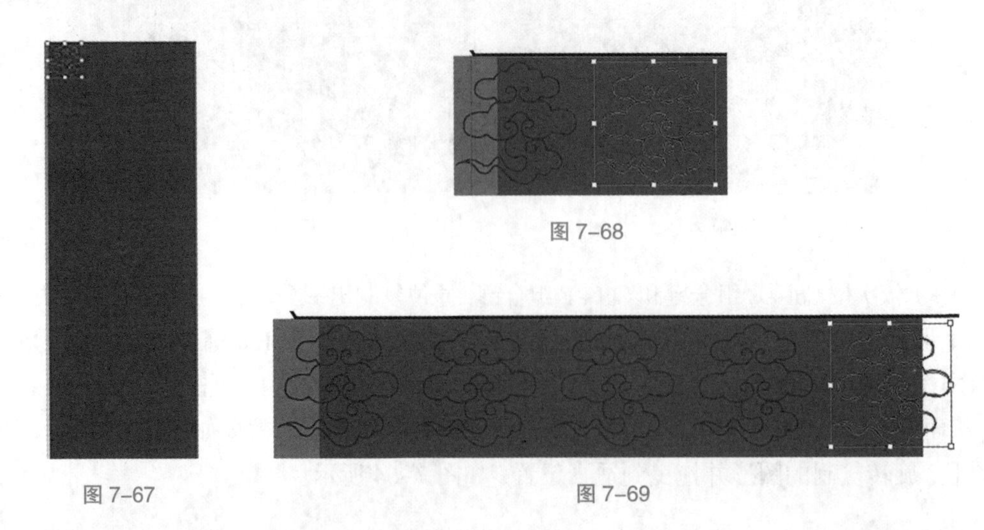
图 7-68

图 7-67

图 7-69

（3）选择“选择工具”▶，选取所需要的图形，按 Ctrl+G 组合键，将其编组，如图 7-70 所示。按住 Alt 键，垂直向下拖曳图形，复制出一组图形，如图 7-71 所示。按住 Ctrl 键，再连续点按 D 键，复制出多组图形，效果如图 7-72 所示。

图 7-70

图 7-71

图 7-72

（4）选择“选择工具”▶，选取所需要的图形，按 Ctrl+G 组合键，将其编组，如图 7-73 所示。选择“矩形工具”▭，在页面中绘制一个矩形，如图 7-74 所示。选择“选择工具”▶，按住 Shift 键，单击步骤（4）中成组的图形，选取矩形和成组的图形，如图 7-75 所示。按 Ctrl+7 组合键，建立剪切蒙版，效果如图 7-76 所示。复制标志图形，旋转复制的标志图形并移动到适当的位置，如图 7-77 所示。

（5）选择“矩形工具”▭，在适当的位置绘制一个矩形，如图 7-78 所示。双击“渐变工具”■，弹出“渐变”控制面板，单击“类型”选项中的“线性渐变”按钮，将“角度”选项设为 -82°，在色带上设置 4 个渐变滑块，将渐变滑块的位置设为 0%、28%、60%、100%，并从左至右依次输入 4 个渐变滑块的 C、M、Y、K 的值为“0”、“0”、“0”、“77”，“0”、“0”、“0”、“0”，“0”、“0”、“0”、“80”，“0”、“0”、“0”、“0”，如图 7-79 所示，图形被填充为渐变色，设置描边颜色为无，效果如图 7-80 所示。

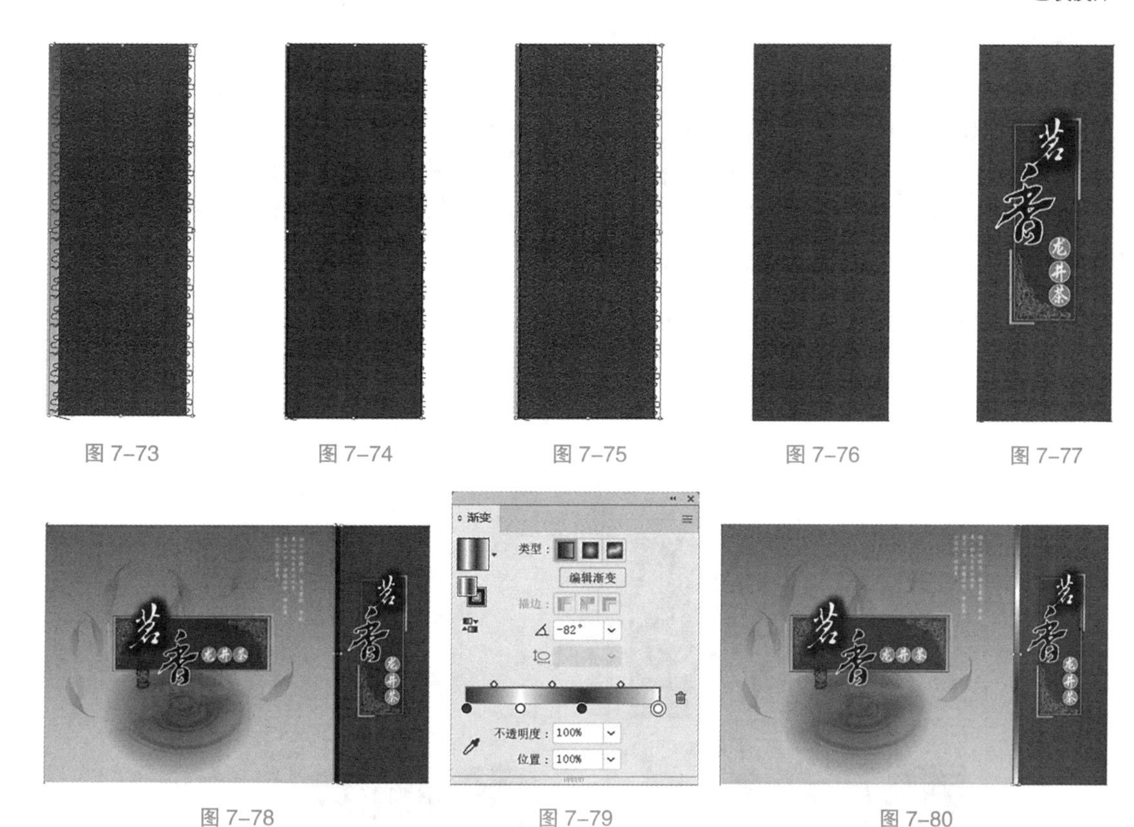

图 7–73　图 7–74　图 7–75　图 7–76　图 7–77

图 7–78　图 7–79　图 7–80

（6）选择“矩形工具”，在适当的位置绘制一个矩形，如图 7–81 所示。双击“渐变工具”，弹出“渐变”控制面板，单击“类型”选项中的“线性渐变”按钮，将“角度”选项设为 90°，在色带上设置 2 个渐变滑块，将渐变滑块的位置设为 0%、100%，并从左至右依次输入 2 个渐变滑块的 C、M、Y、K 的值为“25”、“0”、“30”、“0”，“74”、“0”、“100”、“0”，如图 7–82 所示，图形被填充为渐变色，设置描边颜色为无，效果如图 7–83 所示。

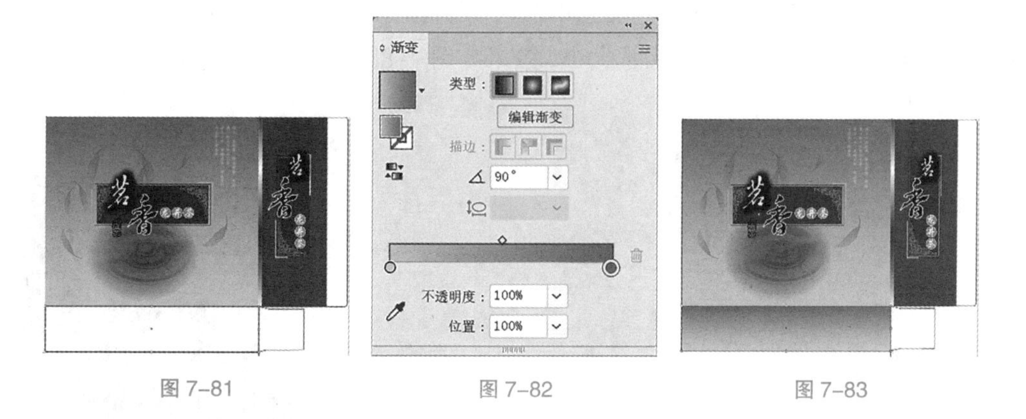

图 7–81　图 7–82　图 7–83

5. 添加内容文字

（1）选择“文字工具”，在页面中输入需要的文字，选择“选择工具”，在工具属性栏中选择合适的字体并设置文字大小，文字的效果如图 7–84 所示。选择“文件”菜单→“置入”命令，弹出“置入”对话框，选择“Ch09”→“素材”→“制作茶叶包装”→“08”文件，单击“置入”按钮，在页面中单击置入图片，单击工具属性栏中的“嵌入”按钮，拖曳图片到适当的位置并调整其大小，效果如图 7-85 所示。

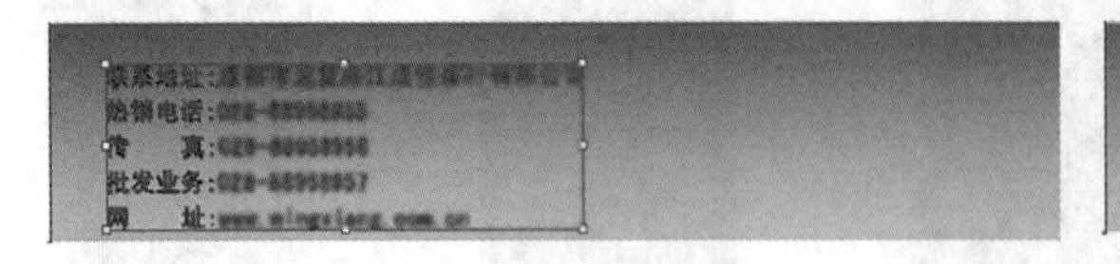

图 7-84

图 7-85

（2）选择“选择工具”▶，用框选的方法将包装正面和侧面同时选取，依次按 Ctrl+C 组合键和 Ctrl+F 组合键，原位复制并分别将图形和文字拖曳到适当的位置，如图 7-86 所示。选择“选择工具”▶，选取不需要的文字和图形，按 Delete 键，将其删除，效果如图 7-87 所示。

图 7-86

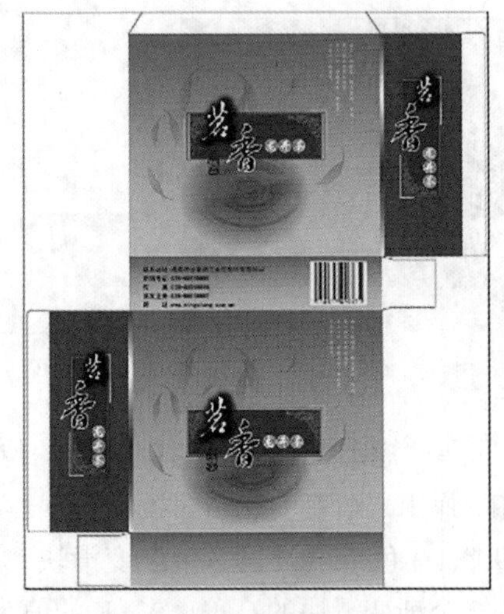

图 7-87

（3）选择“文字工具”T，在页面中输入需要的文字，选择“选择工具”▶，在工具属性栏中选择合适的字体并设置文字大小，效果如图 7-88 所示。茶叶包装制作完成，效果如图 7-89 所示。

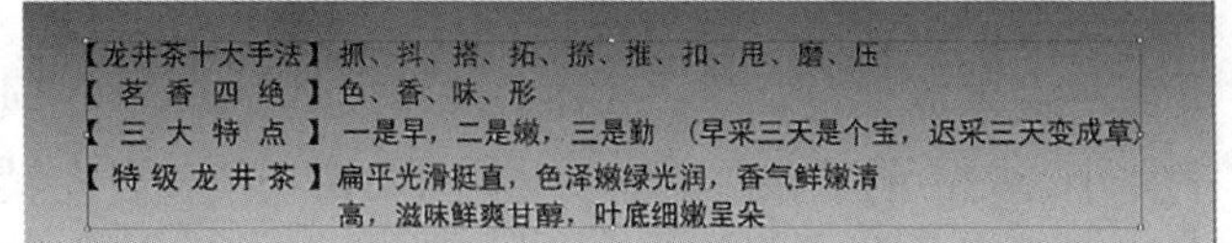

图 7-88

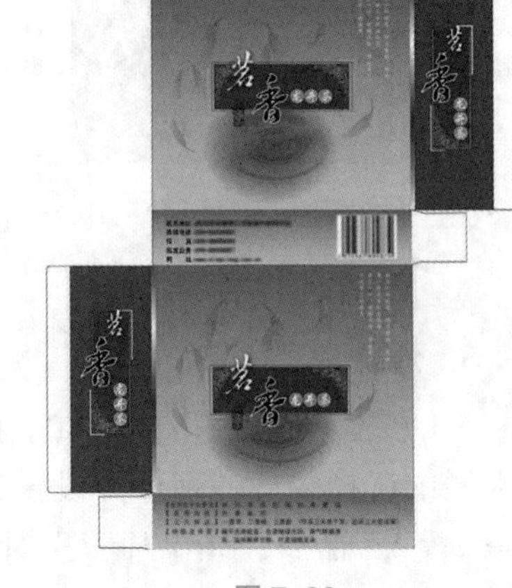

图 7-89

7.1.4 相关工具

1. “模糊”效果组

“模糊”效果组可以削弱相邻像素之间的对比度，使图像达到柔化的效果。“模糊”效果组如图 7–90 所示。

图 7–90

1）“径向模糊”效果

“径向模糊”效果可以使图像产生类似快速旋转或运动时出现的模糊效果，模糊的中心位置可以任意调整。

选中图像，如图 7–91 所示。选择“效果”菜单→“模糊”→“径向模糊”命令，在弹出的“径向模糊”对话框中进行设置，如图 7–92 所示。单击“确定”按钮，图像效果如图 7–93 所示。

图 7–91

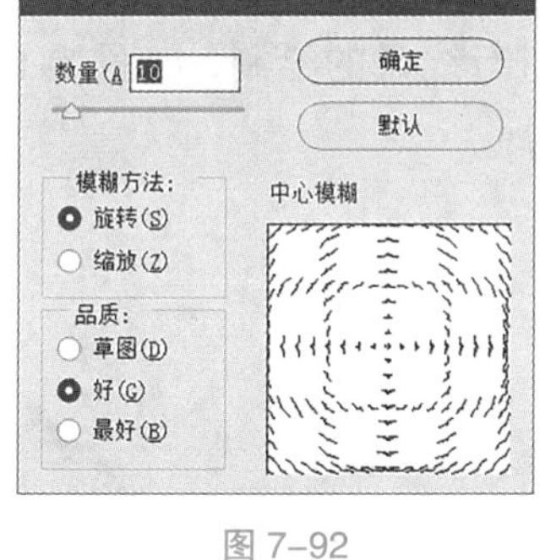

图 7–92

图 7–93

2）“特殊模糊”效果

“特殊模糊”效果可以使图像背景产生模糊效果，可以用来制作柔化效果。

选中图像，如图 7–94 所示。选择“效果”菜单→“模糊”→“特殊模糊”命令，在弹出的“特殊模糊”对话框中进行设置，如图 7–95 所示。单击“确定”按钮，图像效果如图 7–96 所示。

图 7–94

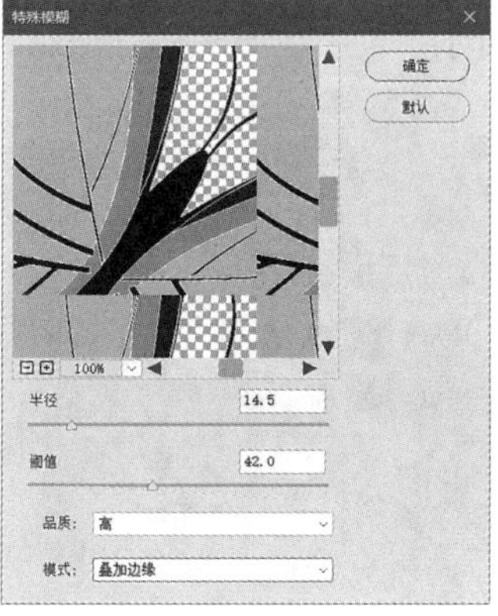

图 7–95

图 7–96

3）“高斯模糊”效果

“高斯模糊”效果可以使图像变得柔和，可以用来制作倒影或投影。

选中图像，如图 7–97 所示。选择“效果”菜单→“模糊”→“高斯模糊”命令，在弹出的“高斯模糊”对话框中进行设置，如图 7–98 所示。单击“确定”按钮，图像效果如图 7–99 所示。

图 7–97

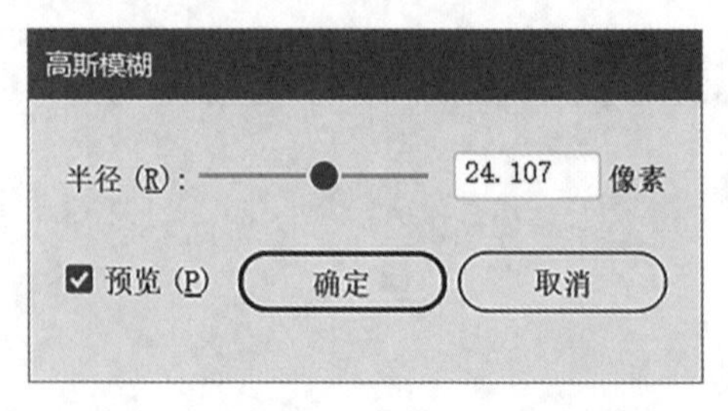

图 7–98

图 7–99

2. “画笔工具”

“画笔工具”可以绘制出样式繁多的精美线条和图形，绘制出风格迥异的图像。调节不同的刷头还可以达到不同的绘制效果。

选择“画笔工具”，选择“窗口”菜单→“画笔”命令，弹出“画笔”控制面板，如图 7–100 所示。在控制面板中选择任意一种画笔样式，在页面中需要的位置单击并按住鼠标左键不放，向右拖曳光标进行线条的绘制，如图 7–101 所示，释放鼠标左键，线条绘制完成，如图 7–102 所示。

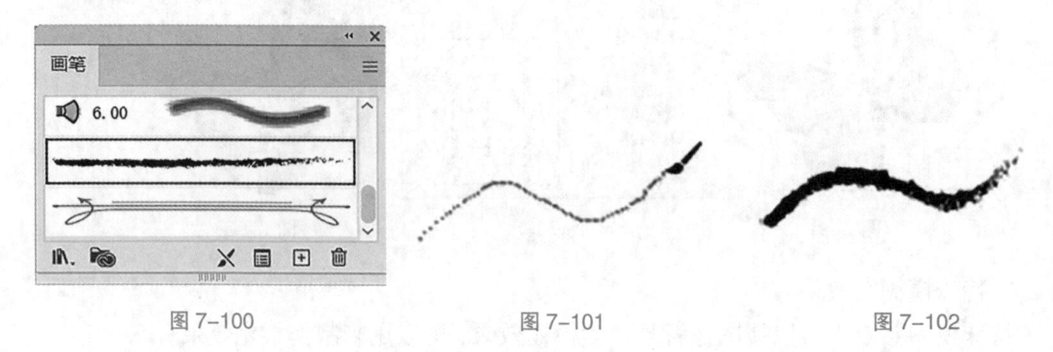

图 7–100　　图 7–101　　图 7–102

选取绘制的线条，如图 7–103 所示。选择“窗口”菜单→“描边”命令，弹出“描边”控制面板，在控制面板中的“粗细”选项中选择或设置需要的描边粗细数值，如图 7–104 所示。线条的效果如图 7–105 所示。

图 7–103　　图 7–104　　图 7–105

双击“画笔工具”，弹出“画笔工具选项”对话框，如图 7-106 所示。在“保真度”选项下可以调节绘制的曲线段的平滑度。在“选项”选项组中，勾选“填充新画笔描边”复选框，每次使用“画笔工具”绘制图形时，系统都会自动以默认颜色来填充对象的笔画；勾选“保持选定”复选框，绘制的曲线段处于选取状态；勾选“编辑所选路径”复选框，可以对选中的路径进行编辑。

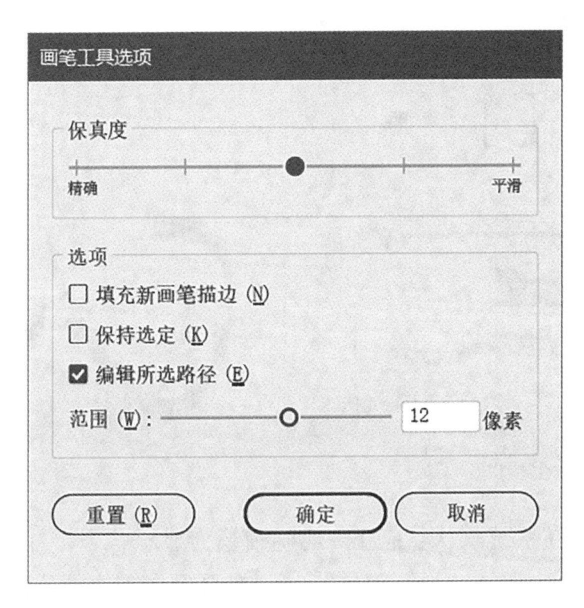

图 7-106

选择“窗口”菜单→“画笔”命令，弹出“画笔”控制面板，在“画笔”控制面板中，包含了许多的内容，下面进行详细讲解。

1）画笔类型

Illustrator CC 包括了 5 种类型的画笔，即散点画笔、书法画笔、毛刷画笔、图案画笔和艺术画笔。

（1）散点画笔。单击“画笔”控制面板右上角的图标，将弹出下拉菜单。在系统默认状态下“显示散点画笔”命令为灰色，选择“打开画笔库”命令，弹出子菜单，如图 7-107 所示。在弹出的菜单中选择任意一种散点画笔，弹出相应的控制面板，如图 7-108 所示。在控制面板中单击需要的画笔样式，该画笔样式就被加载到“画笔”控制面板中，如图 7-109 所示。选择任意一种散点画笔，再选择“画笔工具”，在页面中连续单击或拖曳光标，可以绘制出需要的图像，效果如图 7-110 所示。

图 7-107　图 7-108　图 7-109　图 7-110

（2）书法画笔。在系统默认状态下，书法画笔为显示状态，“画笔”控制面板的第一排为书法画笔，如图 7–111 所示。选择任意一种书法画笔样式，选择“画笔工具” ，在页面中需要的位置单击并按住鼠标左键不放，拖曳光标进行线条的绘制，释放鼠标左键，线条绘制完成，效果如图 7–112 所示。

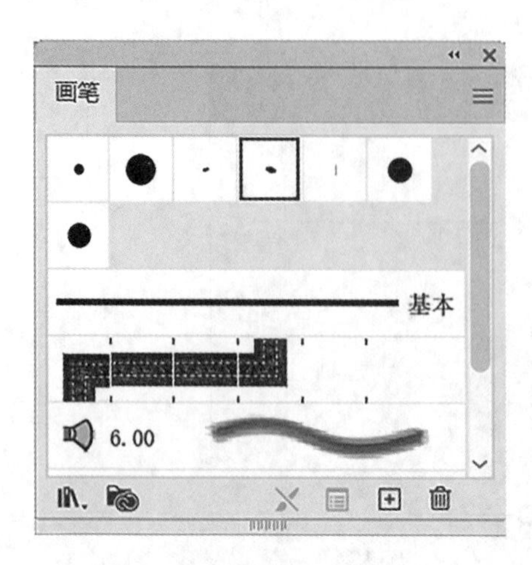

图 7–111

图 7–112

（3）毛刷画笔。在系统默认状态下，毛刷画笔为显示状态，“画笔”控制面板中的毛刷画笔如图 7–113 所示。选择“画笔工具” ，在页面中需要的位置单击并按住鼠标左键不放，拖曳光标进行线条的绘制，释放鼠标左键，线条绘制完成，效果如图 7–114 所示。

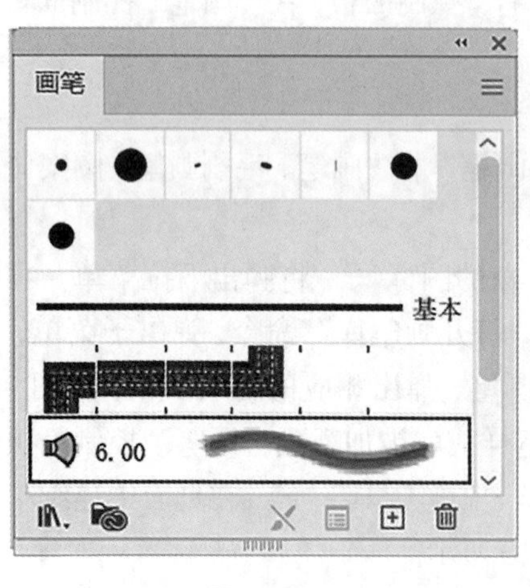

图 7–113

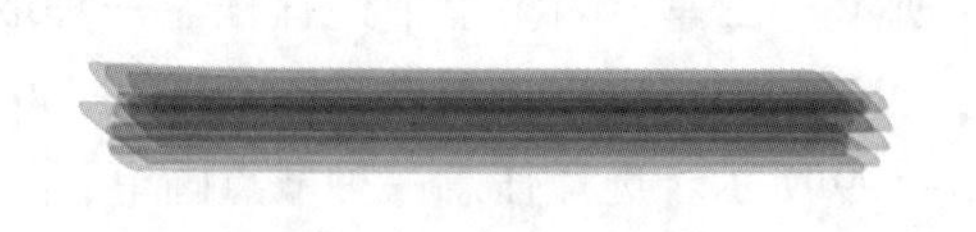

图 7–114

（4）图案画笔。单击“画笔”控制面板右上角的图标，将弹出下拉菜单，选择“打开画笔库”命令，在弹出的菜单中选择任意一种图案画笔样式，弹出相应的控制面板，如图 7–115 所示。在控制面板中单击需要的画笔样式，该画笔样式就被加载到“画笔”控制面板中，如图 7–116 所示。选择任意一种图案画笔样式，再选择“画笔工具” ，在页面中连续单击或拖曳光标，就可以绘制出需要的图像，效果如图 7–117 所示。

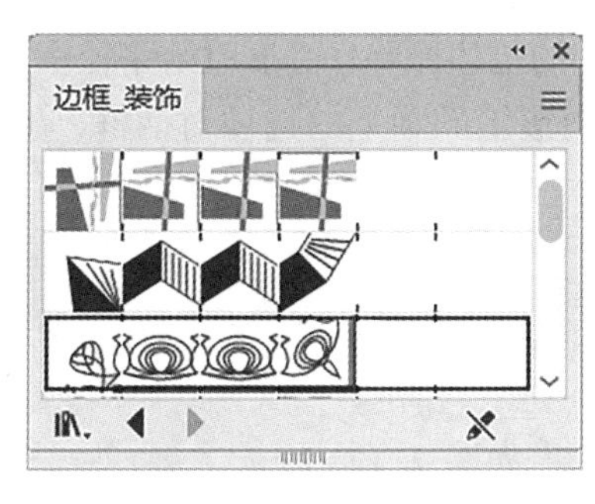

图 7–115

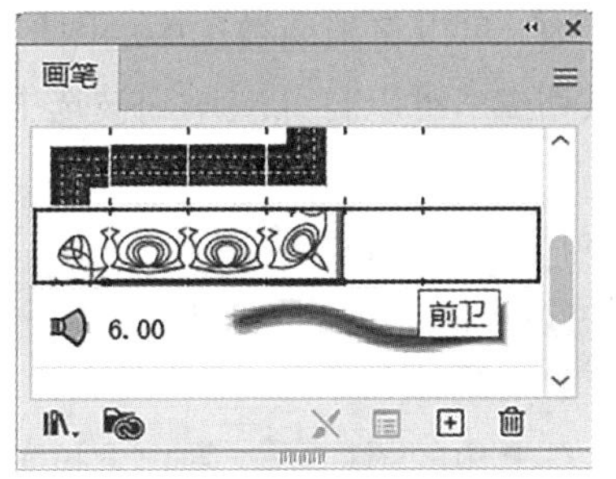

图 7–116

图 7–117

（5）艺术画笔。在系统默认状态下，艺术画笔为显示状态，“画笔”控制面板中的艺术画笔如图 7–118 所示。选择任意一种艺术画笔样式，选择“画笔工具”，在页面中需要的位置单击并按住鼠标左键不放，拖曳光标进行线条的绘制，释放鼠标左键，线条绘制完成，效果如图 7–119 所示。

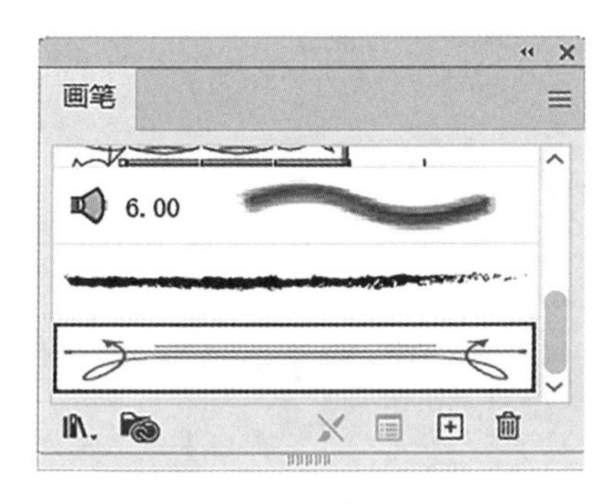

图 7–118

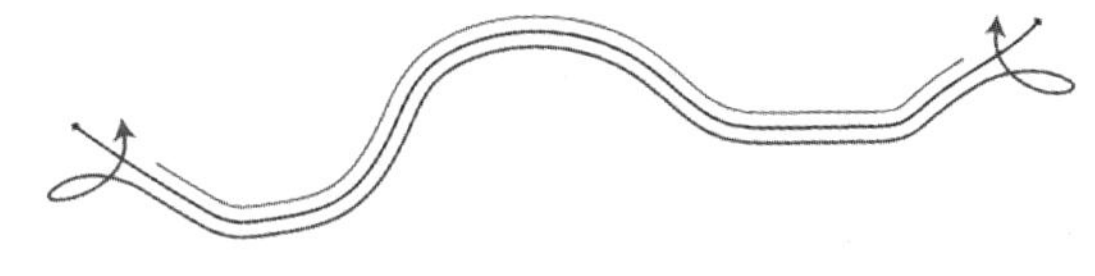
图 7–119

2）画笔类型更改

选中想要更改画笔类型的图像，如图 7–120 所示。在“画笔”控制面板中单击需要的画笔样式，如图 7–121 所示。更改画笔后的图像效果如图 7–122 所示。

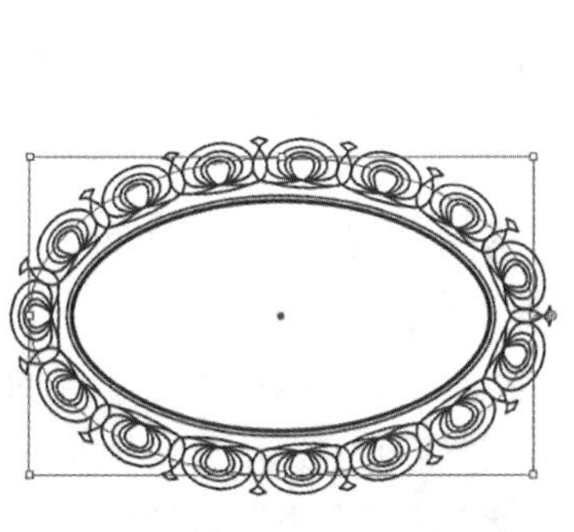
图 7–120

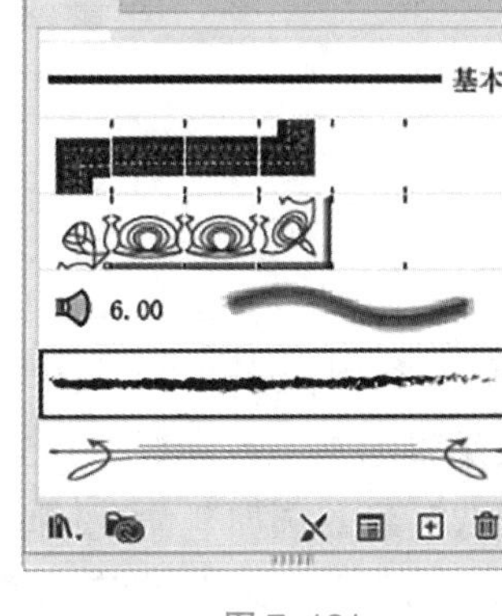

图 7–121

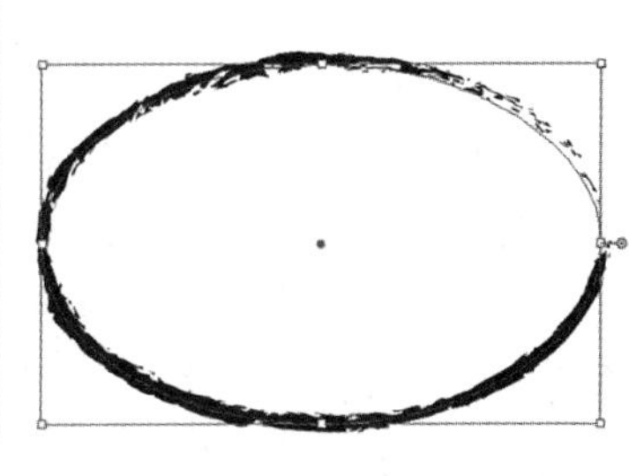
图 7–122

3）“画笔”控制面板的按钮

“画笔”控制面板底部有“移去画笔描边”按钮、“所选对象的选项”按钮、“新建画笔”按钮和“删除画笔”按钮。

“移去画笔描边”按钮：可以将当前被选中的图形上的描边删除，留下原始路径。

“所选对象的选项”按钮：可以打开应用到被选中图形上的画笔的选项对话框，在对话框中可以编辑画笔。

“新建画笔”按钮：可以创建新的画笔。

“删除画笔”按钮：可以删除选定的画笔样式。

4）“画笔”控制面板的下拉菜单

单击“画笔”控制面板右上角的图标，弹出下拉菜单，如图 7–123 所示。

“新建画笔”命令、“删除画笔”命令、“移去画笔描边”命令和“所选对象的选项”命令与“画笔”控制面板底部相应的按钮功能是一样的。“复制画笔”命令可以复制选定的画笔。“选择所有未使用的画笔”命令可选中在当前文档中还没有使用过的所有画笔。“列表视图”命令可以将所有的画笔以列表的方式按照名称顺序排列，在显示小图标的同时还可以显示画笔的种类，如图 7–124 所示。“画笔选项”命令可以打开相关的选项对话框对画笔进行编辑。

图 7–123　　图 7–124

5）画笔编辑

Illustrator CC 提供了可对画笔编辑的功能，例如，改变画笔的外观、大小、颜色、角度，以及箭头方向等。对于不同的画笔类型，编辑的参数也有所不同。

选中“画笔”控制面板中需要编辑的画笔，如图 7–125 所示。单击控制面板右上角的图标，在弹出的菜单中选择“所选对象的选项”命令，弹出“散点画笔选项”对话框，如图 7–126 所示。在对话框中的“名称”选项可以设定画笔的名称；“大小”选项可以设定画笔图案与原图案之间比例大小的范围；“间距”选项可以设定沿路径分布的画笔图案之间的距离；“分布”选项可以设定路径两侧分布的图案之间的距离；“旋转”选项可以设定各个画笔图案的旋转角度；“旋转相对于”选项可以设定画笔图案是相对于页面旋转的还是相对于路径旋转的；“着色”选项组中的“方法”选项可以设置着色的方法；“主色”

选项后的吸管工具可以选择颜色，其后的色块即是所选择的颜色；单击“提示”按钮，弹出“着色提示”对话框，如图 7–127 所示。设置完成后，单击“确定”按钮，即可完成画笔的编辑。

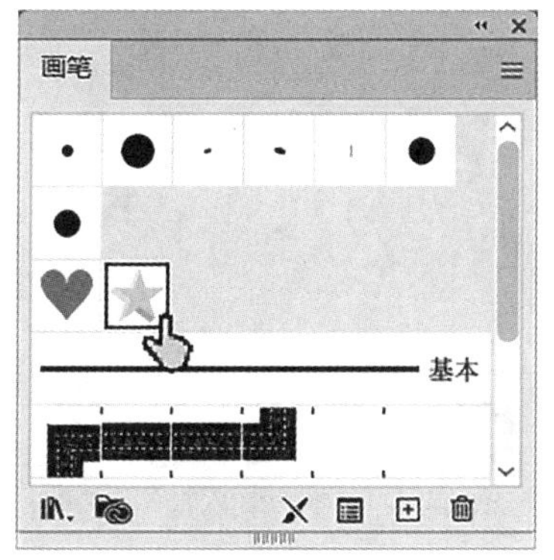

图 7–125

图 7–126

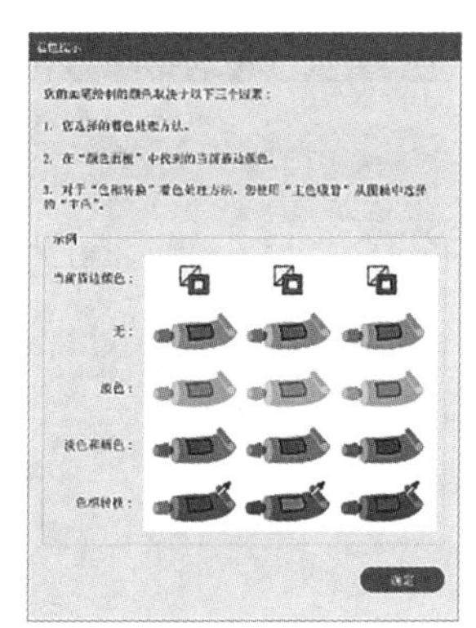

图 7–127

6）自定义画笔

Illustrator CC 除了可以使用系统预设的画笔类型和编辑已有的画笔外，还可以使用自定义的画笔。不同类型的画笔，定义的方法类似。如果新建散点画笔，那么作为散点画笔的图形对象中就不能包含图案、渐变填充等属性。如果新建书法画笔和艺术画笔，不需要事先制作好图案，只要在相应的画笔选项对话框中进行设定即可。

选中想要制作成为画笔的对象，如图 7–128 所示。单击“画笔”控制面板底部的“新建画笔”按钮，或单击控制面板右上角的按钮，在弹出的菜单中选择“新建画笔”命令，弹出“新建画笔”对话框，如图 7–129 所示。

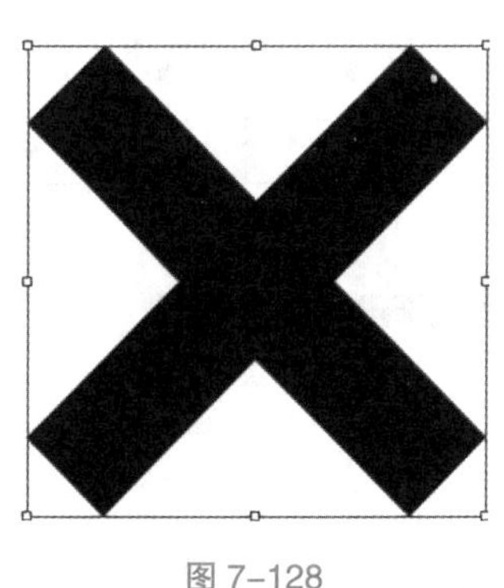

图 7–128

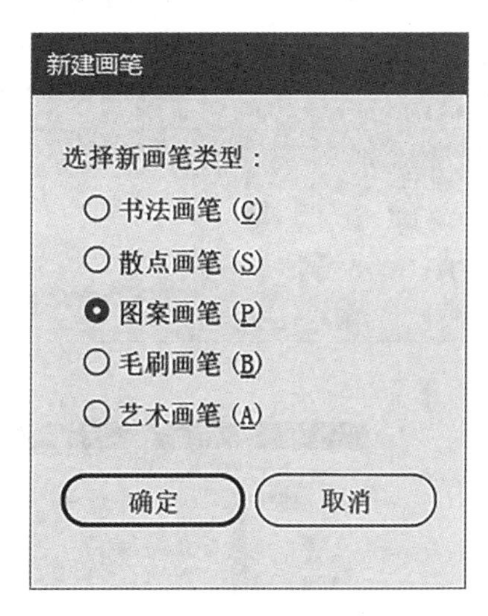

图 7–129

选择“图案画笔”单选项，单击“确定”按钮，弹出“图案画笔选项”对话框，如图 7–130 所示。在对话框中，“名称”选项用于设置图案画笔的名称；“缩放”选项用于设置图案画笔的缩放比例；“间距”选项用于设置图案之间的间距；各个选项分别用于设置画笔的外角拼贴、边线拼贴、内角拼贴、起点拼贴和终点拼贴；“翻转”选项组用于设置图案的翻转方向；“适合”选项组设置图案与图案画笔绘制出的图形的适合关系；

“着色”选项组设置图案画笔的着色方法和主色调。单击“确定”按钮，制作的画笔将添加到“画笔”控制面板中，如图 7–131 所示。使用新定义的画笔可以在绘图页面中绘制图形，效果如图 7–132 所示。

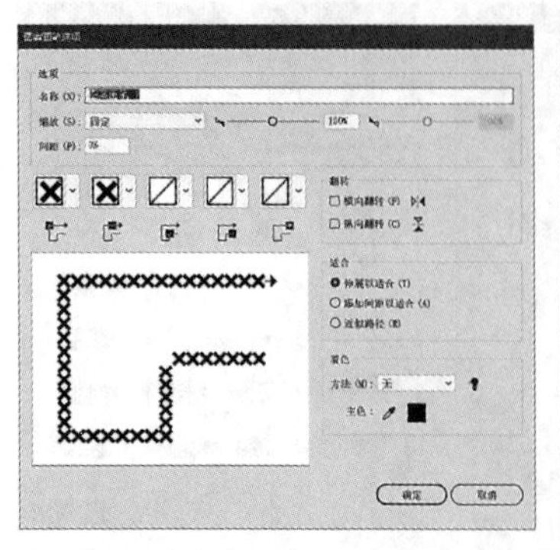

图 7–130

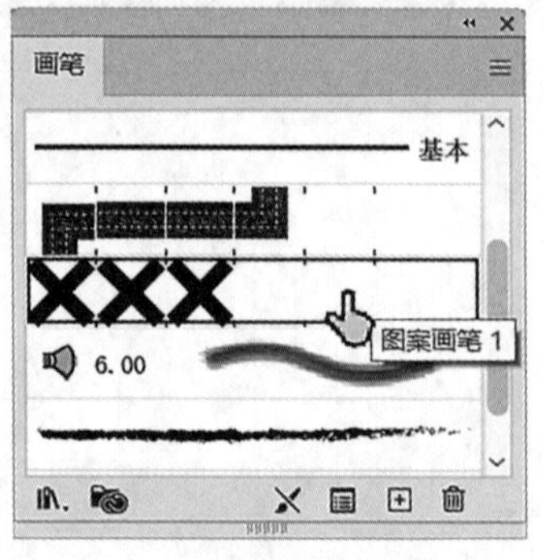

图 7–131

图 7–132

3. 画笔库

Illustrator CC 不仅提供了功能强大的画笔工具，还提供了多种画笔库，有“箭头”“艺术效果”“装饰”“边框”等画笔库，其中包含的画笔可以任意调用。

选择“窗口”菜单→“画笔库”子菜单，在弹出的菜单中显示一系列的画笔库。选择各个画笔库下的画笔（库）命令，可以弹出一系列的画笔控制面板，如图 7–133 所示。Illustrator CC 还允许调用其他画笔库。选择“窗口”菜单→“画笔库”→“其它库”命令，弹出“选择要打开的库：”对话框，可以选择其他合适的库，如图 7–134 所示。

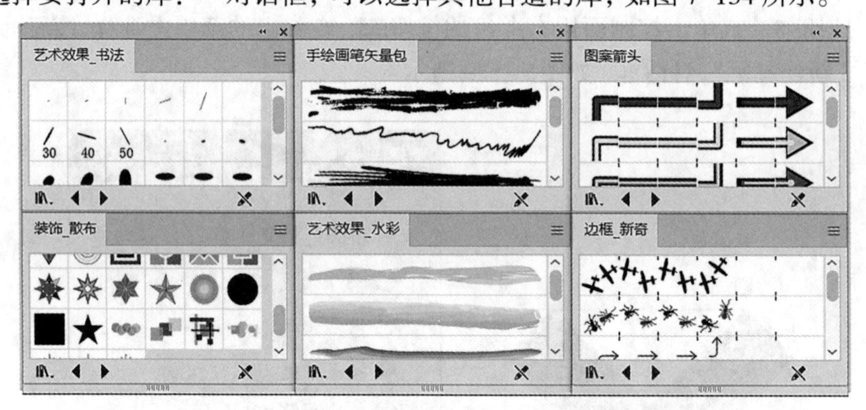

图 7–133

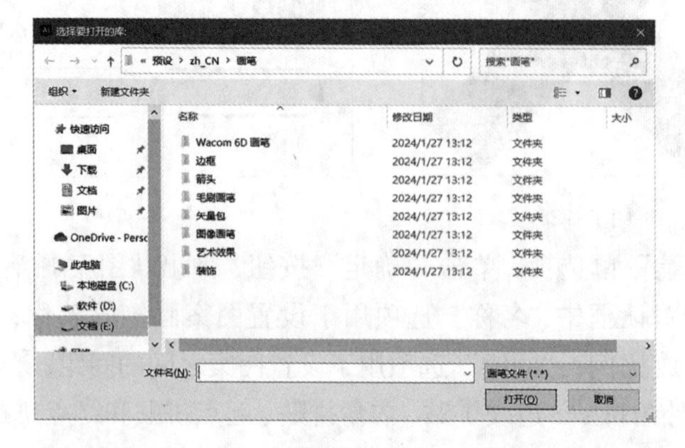

图 7–134

4.“膨胀工具”

要进行膨胀变形的对象如图 7-135 所示，选择“膨胀工具”，将光标移动到对象中适当的位置，单击并拖曳光标，对象出现膨胀变形，效果如图 7-136 所示。

双击“膨胀工具”，弹出“膨胀工具选项”对话框，如图 7-137 所示。在对话框中的“全局画笔尺寸”选项组中，“宽度”选项可以设置画笔的宽度，“高度”选项可以设置画笔的高度，“角度”选项可以设置画笔的角度，“强度”选项可以设置画笔的强度。在“膨胀选项”选项组中，勾选“细节”复选框可以控制变形的细节程度，勾选“简化”复选框可以控制变形的简化程度。勾选“显示画笔大小”复选框，在对对象进行变形时会显示画笔的大小。

图 7-135　图 7-136

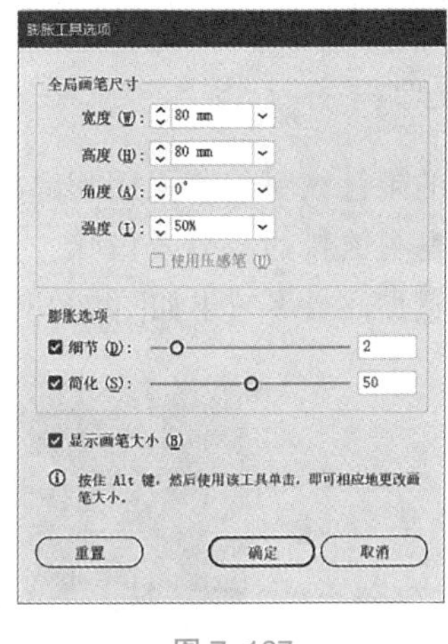

图 7-137

7.1.5　实战演练——制作唇膏包装

使用“建立剪切蒙版”命令制作出图片的剪切蒙版效果，使用“投影”命令为文字添加投影效果，使用“符号库”面板添加装饰花朵，使用“变形”命令改变文字的形状。最终效果如图 7-138 所示。

图 7-138

视频 7-1

7.2 制作果汁饮料包装

7.2.1 案例分析

果汁饮料指以水果为基本原料，由不同的配方和制造工艺生产出来，供人们直接饮用的液体食品。果汁饮料的品种多样，口味丰富。本案例是为食品公司制作的果汁饮料包装设计，要求画面醒目直观，能显示饮料口味。

7.2.2 设计理念

本案例中的果汁饮料包装采用塑料材质，黄色的杯盖醒目突出，与包装上的橘子图案相呼应，直接表明饮料的成分及口味。整个画面清爽干净，设计简洁明快、主题突出，给人清新爽口的感觉。最终效果如图 7–139 所示。

图 7–139

视频 7–2

7.2.3 操作步骤

1. 绘制包装底图

（1）按 Ctrl+N 组合键，新建一个文档，设置文档的宽度为 145 mm，高度为 200 mm，取向为竖向，颜色模式为 CMYK，单击“创建”按钮。

（2）选择“矩形工具” ，在页面中绘制一个矩形，如图 7–140 所示。输入图形填充色的 C、M、Y、K 的值为“44”“17”“30”“0”，填充图形，并设置描边色为无，效果如图 7–141 所示。

图 7-140

图 7-141

（3）选择“钢笔工具”，在页面中绘制一个图形，如图 7-142 所示。双击“渐变工具”，弹出“渐变”控制面板，在色带上设置 3 个渐变滑块，将渐变滑块的位置设为 0%、52%、100%，并从左至右依次输入 3 个渐变滑块的 C、M、Y、K 的值分别为“7”、“6”、“13”、“25”，“5”、“0”、“12”、“0”，“7”、“6”、“9”、“17”，其他选项的设置如图 7-143 所示，图形被填充为渐变色，并设置描边色为无，效果如图 7-144 所示。

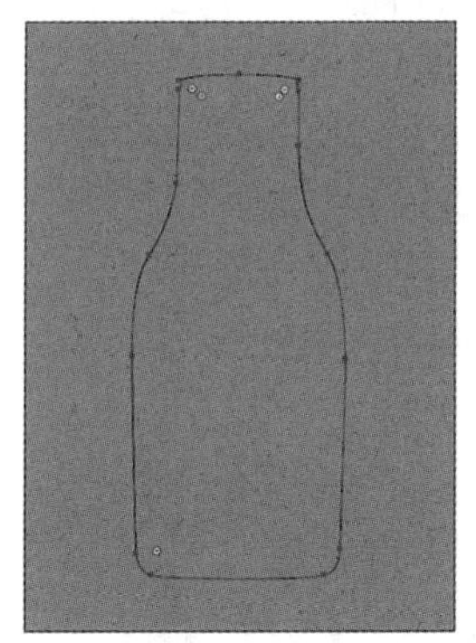
图 7-142

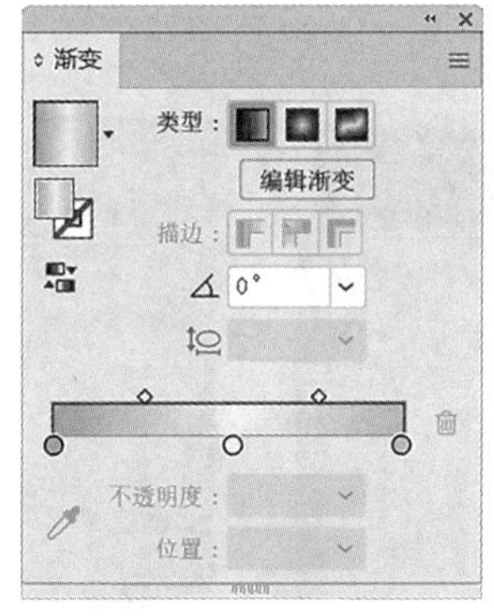

图 7-143

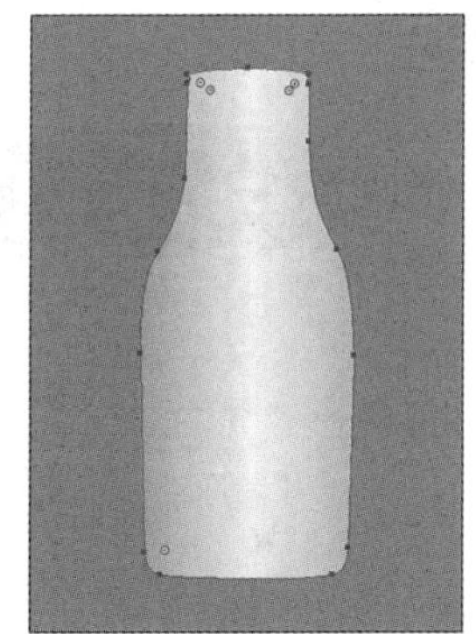
图 7-144

（4）选择“椭圆工具”，在页面中绘制一个椭圆形，如图 7-145 所示。填充椭圆形为黑色，并设置描边色为无，效果如图 7-146 所示。

（5）选择“效果”菜单→“模糊”→“高斯模糊”命令，在弹出的对话框中进行设置，如图 7-147 所示，单击“确定”按钮，效果如图 7-148 所示。

图 7-145

图 7-146

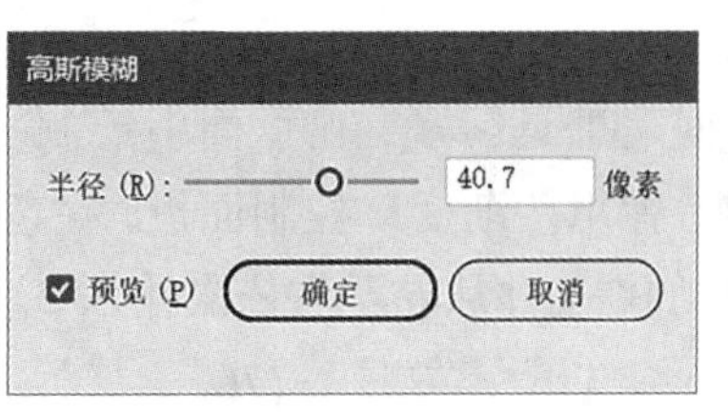

图 7-147

图 7-148

（6）选择"选择工具"▶，选取椭圆形，按 Ctrl+[组合键，后移一层，效果如图 7-149 所示。

（7）选择"椭圆工具"◯，在页面中绘制一个椭圆形，如图 7-150 所示。输入椭圆形填充色的 C、M、Y、K 的值为"0""30""100""80"，填充图形，并设置描边色为无，效果如图 7-151 所示。按 Ctrl+[组合键，后移一层，效果如图 7-152 所示。

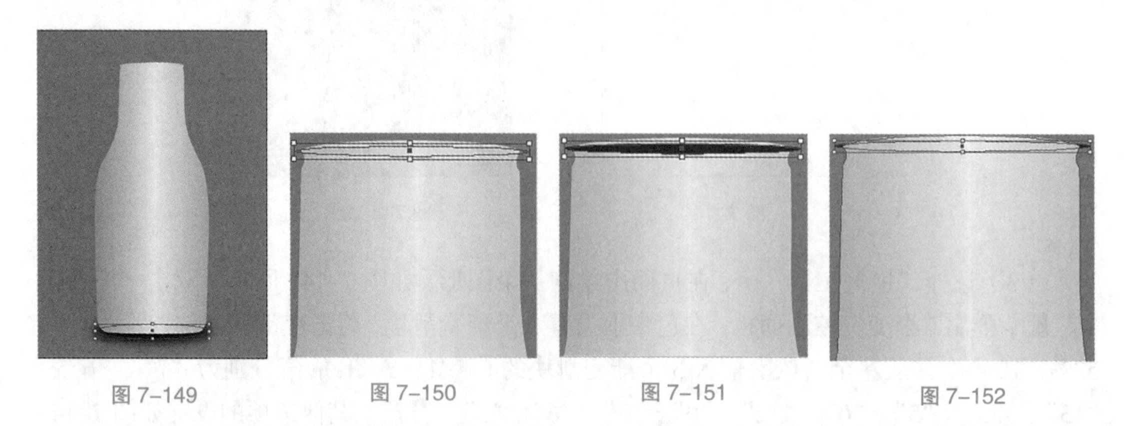

图 7-149　图 7-150　图 7-151　图 7-152

（8）选择"钢笔工具"✒，在页面中绘制一个图形，如图 7-153 所示。输入图形填充色的 C、M、Y、K 的值为"0""25""76""0"，填充图形，并设置描边色为无，效果如图 7-154 所示。

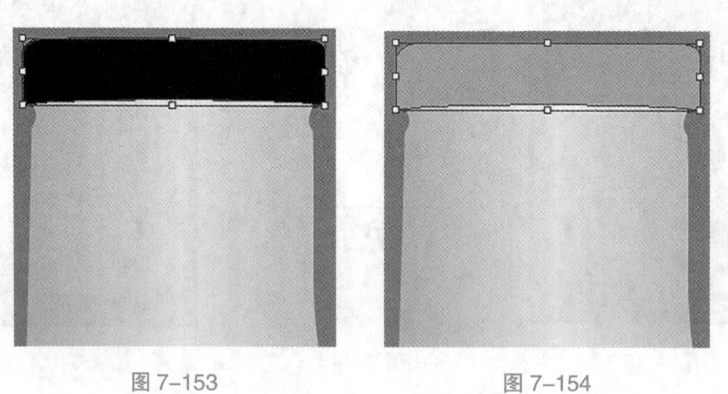

图 7-153　图 7-154

（9）选择"钢笔工具"✒，在页面中分别绘制 2 个图形，如图 7-155 所示。选择"选择工具"▶，选取左侧的图形，输入图形填充色的 C、M、Y、K 的值为"0""17""74""0"，填充图形，并设置描边色为无，效果如图 7-156 所示。选取右侧的图形，输入图形填充色的 C、M、Y、K 的值为"0""15""74""0"，填充图形，并设置描边色为无，效果如图 7-157 所示。

图 7-155　图 7-156　图 7-157

（10）选择"钢笔工具"✒，在页面中绘制一个不规则图形，如图 7-158 所示。双击"渐变工具"■，弹出"渐变"控制面板，在色带上设置 2 个渐变滑块，将渐变滑块的位置分别设为 0%、100%，并从左至右依次输入 2 个渐变滑块的 C、M、Y、K 的值为"0"、"39"、"100"、"36"，"0"、"25"、"76"、"0"，其他选项的设置如图 7-159 所示，图形被填充为渐变色，并设置描边色为无，效果如图 7-160 所示。

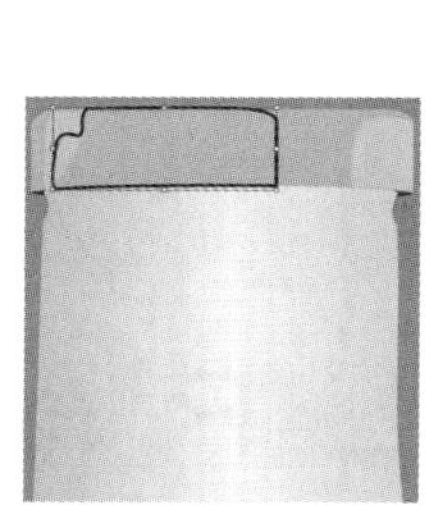

图 7-158

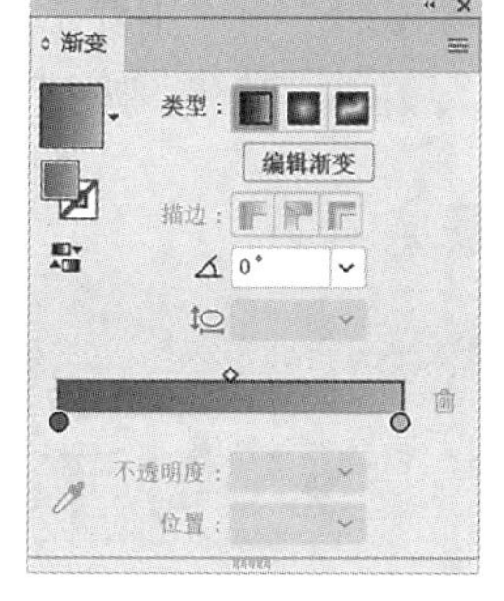

图 7-159

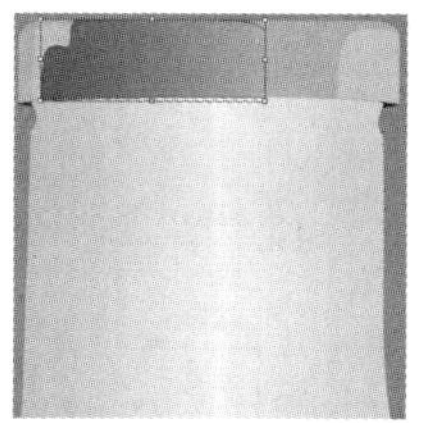

图 7-160

2. 添加装饰性文字

（1）选择“钢笔工具”，在页面中分别绘制多个不规则图形，如图 7-161 所示。选择“选择工具”，选取需要的图形，输入图形填充色的 C、M、Y、K 的值为“31”“90”“52”“0”，填充图形，并设置描边色为无，效果如图 7-162 所示。

（2）选择“选择工具”，按住 Shift 键的同时，选取需要的图形，输入图形填充色的 C、M、Y、K 的值为“71”“27”“41”“0”，填充图形，并设置描边色为无，效果如图 7-163 所示。

（3）选择“选择工具”，按住 Shift 键的同时，选取需要的图形，输入图形填充色的 C、M、Y、K 的值为“10”“47”“45”“0”，填充图形，并设置描边色为无，效果如图 7-164 所示。

（4）选择“选择工具”，按住 Shift 键的同时，选取需要的图形，输入图形填充色的 C、M、Y、K 的值为“0”“57”“100”“0”，填充图形，并设置描边色为无，效果如图 7-165 所示。

图 7-161

图 7-162

图 7-163

图 7-164

图 7-165

（5）选择“选择工具”，选取需要的图形，输入图形填充色的 C、M、Y、K 的值为“0”“82”“100”“0”，填充图形，并设置描边色为无，效果如图 7-166 所示。

（6）选择“文字工具”T，输入需要的文字。选择“选择工具”，在工具属性栏中选择合适的字体并设置文字大小，输入文字填充色的 C、M、Y、K 的值为“100”“100”“0”“47”，填充文字，效果如图 7-167 所示。按 Alt+ →组合键，调整文字间距，效果如图 7-168 所示。

图 7-166

图 7-167

N A T U R A L

图 7-168

（7）选择“对象”菜单→“封套扭曲”→“用变形建立”命令，在弹出的“变形选项”对话框中进行设置，如图 7–169 所示，单击“确定”按钮，文字的变形效果如图 7–170 所示。

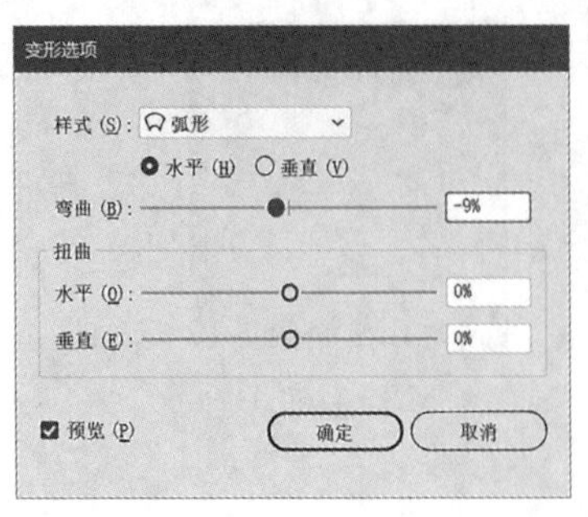

图 7–169

图 7–170

（8）选择“选择工具”，选中文字并将其移动到适当的位置，取消文字选取状态，如图 7–171 所示。

（9）选择“文字工具”T，在页面中分别输入需要的文字。选择“选择工具”，在工具属性栏中选择合适的字体并设置文字大小，如图 7–172 所示。选取文字“NEW”，按 Ctrl+T 组合键，弹出“字符”控制面板，选项的设置如图 7–173 所示，按 Enter 键确认操作。填充文字为白色，效果如图 7–174 所示。

图 7–171

图 7–172

图 7–173

图 7–174

（10）选择“选择工具”，选取文字“200ML”，输入文字填充色的 C、M、Y、K 的值为“100”“100”“0”“47”，填充文字，效果如图 7–175 所示。在“字符”控制面板中，选项的设置如图 7–176 所示，文字效果如图 7–177 所示。

图 7–175

图 7–176

图 7–177

3. 绘制装饰图形

（1）选择“钢笔工具” ，在页面中绘制一个不规则图形，输入图形填充色的 C、M、Y、K 的值为“62”“0”“100”“0”，填充图形，并设置描边色为无，如图 7–178 所示。

（2）选择“选择工具” ，选取图形，按 Ctrl+C 组合键，复制图形，按 Ctrl+F 组合键，将复制的图形原位粘贴，输入图形填充色的 C、M、Y、K 的值为“83”“0”“50”“24”，填充图形，并设置描边色为无，如图 7–179 所示。

（3）选择“矩形工具” ，在页面中绘制一个矩形，如图 7–180 所示。选择“选择工具” ，按住 Shift 键的同时，单击不规则图形，将矩形和不规则图形选取，选择“窗口”菜单→“路径查找器”命令，弹出“路径查找器”控制面板，单击“减去顶层”按钮 ，如图 7–181 所示，生成新的对象，效果如图 7–182 所示。

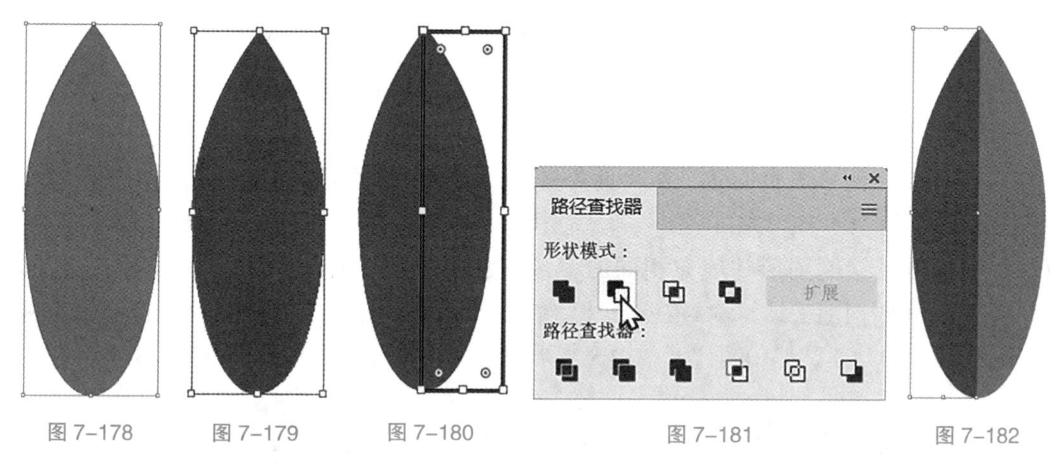

图 7–178　图 7–179　图 7–180　图 7–181　图 7–182

（4）选择“直线段工具” ，在页面中绘制一条直线段，如图 7–183 所示。填充直线段描边为白色，在工具属性栏中将“描边粗细”选项设为 0.5 pt，如图 7–184 所示。

（5）使用相同的方法绘制其他直线段，将其移动到适当的位置，如图 7–185 所示。选择“选择工具” ，用框选的方法选取需要的图形，如图 7–186 所示，按 Ctrl+G 组合键，将所选图形编组并移动到适当的位置，如图 7–187 所示。

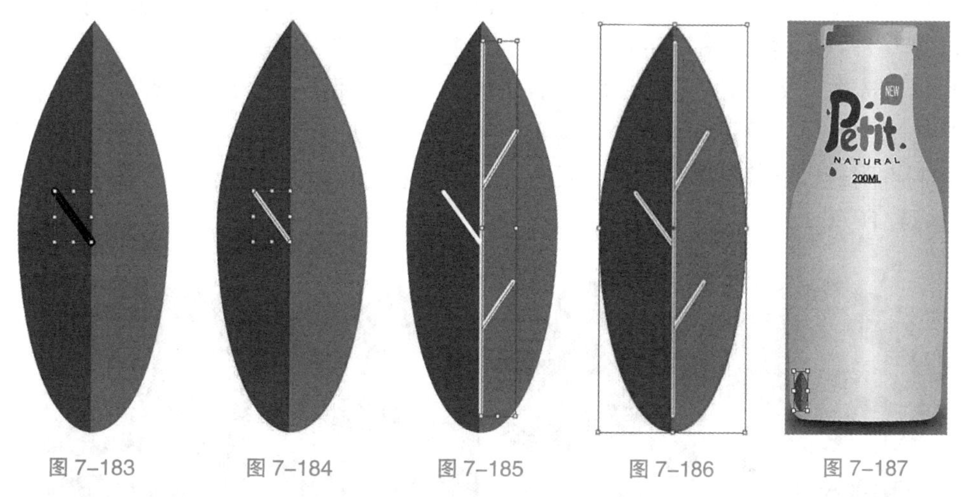

图 7–183　图 7–184　图 7–185　图 7–186　图 7–187

（6）选择“选择工具” ，选取图形组，按住 Alt 键的同时，多次拖曳图形组，复制出多个图形组并调整其大小，效果如图 7–188 所示。

（7）选择“钢笔工具” ，在页面中绘制一个不规则图形，如图 7–189 所示。输入图形填充色的 C、M、Y、K 的值为“71”“27”“41”“0”，填充图形，并设置描边色为无，如图 7–190 所示。

图 7–188

图 7–189

图 7–190

（8）选择“钢笔工具” ，在页面中绘制一个不规则图形，输入图形填充色的 C、M、Y、K 的值为“0”“57”“100”“0”，填充图形，并设置描边色为无，如图 7–191 所示。使用相同的方法绘制图形并填充相同的颜色，如图 7–192 所示。

（9）选择“钢笔工具” ，在页面中绘制一个不规则图形，输入图形填充色的 C、M、Y、K 的值为“0”“82”“100”“0”，填充图形，并设置描边色为无，如图 7–193 所示。

图 7–191

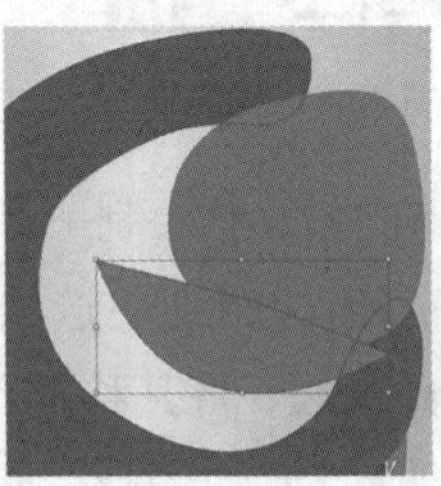
图 7–192

图 7–193

（10）选择“直线段工具” ，在页面中绘制一条直线段，设置直线段描边色为白色，如图 7–194 所示。使用相同的方法绘制其他直线段，如图 7–195 所示。

（11）选择“文字工具” T，输入需要的文字。选择“选择工具” ，在工具属性栏中选择合适的字体并设置文字大小，填充文字为白色，如图 7–196 所示。将光标移动到变换框控制点附近，光标变为双箭头样式时，单击并拖曳光标，将文字旋转到适当的角度，如图 7–197 所示。

图 7–194

图 7–195

图 7–196

图 7–197

（12）选择“钢笔工具” ，在页面中绘制 2 个不规则图形，输入图形填充色的 C、M、Y、K 的值为“63”“0”“100”“0”，填充图形，并设置描边色为无，如图 7-198 所示。

（13）选择“选择工具” ，选取需要的图形，如图 7-199 所示。选择“窗口”菜单→“透明度”命令，弹出“透明度”控制面板，选项的设置如图 7-200 所示，选择“椭圆工具” ，在页面中绘制大小不等的椭圆形，输入椭圆形填充色的 C、M、Y、K 的值为“0”“82”“100”“0”，填充椭圆形，并设置描边色为无，效果如图 7-201 所示。

图 7-198

图 7-199

图 7-200

图 7-201

（14）选择“选择工具” ，选取需要的图形，如图 7-202 所示。按 Ctrl+G 组合键，将所选图形编组。

（15）选择“选择工具” ，选取瓶身图形，按 Ctrl+C 组合键，复制图形，按 Ctrl+F 组合键，将复制的图形原位粘贴，按 Shift+Ctrl+] 组合键，将其置于顶层，并设置图形填充色和描边色为无，如图 7-203 所示。选中由步骤（14）得到的图形组和置于顶层的瓶身图形，如图 7-204 所示。按 Ctrl+7 组合键，建立剪切蒙版，效果如图 7-205 所示。

图 7-202

图 7-203

图 7-204

图 7-205

（16）在“透明度”控制面板中，选项的设置如图 7-206 所示，效果如图 7-207 所示。

图 7-206

图 7-207

（17）选择“矩形工具”，在页面中绘制一个矩形，如图 7–208 所示。双击“渐变工具”，弹出“渐变”控制面板，在色带上设置 2 个渐变滑块，将渐变滑块的位置设为 0%、83%，并从左至右依次输入 2 个渐变滑块的 C、M、Y、K 的值为“0”、“0”、“0”、“74”，“7”、“6”、“9”、“17”，将位置为 83% 的渐变滑块的“不透明度”选项设置为 0%，其他选项的设置如图 7–209 所示，矩形填充为渐变色，并设置描边色为无，效果如图 7–210 所示。

图 7–208

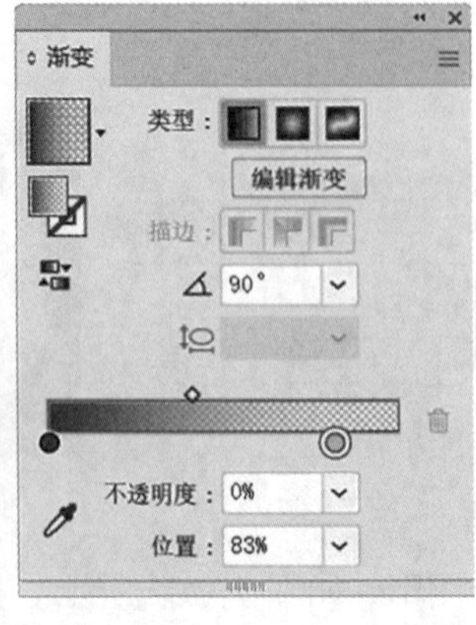

图 7–209

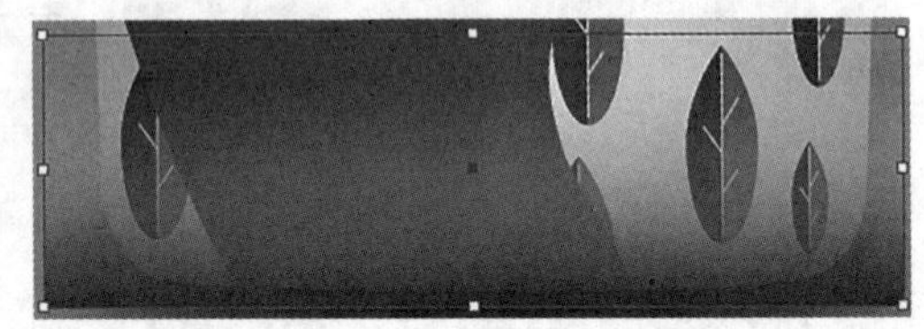

图 7–210

（18）选择“钢笔工具”，在页面中绘制一个不规则图形，如图 7–211 所示。双击“渐变工具”，弹出“渐变”控制面板，在色带上设置 2 个渐变滑块，分别将渐变滑块的位置设为 0%、100%，并从左至右依次输入 2 个渐变滑块的 C、M、Y、K 的值为“7”、“6”、“9”、“4”，“7”、“6”、“9”、“80”，将位置为 0% 的渐变滑块的“不透明度”选项设置为 0%，其他选项的设置如图 7–212 所示，图形填充为渐变色，并设置描边色为无，效果如图 7–213 所示。

图 7–211

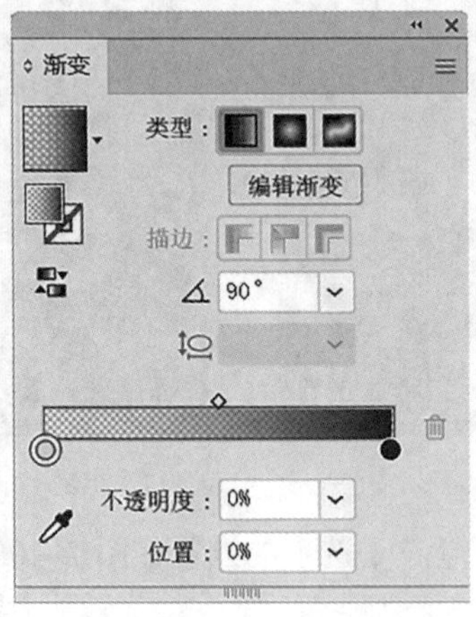

图 7–212

图 7–213

（19）选择“选择工具”，选取瓶身图形，按 Ctrl+C 组合键，复制图形，按 Ctrl+F 组合键，将复制的图形原位粘贴，按 Shift+Ctrl+] 组合键，将其置于顶层，并设置图形填充色和描边色为无。选中由步骤（17）得到的矩形、由步骤（18）得到的不规则图形和置于顶层的瓶身图形，如图 7–214 所示。按 Ctrl+7 组合键，建立剪切蒙版，效果如图 7–215 所示。

（20）在“透明度”控制面板中，选项的设置如图 7–216 所示，效果如图 7–217 所示。果汁饮料包装制作完成，如图 7–218 所示。

图 7-214

图 7-215

图 7-216

图 7-217

图 7-218

7.2.4 相关工具

1. “旋转扭曲工具”

选择“旋转扭曲工具”，将光标放到对象中适当的位置，如图 7-219 所示，在对象上拖曳 / 长按 / 单击鼠标，如图 7-220 所示，对象会扭转变形，效果如图 7-221 所示。

图 7-219

图 7-220

图 7-221

双击“旋转扭曲工具”，弹出“旋转扭曲工具选项”对话框，如图 7-222 所示。在“旋转扭曲选项”选项组中，“旋转扭曲速率”选项可以控制扭转变形的比例。对话框中其他选项的功能与“膨胀工具选项”对话框中相应的选项功能相同。

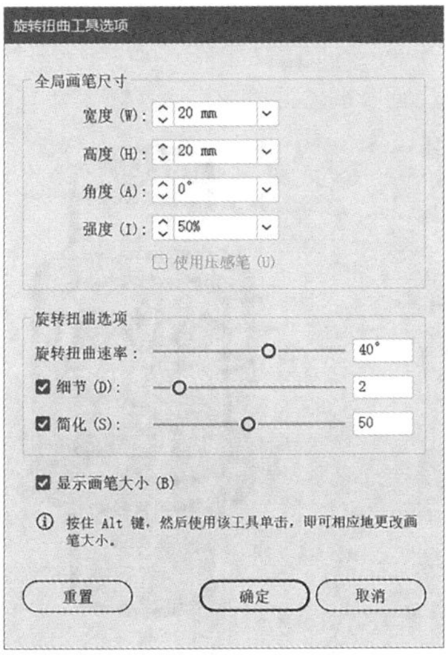

旋转扭曲工具选项
全局画笔尺寸
宽度 (W)：20 mm
高度 (H)：20 mm
角度 (A)：0°
强度 (I)：50%
使用压感笔 (U)
旋转扭曲选项
旋转扭曲速率：40°
细节 (D)：2
简化 (S)：50
显示画笔大小 (B)
按住 Alt 键，然后使用该工具单击，即可相应地更改画笔大小。
重置　确定　取消

图 7-222

2. 封套效果

Illustrator CC 中提供了不同形状的封套类型，利用不同的封套类型可以改变选定对象的形状。封套不仅可以应用到选定的图形中，还可以应用于路径、复合路径、文本对象、网格、混合对象或导入的位图当中。

当对一个对象使用封套时，对象就像被放入一个特定的容器中，封套使对象的本身发生相应的变化。同时，还可以对应用了封套的对象进行一定的编辑，如修改、删除等操作。

1）从应用程序预设的形状中创建封套

选中对象，选择“对象”菜单→“封套扭曲”→“用变形建立”命令（组合键为 Alt+Shift+Ctrl+W），弹出“变形选项”对话框，如图 7-223 所示。

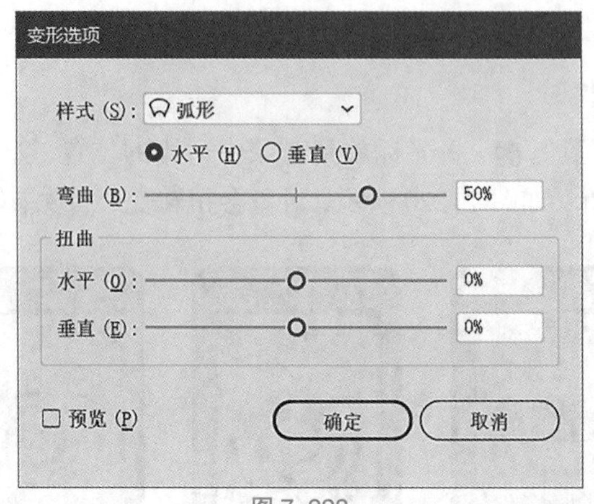

图 7-223

在“样式”选项的下拉列表中提供了 15 种封套类型，可根据需要选择，如图 7-224 所示。“变形选项”控制面板中，“水平”选项和“垂直”选项用来设置封套类型的放置位置。选定一个选项，在“弯曲”选项中可以设置对象的弯曲程度，在“扭曲”选项组中可以设置应用封套类型在水平或垂直方向上的扭曲比例。勾选“预览”复选框，预览设置的封套效果，单击“确定”按钮，将设置好的封套应用到选定的对象中，图形应用封套前后的对比效果如图 7-225 所示。

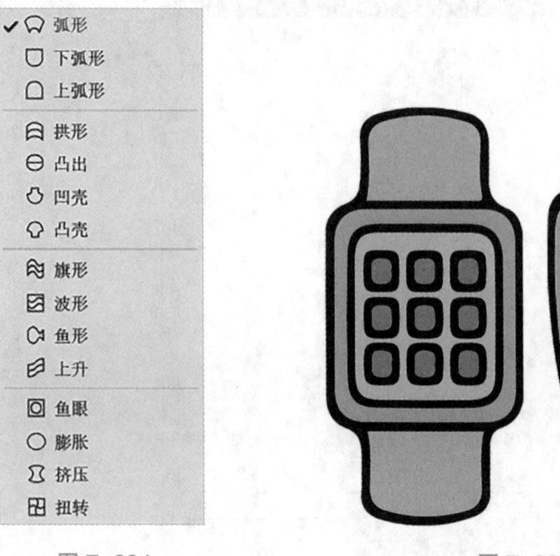

图 7-224　　图 7-225

2）封套网格

选择“对象”菜单→“封套扭曲”→“用网格建立”命令，在“行数”选项和“列数”选项的数值框中，可以根据需要输入网格的行数和列数，如图 7–226 所示。单击“确定”按钮，设置完成的网格封套将应用到选定的对象中，如图 7–227 所示。

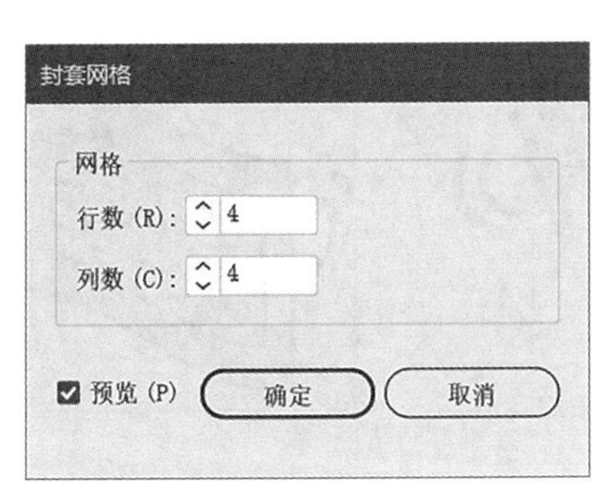

图 7–226

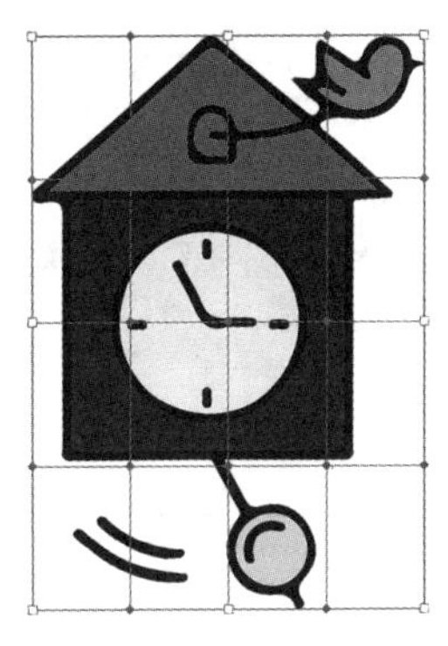

图 7–227

设置完成的网格封套还可以通过“网格工具”进行编辑。选择“网格工具”，单击网格封套对象，即可增加对象上的网格数，如图 7–228 所示。按住 Alt 键的同时，单击对象上的网格点和网格线，可以减少网格封套的行数和列数。用“网格工具”拖曳网格点可以改变对象的形状，如图 7–229 所示。

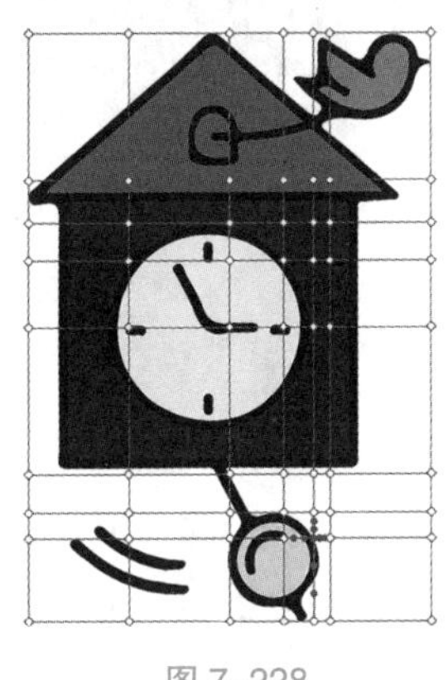

图 7–228

图 7–229

3）使用路径建立封套

同时选中对象和想要用来作为封套的路径（这时封套路径必须处于所有对象的最上层），如图 7–230 所示，选择“对象”菜单→“封套扭曲”→“用顶层对象建立”命令（组合键为 Alt+Ctrl+C），使用路径创建的封套效果如图 7–231 所示。

图 7–230

图 7–231

4）编辑封套形状

选择“选择工具”，选取一个含有对象的封套。选择“对象”菜单→“封套扭曲”→“用变形重置”命令或“用网格重置”命令，弹出“变形选项”对话框或“重置封套网格”对话框，可以根据需要重新设置封套类型，效果如图 7-232 和图 7-233 所示。

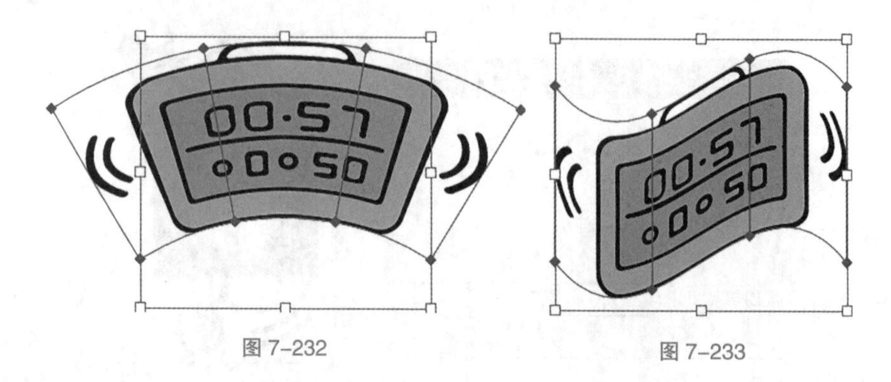

图 7-232　　图 7-233

选择“直接选择工具”或使用“网格工具”可以拖动封套上的锚点进行编辑，还可以使用“变形工具”对封套进行扭曲变形，如图 7-234 和图 7-235 所示。

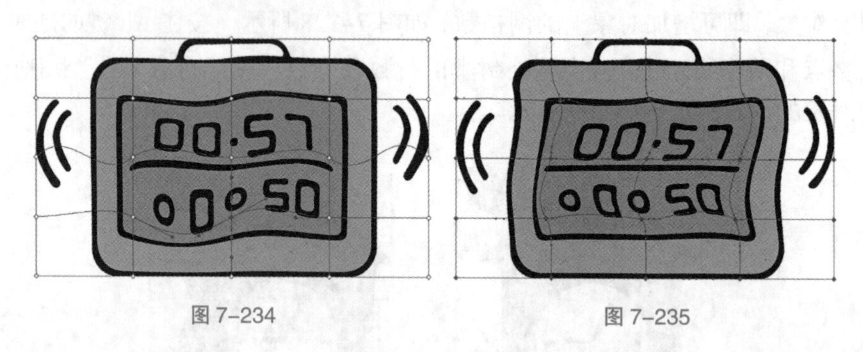

图 7-234　　图 7-235

5）编辑封套内的对象

选择“选择工具”，选取含有封套的对象，如图 7-236 所示，选择“对象”菜单→“封套扭曲”→“编辑内容”命令，对象将会显示原来的选择框，如图 7-237 所示。这时，在“图层”控制面板中的封套图层左侧将显示一个三角下拉符号，这表示可以修改封套中的内容，如图 7-238 所示。

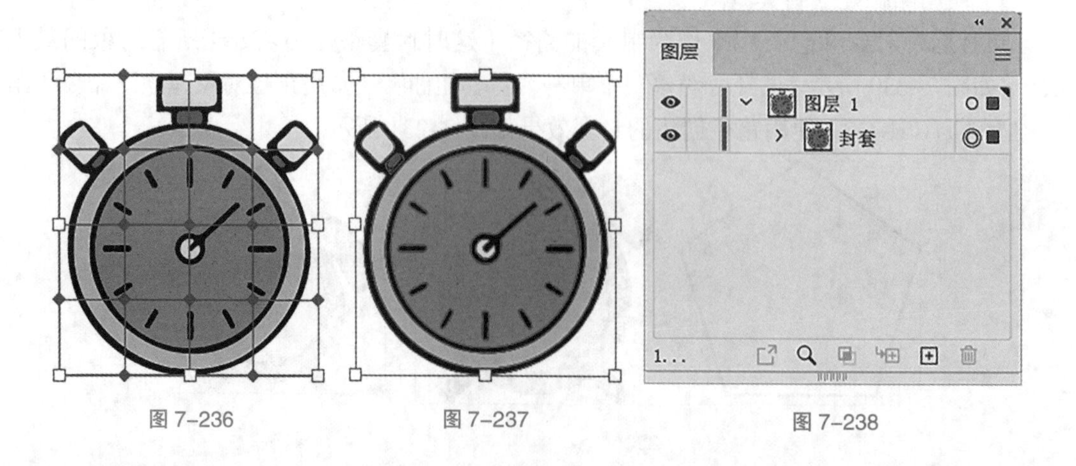

图 7-236　　图 7-237　　图 7-238

6）设置封套属性

可以对封套进行设置，使封套更好地符合图形绘制的要求。

选择一个封套对象，选择“对象”菜单→“封套扭曲”→“封套选项”命令，弹出“封套选项”对话框，如图 7–239 所示。

勾选“消除锯齿”复选框，可以在使用封套变形的时候防止锯齿的产生，保持图形的清晰度。在编辑非直角封套时，可以选择“剪切蒙版”和“透明度”两种方式保护图形。“保真度”选项用于设置对象适合封套的保真度。当勾选“扭曲外观”复选框后，下方的两个选项将被激活，“扭曲外观”可使对象具有外观属性，如应用了特殊效果，对象也随着发生扭曲变形。“扭曲线性渐变填充”和“扭曲图案填充”分别用于扭曲对象的直线渐变填充和图案填充。

3.“路径”效果组

“路径”效果组可以用于改变路径的轮廓，其中包括 3 个命令，如图 7–240 所示。

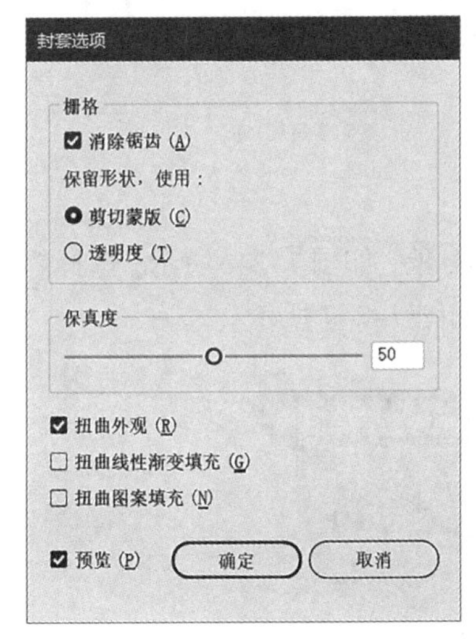

图 7–239

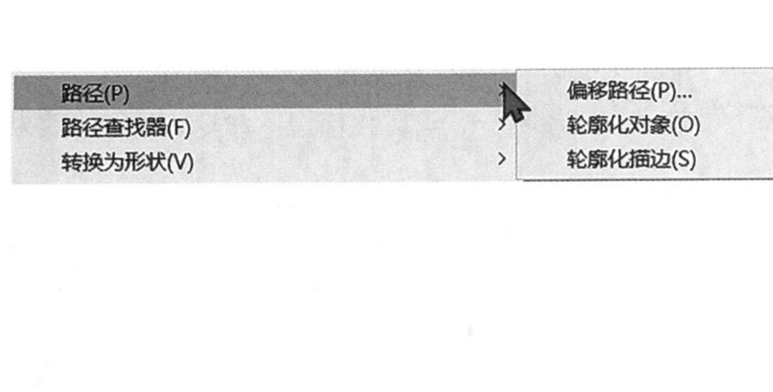

图 7–240

1）“偏移路径”命令

“偏移路径”命令可以偏移选中的路径。选中要偏移的对象，如图 7–241 所示，选择“效果”菜单→“路径”→“偏移路径”命令，在弹出的“偏移路径”对话框中设置数值，如图 7–242 所示，单击“确定”按钮，对象的效果如图 7–243 所示。

图 7–241

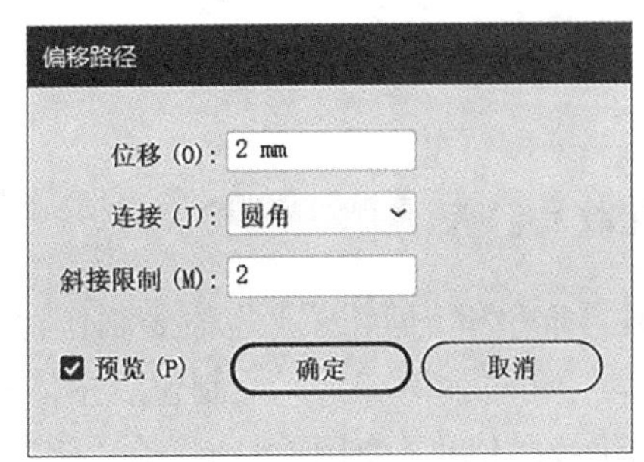

图 7–242

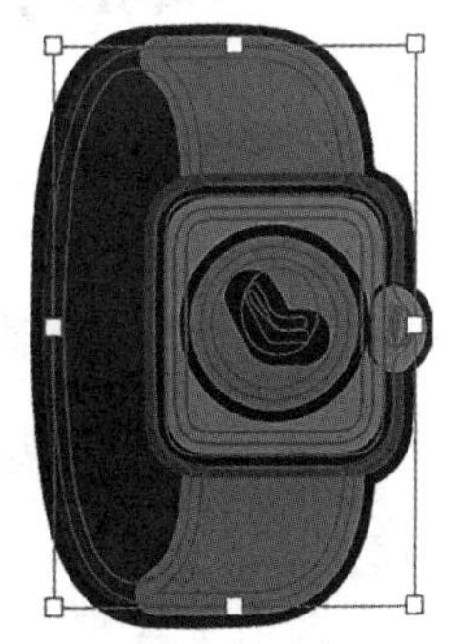

图 7–243

2)“轮廓化对象”命令

“轮廓化对象”命令可以让用户使用一个相对简单的轮廓进行工作。选中位图对象，如图 7–244 所示，选择“效果”菜单→“路径”→“轮廓化对象”命令，该效果可将嵌入的位图对象轮廓化，实现描边或填充等操作，对象的效果如图 7–245 所示。

图 7–244

图 7–245

3)“轮廓化描边”命令

“轮廓化描边”命令应用的对象只能是描边。选中一个对象，如图 7–246 所示，选择“效果”菜单→“路径”→“轮廓化描边”命令，对象的效果如图 7–247 所示。

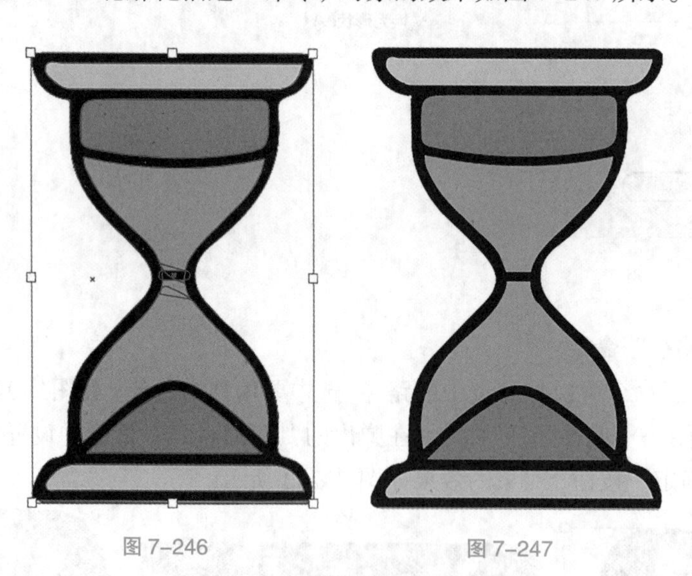

图 7–246　　图 7–247

7.2.5 实战演练——制作化妆品包装

使用“矩形工具”、“旋转”命令和“剪切蒙版”命令制作背景效果；使用“矩形工具”、“直接选择工具”、“渐变工具”和“钢笔工具”绘制包装主体；使用“文字工具”、“椭圆工具”和“直线段工具”添加化妆品信息；使用“编组”命令和“投影”命令制作包装投影。最终效果如图 7–248 所示。

视频 7-3

图 7-248

7.3 综合演练——制作红枣酪包装

7.3.1 案例分析

外观设计包括外形设计和颜色设计等。虽然食品包装旨在保护食品，防止变质，但华丽的外观设计可以使产品更加引人注目，给消费者留下深刻的印象。本案例是为某牛奶公司制作的奶产品包装，设计要求体现出产品的健康、安全。

7.3.2 设计理念

包装采用白色为主、红色为辅的设计，文字的设计与图形融为一体，增强了设计感和创造性。整体设计简洁新颖，宣传性强。

7.3.3 知识要点

使用“矩形工具”和“钢笔工具”绘制包装背景；使用“文字工具”、“创建轮廓”命令和“钢笔工具”添加产品名称；使用“椭圆工具”、“文字工具”和“字符”控制面板添加介绍文字；使用“椭圆工具”、“渐变工具”、“矩形工具”和“混合工具”绘制包装盖；使用“圆角矩形工具”和“钢笔工具”绘制盒顶和侧面。最终效果如图 7-249 所示。

视频 7-4

图 7-249

7.4 综合演练——制作柠檬汁包装

7.4.1 案例分析

随着人们生活水平的不断提高，果汁饮料已经成为很多人日常生活中不可或缺的一部分。随着市场需求的不断增加，果汁饮料的包装方式也在不断创新和改进。本案例是设计制作柠檬汁包装，要求造型美观，并且能够吸引消费者进行消费。

7.4.2 设计理念

采用写实照片作为果汁包装配图，将果汁饮料所对应的水果口味用最直接的方式展示给消费者；文字与绘制的图形相结合，既突出了主题，又起到了宣传的作用。整体设计简洁美观，表现了柠檬汁包装的主题。

7.4.3 知识要点

使用“矩形工具”、“渐变工具”和“剪切蒙版”命令制作包装底图；使用“文字工具”、“字符”控制面板、“变形”命令、“直线段工具”添加产品名称和信息；使用“钢笔工具”、“剪切蒙版”命令和“后移一层”命令制作包装立体展示图。最终效果如图 7-250 所示。

图 7-250

视频 7-5

参 考 文 献

[1] 周建国 . 边做边学——Illustrator CS3 平面设计案例教程 [M]. 北京：人民邮电出版社，2010.

[2] 周建国 , 王社 .Illustrator CS6 平面设计案例教程：微课版 [M]. 北京：人民邮电出版社，2018.

[3] 田保慧 . 边做边学——Illustrator 平面设计案例教程：微课版 [M]. 北京：人民邮电出版社，2022.

[4] 潘强 .Illustrator CC 2019 核心应用案例教程：全彩慕课版 [M]. 北京：人民邮电出版社，2020.

[5] 汤强 , 赵琦 .Illustrator 平面设计应用教程 [M]. 北京：人民邮电出版社，2021.

[6] 房婷婷 . 边做边学——Illustrator CS5 平面设计案例教程 [M]. 北京：人民邮电出版社，2014.

[7] 汪晓斌 .Illustrator CS3 中文版实例教程 [M]. 北京：人民邮电出版社，2008.